海軍局地戦闘機「雷電」。艦上戦闘機中心の日本海軍が、基地などの拠点防衛用として開発した初の迎撃戦闘機。B29爆撃機迎撃でもっとも戦果をあげた機とされ、米軍のテストでも対爆撃機用戦闘機としては最強と評価された。

「雷電」は、上昇力や加速性能においては、各種の戦闘機中最高であった。写真は滑走路より離陸する雷電二一型で、迎撃戦闘機の力強さが感じられる。

「雷電」の原型となった十四試局戦（Ｊ２Ｍ１）６号機。１号機は昭和17年２月に試作が完了している。太い胴体の先端と後方を絞り込んだ紡錘型の機体と強制冷却ファンの採用、空戦に活用できるファウラーフラップを装備した。

日中戦争による迎撃戦闘機の不足から、急遽ドイツより輸入し、テストされたハインケル112戦闘機。

NF文庫
ノンフィクション

新装解説版

迎撃戦闘機「雷電」

B29搭乗員を震撼させた海軍局地戦闘機始末

碇 義朗

潮書房光人新社

本書は、零戦の後継機として輿望を担い誕生した局地戦闘機「雷電」の開発の様子を詳細に綴っています。

零戦と同じく堀越二郎を設計主務者とした設計陣が開発に取り組み、日本海軍初の対大型機迎撃機として生産され、その重武装を用いてB29に立ち向かいました。

B29の搭乗員を驚嘆させたその戦いぶりは、「すべての日本軍戦闘機のなかで最強」と言わしめたほどでした。

「雷電」の設計は、十二試艦戦の設計メンバーが担当した。写真は設計主務者の堀越二郎技師(左)と、堀越氏を補佐した曽根嘉年技師。

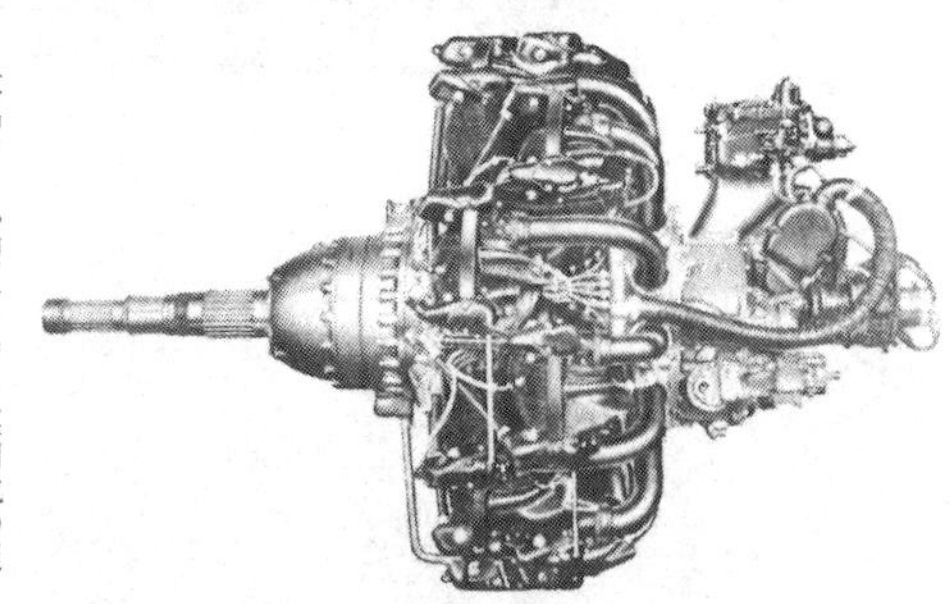

大出力・小型エンジン実用化の遅れから、爆撃機用で空冷式の火星一三型エンジンが採用された。写真は同型の火星一四型エンジン。

風防の改善や火星二三型エンジンへの換装などの改修を経て、雷電一一型として制式採用された。写真は採用後の雷電一一型を試験中の小福田租少佐。

威力不足を指摘された7.7ミリ機銃を撤去して20ミリ機銃4梃に強化、防弾用ゴム付の燃料タンクを装備した「雷電」の決定版といえる二一型（J2M3）。

「雷電」操縦席内の計器盤。計器類はすべて取り払われた状態だが、機体内部をとらえた貴重な一葉。

〔右〕電動モーターの故障によって、着陸時の事故の原因となった主脚。〔左〕強制冷却ファンと、電気式プロペラピッチ変更機構つきの4枚式プロペラ。

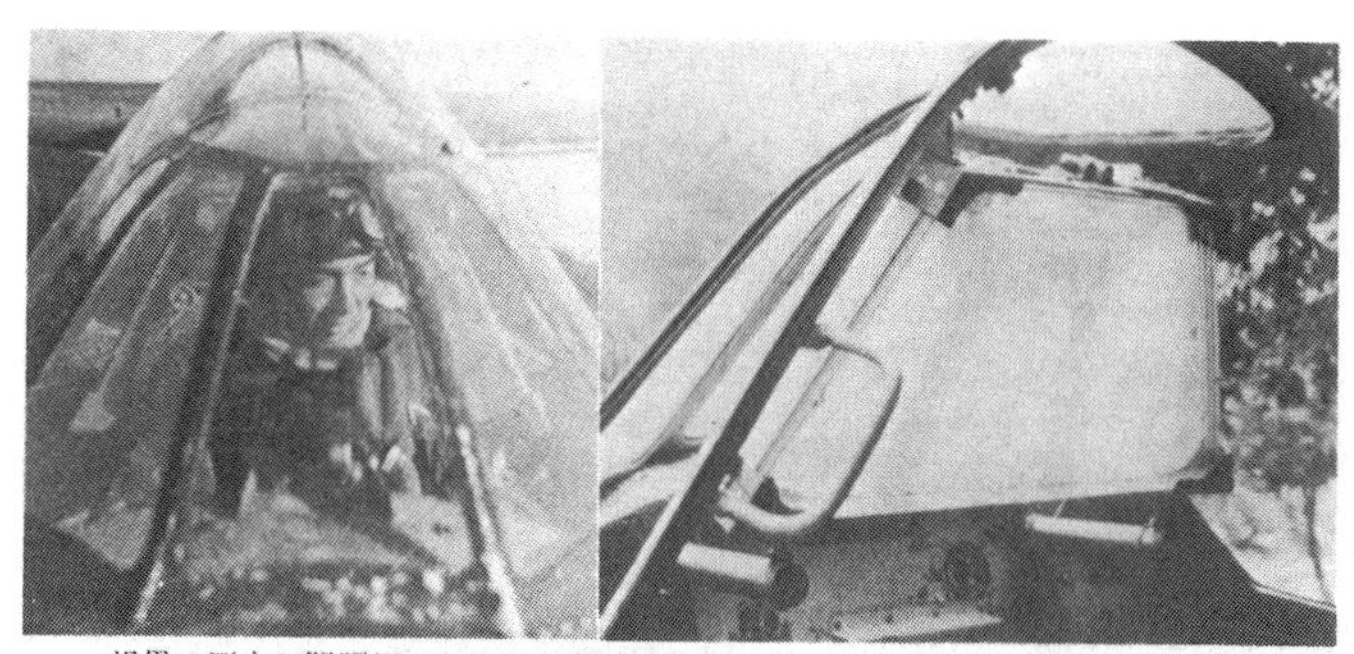

視界の不良が問題視されていた雷電二一型の風防。右は前部操縦席に装備された7センチ防弾ガラス。一枚板でなく、何枚かのガラスを接着したもの。

主翼内に装備された連装20ミリ機銃。長銃身と短銃身が混用されており、弾倉もドラム式からベルト式に変更され、弾数も増加した。

雷電二一型(原型試作機)の鮮明な一葉。洗練されたスタイルとなり、より実戦的な機に仕上がっている。幅2メートルのフラップは着陸時の全開状態。

厚木基地戦闘指揮所前に並んだ302空の雷電二一型。302空は海軍初の本土防空専任部隊として編成され、「雷電」のほか多数の航空機が配備されていたが、昭和19年11月、「雷電」はB29偵察型F13と初の空中戦を経験している。

出撃命令が下り、駆けつけたパイロットたちと準備中の「雷電」。下は302空所属の「雷電」の列線。

ラバウルでの実戦経験を買われて敵編隊攻撃用の三号爆弾でB29爆撃機への攻撃を実施、硫黄島より来襲するP51戦闘機との空戦でも活躍した「雷電」の代表的なパイロット赤松貞明中尉。下は出撃直前の雷電二一型の迫力ある一葉。

〔上〕高々度性能の向上をはかって試作された排気タービン搭載の雷電三二型（Ｊ２Ｍ４）。戦力化が進まない「雷電」に代わり開発された局地戦闘機「紫電改」〔右上〕と「秋水」〔右下〕。

米軍に鹵獲されてテスト中の雷電二一型(右上)。「スピットファイア」や、F6F艦戦(916号機)など、他国の主力戦闘機との設計思想の違いが比較できる。

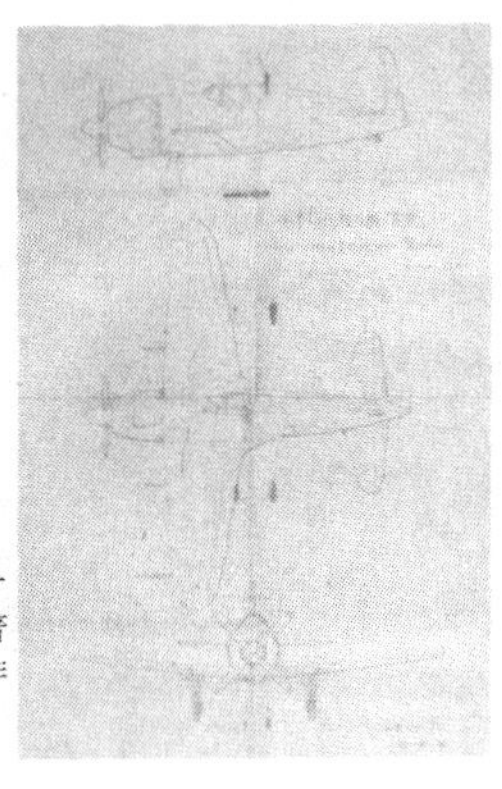

〔上〕昭和43年6月、カリフォルニアのプレーンズ・オブ・フェイム航空博物館内で修復中の「雷電」に乗る著者。〔右〕戦後、堀越二郎氏の資料をもとに、著者が作成した雷電二一型のソリッドモデル製作用の三面図。

レストア作業が完了し、塗装し直されてプレーンズ・オブ・フェイム博物館に展示されていた雷電二一型。現存する唯一の「雷電」とされている。後方の機体は「零戦」。

はじめに

　戦争が終わって六、七年たった頃だった。戦後すぐに禁じられていた航空関係の仕事もできるようになり、当時あたらしい航空機として脚光をあびつつあったヘリコプターをつくろうと、読売新聞社の主導で「ヘリコプター研究会」が結成された。

　開発の実務を、筆者が関係していた設計会社でやることになり、ふたたび飛行機に関係した仕事ができるしあわせな日々を送っていたが、銀座にあった事務所で基礎実験用の図面を書いていたある日、机の前に人の立つ気配がした。顔を上げると、それは堀越二郎氏だった。研究会では委員の一人として出席しておられるのを、離れた席から見たことはあったが、この高名な飛行機設計者をすぐ目の前にして緊張したのは、いうまでもない。

戦後、飛行機への未練絶ち難い筆者は、あり合わせの木片でよくソリッドモデルをつくったが、たまたまそのうちの一つの「雷電」を照明用のスタンドから糸でぶら下げていたので、いきおい「雷電」の話に花が咲いた。あげくに、もう少し上等な「雷電」の模型をつくって差し上げましょうという成り行きになってしまった。

その後、堀越さんから「雷電」の寸法諸元をいただいて正確な三面図を書き、それをもとに数ヵ月かかって四十分の一の精密模型をつくって贈呈した。

それが堀越さんとのおつき合いの始まりだったが、それから二十何年かしてカナダで「零戦」を復元して飛ばせようという話が起きたとき、堀越さんと当時三菱重工で取締役・航空機特殊車両事業部長をしておられた曽根さんのお骨折りで資料を整えていただいたが、曽根さんともそれ以来のおつき合いとなった。

二度目の「雷電」とのかかわりは「零戦」復元でカナダに行ったときで、エド・マロニー氏が所有するカリフォルニアの航空博物館に寄って、世界に現存する唯一の「雷電」の実物に出合った。

ちょうどレストア作業の最中で、本業は医師だという飛行機マニアのボランティアが、「雷電」をいじっていた。ずいぶん操縦席が広いなというのが、そのときの印象だった。

そして三度目の正直、今度はその「雷電」の誕生から終焉までを書くことになった。
ところが、「雷電」に関しては資料がきわめて乏しい。これまでに、「零戦」「隼」「飛燕（ひえん）」「疾風（はやて）」「紫電改」など、戦闘機についてずいぶん書いてきたが、三十年前の「零戦」をはじめ、いずれもが設計、実験、実施部隊などで関係された主だった人たちが多く健在で、しかも記憶も確か、しっかりした記録も持っておられるという幸運な時代に手をつけることができた。

今、筆者の手許にはそんなよき時代の資料や録音テープが沢山残っているが、正直いって「雷電」を書くには少し時期が遅すぎる気がした。なぜもっと早い時期に「雷電」について堀越さんに聞いておかなかったかと悔やまれた。そんなとき、頭に浮かんだのが曽根嘉年氏のことだった。

戦時中、つねに堀越さんの傍らにあってその意図や設計思想を正しく理解し、骨身を惜しまず主将を助け、のちにはみずから主将となって三菱戦闘機設計陣をひきいた曽根さんは御健在で、しかも詳細な戦時中の作業日誌を保存して下さっていたことで大いに力を得た。また、三菱重工の元役員で、「みつびし飛行機物語」「みつびし航空エンジン物語」などの著書もある松岡久光氏からも資料を拝借するなどして、次第に大まかな骨格ができ、雑誌「丸」の連載をスタートさせることができた。

それにしても、毎度感じることではあるが、過去の事実を掘り起こすことのむずかしさを今回も痛切に感じた。執筆にあたっては、何かにつけて曽根さんの戦中作業日誌をひもとくことになったが、記述内容の不明な点については曽根さん御自身も思い出せないことが少なからずあって、もどかしい思いをしたことも再三だった。

雑誌「丸」の連載は平成七年十一月号に始まり、二十回目にあたる平成九年六月号で終えた。その連載最終号が発売されて間もないある日、毎号すばらしいさし絵を描いて下さった画家の依光隆（よりみつたかし）先生から、一通のハガキをいただいた。そこには次のように書かれてあった。

雷電（レンサイ）、終りました。長い間、お世話になりました。有難うございます。ほんとうに。

一寸、淋しいです、が

目にしみる緑のまぶしさに

　乾杯…です。

それはまるで筆者の心中を言い当てられたような、あたたかい文面であった。

私もまた言おう。「乾杯」と。手許を離れて遠く飛び去って行った「雷電」に……。

平成九年五月十五日

筆者

迎撃戦闘機「雷電」——目次

写真提供／著者・雑誌「丸」編集部
作図／小川利彦・渡部利久

迎撃戦闘機「雷電」

──B29搭乗員を震撼させた海軍局地戦闘機始末

第一章——局地戦闘機

1

「雷電」は日本海軍が初めて採用した敵爆撃機迎撃専用の戦闘機で、局地戦闘機（局戦）あるいは乙戦とよばれた機種で、イギリス流にいえばインターセプターのことである。

局地防空が主任務だから、零戦（当時はまだ姿を見せていない）のような長い航続距離はいらない代わりに、敵機が来襲したら、すぐに飛び上がって捕捉できるだけのすぐれた上昇性能とスピードが必要だ。

しかし、海上戦闘が主体の海軍が、なぜ陸上の局地防空専門の戦闘機を必要としたかについては、昭和十二年夏にはじまった日中戦争（日本では支那事変といっていた）のある出来事にさかのぼらなければならない。

広い中国大陸の戦闘だから、当然陸軍が主体となるが、航空作戦全般についていえば、搭乗員の技量や機材の点で海軍がすぐれていたので、大陸奥地への戦略爆撃だけでなく、陸軍地上部隊の作戦にも直接協力するなど、海軍機の活躍する場面が多かった。陸上の戦闘で海軍機が主役というのもおかしな話だが、それだけに漢口(かんこう)、南京(なんきん)をはじめとする航空基地は日本陸海軍機であふれるほどだった。

さいわいなことに中国空軍による空襲もなく、哨戒にあがった新鋭の海軍九六式艦上戦闘機も決められた日課をこなすだけの、基地防空に関する限りは何事もなく平穏な日々がつづいていたが、そんな太平の日々に警鐘を鳴らすかのような出来事が、日中戦争勃発から半年たった昭和十三年一月二十六日、南京飛行場で起きた。

この日、南京基地の上空に突如として敵双発爆撃機十二機が現われ、爆弾を投下していち早く姿をくらましたが、これに対してこちらは、一矢もむくいることができなかった。空中にある戦闘機を地上から電話で敵機の方に誘導する連絡手段はないし、九六艦戦ていどの上昇力や速度では、敵機を見てから上がっても捕捉は不可能だった

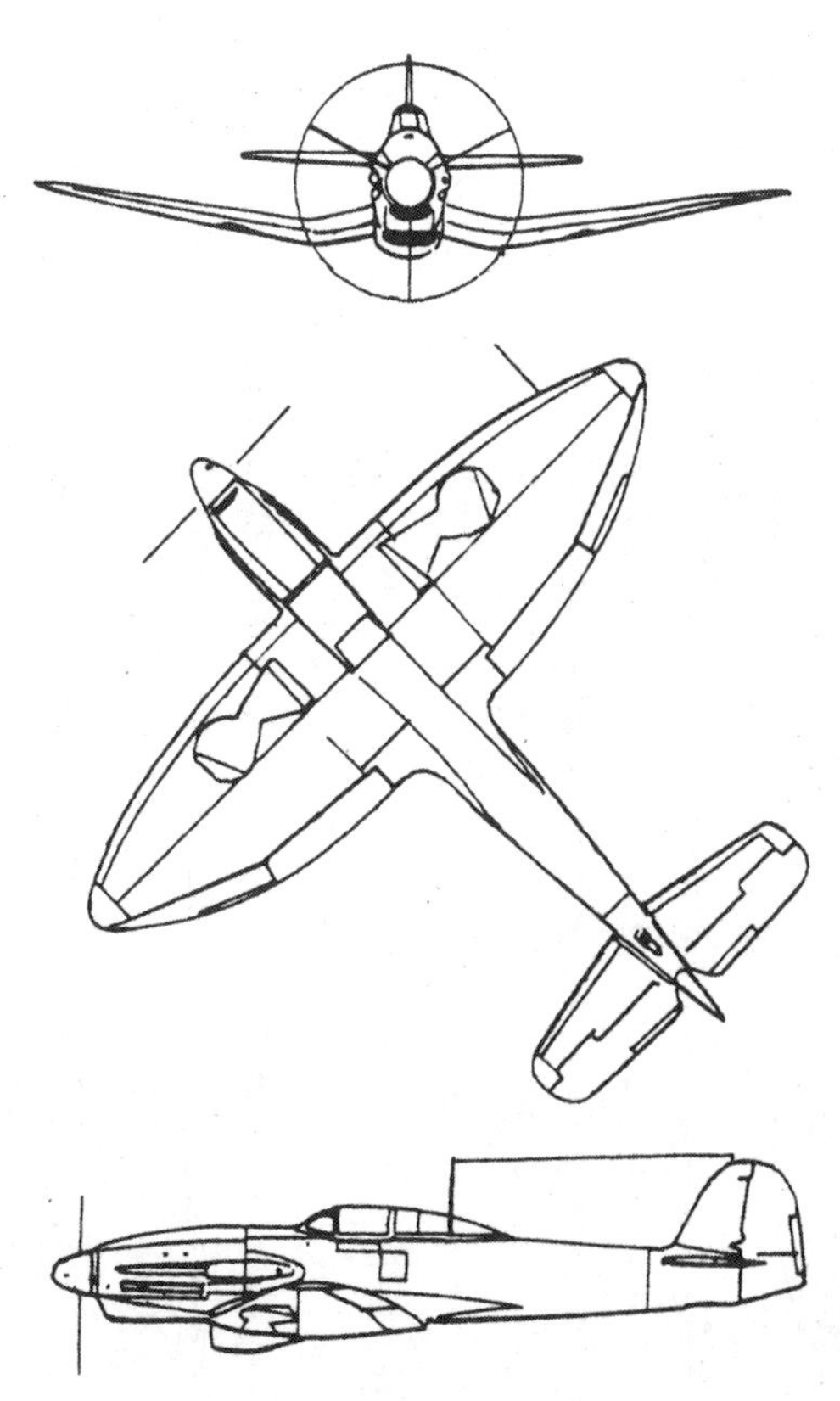

ハインケルHe112戦闘機
全長：9.3m　全幅：9.1m　全備重量：2250kg　最大速度：485km/h
上昇限度：8000m　航続距離：1100km　武装：7.7mm砲×4

からだ。

このときの被害は飛行機二機が破壊され、戦死者を少し出した程度だったが、このことが海軍に与えたショックは大きく、すぐに使える高速の防空用陸上戦闘機をというところから、ドイツのハインケルHe112戦闘機に白羽の矢が立てられた。

再建ドイツ空軍の主力戦闘機を決める競争試作でメッサーシュミットMe109に敗れ、輸出向けとして売りに出された機体だったが、急場に間に合いそうだということで、同じように興味を持った陸軍と合わせて二十機が発注された。

ろくにテストもしないで、こんなにたくさんの戦闘機の購入を決めるなど、ずいぶん乱暴な話だが、それだけ戦闘機不足が深刻だったのである。

輸入の段取りの方はトントン拍子に進んで、第一陣の十二機が日本に到着したのは、中国空軍による南京基地空襲から四ヵ月後の昭和十三年五月だった。

輸入されたHe112は、梱包のまま横須賀の飛行場に送られ、組み立てのあと、海軍の新機種審査のルーチンにしたがって、まず横須賀の海軍航空廠飛行実験部でテストが行なわれたが、その結果は失望以外の何物でもなかった。

飛行実験部に来たのは一号機から六号機までだったが、このうち三号機までは、主翼その他、細部がいろいろ違った試作機で、ハインケルは本来なら売り物にならない試作機まで日本に買わせてしまったのである。

Ｈｅ112のテストは、航空廠飛行実験部陸上班長兼戦闘機主務の柴田武雄少佐をチーフとして行なうことになったが、この四月の十二試艦上戦闘機（十二試艦戦）計画説明審議会で、横須賀航空隊（横空）戦闘機隊長の源田実少佐と、要求性能について激論を闘わせたばかりの柴田にとって、Ｈｅ112は興味津々の機体だった。

十二試艦戦はのちの零戦の前身であるが、審議会の席上で、「戦闘機、とくに艦上戦闘機は速力や航続性能を少々犠牲にしても、対戦闘機格闘性能を第一とすべきだ」と主張する源田に対し、柴田は、「格闘性能よりも速力や航続性能を重視せよ」と反論した。そんな柴田の目からすれば、このＨｅ112は柴田好みの戦闘機のように映った。

Ｈｅ112の前に立った柴田は、かたわらの実験部員榊原喜与三大尉をかえりみていった。

「榊原君。この飛行機をどう思うかね。わが日本とはだいぶ設計思想が違うようだ。これがドイツ流とでもいうのかな……」

逆ガル・タイプとよばれる、正面から見たかもめの飛ぶ姿を逆さにしたようなかたちの主翼は、空気力学の理論から生まれた楕円テーパー型の美しい平面形を見せ、胴体や風防もそれに劣らず優美な曲線で包まれた中に骨太のたくましさが感じられ、たとえメッサーシュミットとの競争に敗れたとはいっても、ただ者でないと思わせるに十分だった。

ところが、試験飛行を開始して間もなく、柴田は予期に反したHe112の性能に失望させられた。

乗ってすぐにわかったのは、離着陸の滑走距離がやたらに長く、おまけに離陸後の上昇角度も小さいことだった。もともと狭い横空の飛行場ではあったが、滑走路をいっぱいに使わないと離陸できない。

風向きによって海と反対側の山に向かって離陸するときなどは、みるみる迫ってくる山の稜線に、肝を冷やすようなことが何度もあった。これでは航空母艦の飛行甲板に降りることはまったく無理だし、陸上の基地だって、よほど広くて条件のいいところでないと、離着陸はむずかしそうに思われた。

引込脚であるだけに、速度はさすがに九六艦戦を上まわり、機体の重量も翼面荷重（主翼面積に対する機体重量の割合）も大きいので突っ込みの加速もいいが、肝心の上昇性能はあまり変わらず、日本海軍の戦闘機関係者の間で一般的にもっとも重視されていた格闘性能にいたっては、まるで落第だった。

翼端に向かって少しずつ主翼の取付角を小さくしていく、いわゆる捩り下げ――ウォッシュアウトが大きいので、翼端失速はしにくい代わりに舵が重くてききがわるく、旋回すると高度がひどく下がる。

柴田は高度三千メートルあたりで、操縦桿をほぼ一杯に引いた状態で垂直旋回をやってみたが、十回も旋回しないうちに、一千メートルまで下がってしまったのに驚かされた。しかも、クイックロールをやろうとして、思い切りフットバーを蹴り、操縦桿をいっぱいに引いても、のらーりと横転する運動性の悪さにはサジを投げたくなるようだった。

テスト飛行を終えたHe112を、ときどきビールをラッパ飲みしながら点検しているドイツ人のメカニックの姿を横目で見ながら、柴田は、〈どうも日本海軍はとんでもない買い物をしてしまったようだ〉と思った。

速度、上昇力、運動性、それに模擬空戦などの各項目にわたって詳細な検討と調査が加えられた結果、柴田が感じたようにハインケルHe112は採用に不適と判定され、残りの輸入はキャンセルされてしまった。

He112はまったくの無駄金をつかったことになったが、似たような出来事はほかにもあった。昭和十二年に二十機輸入されたアメリカのセヴァスキー2PA複座戦闘機がそれで、攻撃隊援護のため中国大陸に派遣されたものの戦闘機としては使いものにならず、のちに陸上偵察機に転用されてしまった。

海軍だけでなく、陸軍でも新型爆撃機への機種転換までのつなぎとして、イタリアからフィアットＢＲ20爆撃機を八十五機輸入したことがあったが、これも使いこなせないうちに第一線からしりぞく羽目になった。

この頃は日本の軍用飛行機が複葉羽布張りから単葉金属製へと近代化をとげる、ちょうど端境期(はざかい)にあたっていたせいで、このあと間もなく海軍は九六式、陸軍は九七式の制式記号を持つ一連の新鋭機によって、やっと世界の列強の水準に追いつくことができたのである。

ハインケルＨｅ112が悪かったのと、昭和十三年一月の南京空襲のあと、敵のわが基地に対する攻撃がなかったこともあって、局地防空用迎撃戦闘機問題の緊急性が、一時薄れたかに思われたが、海軍は決して忘れたわけではなく、この間に自前の局地戦闘機をつくるべく計画を練っていた。

2

敵爆撃機による南京基地空襲から一年八ヵ月たった昭和十四年九月、三菱の十二試艦戦設計主務者堀越二郎技師は、航空本部技術部の巌谷英一技術少佐の招きで上京した。

この頃、堀越技師は担当していた十二試艦戦が、四月の初飛行いらい試験飛行が順調に進み、海軍側の領収も間近いとあって気分をよくしての上京だったが、巌谷技術少佐から示されたのは、次のような簡単な内容であった。

十四試局地戦闘機

目的　攻撃機の阻止撃破にあり

最高速　戦闘高度六〇〇〇にて三三〇ノット（時速六一一キロ）

上昇　五〇〇〇メートルまで四分程度
　　　実用上昇限度一万メートル以上

航続力　最高速度で〇・七時間、二〇〇ノットで三時間（正規）、同四・五時間（過荷重状態）

降着速度　六五ノット（時速一二〇キロ）程度
　　　降下率適当にて降着時操縦性良好なること、降下率四・〇〜四・五メートル／秒

要するに海軍としても初めて手がける機種だけに、細部要求の決め手がなく、逆に

堀越技師の意見を聞いて計画要求書の内容を固めるということのようであった。

巌谷技術少佐は堀越のよき理解者であり、しかも会議の席のような固苦しい雰囲気もないとあって、率直な意見の交換が行なわれたが、まるでそれにタイミングを合わせたかのような出来事が中国大陸の前線基地で起きた。

それは十月三日午後二時四十分のことで、七千メートル以上の高度で漢口基地上空に侵入したソ連製のＳＢ軽爆撃機八機が爆弾を投下した。

爆弾はほとんどが飛行場外に落ちたが、その中の数弾は場内にかかり、しかもその一弾が第一連合航空隊指揮所の近くに落ちたことから大事になった。

この日はちょうど、内地から新しい飛行機が来ることになっていたので、現地航空部隊の幹部がたくさん集まっていた。そこに落ちた至近弾で、木更津、鹿屋両航空隊副長の石河淡、小川弘両中佐ら士官四人、下士官八人が戦死し、第一連合航空隊司令官塚原二四三少将（片腕切断）、鹿屋航空隊司令大林末雄大佐をはじめ三十八人が重軽傷を負った。

このとき、上空には哨戒の戦闘機がいたが、敵爆撃機の来襲に気づかなかったし、前のときと同様に、在空の戦闘機を地上から指揮することもできなかった。地上で待機していた戦闘機三機が、爆撃を受けてから慌てて発進したが、来襲した敵機の高度に達するのにかなりの時間がかかり、その追跡など思いもよらなかった。

　このころ、南京よりさらに西の前進基地になっていた南昌や漢口基地では、毎日交替で上空警戒機を飛ばしてはいたが、何の役にも立たなかったのだ。いってみれば、前回の南京基地が空襲を受けてから一年九ヵ月の間、基地防空に関しては進歩がまったくなかったことになる。

　またこの日、高角砲隊がはじめて戦闘に加わったが、射程不足で弾丸が敵機の高度に届かないというお粗末だった。

　この奇襲による塚原司令官重傷を含む多数の人的被害を受けた現地航空部隊は、敵爆撃機の基地と思われる飛行場を片っ端から攻撃したが、こちらの航空部隊の行動が事前に知られているらしく、いち早く避退した敵機をつかまえることができなかった。

　そうこうしているうちに、十月十四日、漢口基地はまたしても敵機の攻撃を受けた。この日の午後二時から約四十分にわたり、三波にわかれたSB爆撃機二十機が基地上空に侵入して投弾した。空中にいた警戒の戦闘機が気づいて、そのうち二機を撃墜したものの、今度は地上にぎっしりと並んでいた飛行機に大きな被害を受けた。

　正確な記録はないものの、目撃者のメモによると、炎上もしくは被害を受けた飛行機の数は海軍機が四十機以上、陸軍機約二十機というたいへんなもので、たび重なる空襲の脅威を除くため、敵爆撃機の本拠となっていた成都を空襲することになった。

最初の漢口空襲があった前日の十月二日に行なわれた陸軍司令部偵察機の偵察によって、北、南をはじめとする成都飛行場群には約百八十機の敵機の所在が認められ、うち約半数が爆撃機であることがすでにわかっていたから、この作戦は遅きに失した感があった。

十月二十四日、第一、第二連合航空隊の九六式陸上攻撃機（九六陸攻）四十五機が成都夜間空襲に向かったが、天候不良で目的を達することができず、そのあと十月三十一日、またしてもSB爆撃機が漢口に来襲した。

このため、着任したばかりの第二連合航空隊司令官大西瀧治郎大佐は、攻撃隊の被害を覚悟の上で成都を昼間空襲する方針に変え、十一月四日、第一、第二連合航空隊の中攻（中型陸上攻撃機の略で、九六陸攻やのちの一式陸攻がこれにあたる）全力七十二機で攻撃をかけた。

この昼間強襲では、予想どおり敵戦闘機の激しい迎撃を受け、攻撃隊指揮官奥田喜久司第十三航空隊司令の搭乗機を含む四機が失われた。まだ零戦は出現しておらず、攻撃隊に同行できるアシの長い掩護戦闘機がなかった悲劇だったが、地上にあった約三十機を破壊し、中国空軍爆撃隊に大打撃をあたえた。

これがこたえたのか、その後しばらくは敵機の空襲はなくなったが、決してその脅威が去ったわけではない。何しろ周囲がみな敵地という前線航空基地とあって、周辺に警戒網をつくることもできず、上空警戒機を誘導する地対空無線設備もない現状では、まったく無防備にひとしかった。

そんな状況下にあっては、発見した敵機に対して、すばやく発進して追跡できる局地戦闘機こそが唯一の有効な対応策であったが、頼みの局戦はまだ机上プランの段階にあり、陸軍にいたってはその気(け)すらなかった。

航空本部技術部の巌谷技術少佐から内示があったあと、堀越技師はもっとも信頼していた曽根嘉年(よしとし)技師らとともに、さっそくその検討に取りかかった。

すぐれた設計者であれば、渡された主な要求の数字を見ただけで、ほぼその飛行機の輪郭や設計上問題になりそうな個所が頭に浮かぶ。

最高速度の高度六千メートルで三百三十ノット（時速六百十一キロ）は、そのころさかんにテストが続けられていた十二試艦戦の最高速度二百九十ノット（時速五百四十キロ）に対して約七十キロも速いことになる。

上昇力も六千メートルまで七分以上かかる（それでも九六艦戦にくらべればかなりの

向上だった）十二試艦戦に対し、五分三十秒以内というのは相当な飛躍だったが、七試艦戦いらい九六艦戦、そして十二試艦戦と経験を重ねてきた堀越技師とかれのひきいる三菱戦闘機設計チームにとって、要求された性能の数字そのものは、クリアするのにそれほど障碍はないかに思われた。

とくに航続力や、十二試艦戦で強く要求された空戦性能などの条件がゆるやかな局戦とあって、速度や上昇力に重点を絞りやすく、十二試艦戦でさんざん苦労した堀越にしてみれば、むしろ設計はらくといえなくもない。ただ気がかりだったのは、速度および上昇力の増加に欠かせない大出力エンジンが確保できるかどうかだった。

たとえば、速度ひとつをとってみても、最高速度を十四パーセント近くも上げようとすると、単純に計算してもエンジン出力を二十パーセント近くもふやさなければならない。当然、十二試艦戦や陸軍で試作中の「キ43」戦闘機（のちの一式戦闘機「隼」）に使われていた中島「栄（さかえ）」一二型（陸軍名「ハ25」）の公称出力九百五十馬力より大きなエンジンが必要となる。

三菱にはすでに実用化されていた、中島「栄」と同クラスの「金星」三型があったが、もちろんこれもパワー不足でだめ。となると、残された選択は二つしかなかった。その一つは愛知航空機が海軍機向けに試作を進めていた倒立V型十二気筒の「十三試ホ号」で、ドイツのダイムラーベンツＤＢ６００系液冷エンジンを国産化しようというものだった。

ヨーロッパでは、すでにこのＤＢエンジンを装備したメッサーシュミットＭｅ109戦闘機の優秀性がしきりに伝えられていたし、Ｖ型十二気筒のロールスロイス「マーリン」をつんだイギリスのスーパーマリン「スピットファイア」も、その高性能をうたわれていた。

いわば機首のとがったスマートな機体をつくりやすい液冷エンジン装備の戦闘機が脚光をあびつつあったときで、こうしたことから堀越も液冷エンジンの「十三試ホ号」にはかなり魅力を感じた。

もう一つは、三菱が自社で開発した同じく昭和十三年度試作の「十三試へ号（改）」とよばれる空冷星型十四気筒エンジンで、この方が愛知の「十三試ホ号」より出力も大きかったが、当時は正面面積の大きい空冷エンジンではナセル（エンジンまわりの整形覆い）部分の空気の圧縮性による抵抗の増加から、時速六百キロ以上には向かないのではないかとする説がとなえられていたことが気がかりだった。

とにかく、この二種のエンジンをもとに、翼面荷重を百三十五〜百四十キロ／平方メートルとした場合の性能と重量を大まかに計算してみると、機体の全備重量は「十三試ホ号」装備の方が約二千五百キロで「へ号改」より百キロ軽く、上昇力は少し劣るものの、最高速度で約十ノット（時速十八キロ強）速いという結果が出た。「ホ号」の出力は高度五千メートルで一千〜一千百馬力、「へ号改」が一千三百馬力で、出力の点や自社製であるという点からすれば「へ号改」がいいけれども、純技術的に考えれば、当時の世界的な趨勢からいっても、液冷の「ホ号」が好ましく思われた。

海軍ではすでにこの「ホ号」エンジン装備を前提とした十三試艦上爆撃機（のちの「彗星」）の設計を自前で始めており、堀越もその動向に注目したが、このエンジンを生産する愛知航空機がいろいろ苦労しているところから、信頼性や取り扱いなどの点で選択を断念しなければならなかった。

残るは自社の「へ号改」となったが、このことがあとあとまでも苦労のタネになろうとは、もちろん知るはずもない。

「堀越技師は、この両エンジンについて試案をつくって航空本部に出頭し、当時の和田操技術部長はじめ関係者の前で、へ号改は外形が大きいわりには出力が低く、ホ号は原型のダイムラーベンツより性能が劣り、どちらも新しい局地戦闘機の要求を満たすには向かないことを、技術者らしいフランクな立場で説明した」

航空本部でこの局戦の担当となった技術部部員の巌谷技術少佐はそう回想しているが、こうしたやりとりのあと、航空本部の正式な十四試局地戦闘機の計画要求書が三菱に交付されたのは、内示から七ヵ月たった昭和十五年春だった。

当然ながら計画要求書の内容は、内示のときよりはるかに詳細にわたっているが、飛行性能については最高速度の目標が三百四十ノット（時速六百三十キロ）、実用上昇限度が一万一千メートル以上に高められていた。

航続力は内示とほぼ同じだが、離昇能力は過荷重状態で三百メートル以下（無風時）、降着能力は速度七十ノット（時速百三十キロ）以下で、滑走距離六百メートル以内が要求された。

飛行性能にくらべると空戦性能の方は、単に「旋回並びに切り返し容易にして一般の特殊飛行可能なること」とあるだけで、「九六式二号艦戦一型に劣らぬこと」とされた十二試艦戦にくらべると、大幅に条件がゆるやかになった。

なお武装は七・七ミリ（五百五十発）および二十ミリ（六十発）機銃がそれぞれ二梃ずつ、三十キロ爆弾二個で、十二試艦戦とまったく同じだった。

とくに注目されるのは、装備エンジンが「昭和十五年九月末日までに審査合格の空冷式」となっていたことで、液冷式の「ホ号」は対象からはずされていた。当然ながら自動的に「へ号改」の採用が決まってしまったが、じつは社内でこれ以前に、もう一つの自社製エンジンについて検討が行なわれていた。

それは十四気筒の「へ号改」を十八気筒化し、最大出力を千六百馬力に向上させた「十四試リ号改」とよばれる新しい試作エンジンで、これだと速度も約二十ノット速くなり、六千メートルまでの上昇力は要求を一分上まわる四分五十秒という計算計画が出た。しかし、要求書の「昭和十五年九月末日までに審査合格」という条件には間に合わないので、自動的にエンジンは「へ号改」に決まってしまった。

「私が欲しかったのは、零戦（当時はだ十二試艦戦）のものより馬力が大きく、外形はそれ以下のエンジンで、あのときほど、イギリスのロールスロイス『マーリン』をうらやましいと思ったことはない」

あとになって堀越はそう述懐しているが、この不本意なエンジンの選択が、のちに十四試局戦——「雷電」の完成を長引かせ、ひいては設計者たちを苦しめる因（もと）となったのである。

3

正式な計画要求書の交付とともに、風洞試験費二万五千円、荷重試験費八万円（当時の金で）など試作費も計上され、十四試局戦の開発がスタートすることになった。

三菱にはほかに戦闘機設計チームがないところから、十二艦戦をやった堀越二郎技師が設計主務者として引き続き担当し、七試いらいのコンビである曽根嘉年技師が、これを補佐する体制がとられた。スタッフもすでに陸軍機設計に移っていた東條輝雄技師を除き、十二試艦戦いらいの人たちがそのまま残った。

東條技師はずっと機体の強度計算を担当し、戦後国産初のＹＳ11旅客機を実質的にまとめ上げた優秀な設計者で、東條がいなくなったのは痛かったが、新たに櫛部四郎、小林貞夫、河辺正雄技師らが強度計算担当、堀川清技師がフラップや尾翼などの設計担当として加えられた。

こうして設計の陣容が整ったものの、すぐに十四試局戦の仕事に集中というわけにはいかなかった。十二試艦戦がテスト中に優秀な性能を示しつつあることを伝え聞いた前線部隊から、一日も早い進出が要望されていたからで、まだ実用試験がすんでいなかった十二試艦戦には、実戦に参加する前に試験をやって手直しをしなければならないことがたくさんあった。

そのうえ、十四試局戦の正式な計画要求書が渡される約一ヵ月前の三月十一日、十二試艦戦の試作二号機が横須賀でテスト飛行中に空中分解し、海軍のテストパイロットが殉職する事故が起きたこともあって、設計主務者の堀越には何とも気の重い毎日であった。

この事故対策もあって、十二試艦戦を四月末には前線に送るという計画は、改めて七月中旬に変更された。

十二試艦戦の前線進出準備と事故対策の作業をかかえながら十四試局戦の基礎設計という、一人で二役も三役もこなさなければならないような多忙の中で、新戦闘機——海軍記号J2M（略してJ2とよばれた）の基礎設計が進められた。

まず最初にぶつかった難問は、馬力の割に外形が大きい空冷星型エンジンの空気抵抗を、どうやって減らすかということだった。もっとも常識的な方法としては、零戦などのようにエンジンナセル部を最大断面とし、それから後をなめらかに絞る方法だが、このJ2ではまったく異なるやり方が試みられた。

このころ、海軍航空技術廠（略して空技廠、昭和十四年四月に海軍航空廠から改称された）の「星型発動機の抵抗少なき装備法」という研究報告があった。それによると、胴体をエンジンナセルに合わせて無理に細くせず、全体をなめらかな紡錘（ぼうすい）型とした方がかえって空気抵抗が少ないというのだ。

具体的にはプロペラ軸を延長してナセル前方を絞り込み、機体全長の約四十パーセントの位置を最も太くなるようにし、それから後でまた絞る。プロペラ軸の延長によって絞り込まれたナセル前面の開口部が小さくなり、自然通風だけでは冷却空気量が足りなくなるので、延長軸上に増速された冷却ファンを取り付ける。たとえ正面面積はふえても、こうして形状抵抗をへらした方が、全体として空気抵抗の値が小さくなる、という考えで、空技廠科学部の研究担当者からこのやり方をすすめられた堀越は、そのアドバイスをもとに、それまでの日本機を見なれた目には異形ともいえる独特の胴体形状を生み出した。

主翼は、胴体つけ根付近に当時アメリカのNACA（国立航空研究所）あたりを中心にしきりに研究結果が発表されていた層流翼に近い翼断面が採用され、翼端に行くにつれて十二試艦戦と同じようなふつうの翼断面に変わるものとした。

層流翼は飛行機の高速化に対応するため、翼前縁半径を小さく、つまり尖(とが)らせるとともに、主翼の最大厚さの部分を後方にずらして乱流（表面の空気の流れが乱れること）の発生を遅らせ、翼表面の空気による摩擦抵抗を減らそうという理論だが、J2の層流翼は外国のマネではなく、三菱の風洞試験場の藤野勉技師が研究して提案した翼断面を基礎としたものだ。

層流翼理論といえば、機首先端を細く絞り、前から四十パーセント付近に最も太い部分を持ってきたJ2の胴体も、似たような理論にもとづいていると考えていいだろう。

このころの日本の航空技術は、まだ先進諸国に遅れている部分がたくさんあったが、あるところでは——とくに空力（空気力学）の理論的な面では、十分に並ぶところまで達していたのである。

4

主翼中央部分に層流翼を採用してはあるが、チーフデザイナーが同じである以上、主翼の形状そのものは十二試艦戦（A6M1、略してA6とよばれていた）によく似ている。

A6が主翼弦長の三十パーセントに左右一直線の前桁をおいた二本桁構造だったのに対し、層流翼で最大翼厚の位置が後退したこともあって、主翼弦長の三十五パーセントの位置に前桁を配した一本桁構造（後縁近くに補助桁はあった）となったが、前縁と後縁はほぼ同じ割合の直線テーパーを与え、翼端部も堀越好みの抛物線(ほうぶつ)で丸めたので、ほとんど同じかたちになった。

違うのは翼幅がちょうど十二メートルのA6M1より一メートル十五センチ短くなった点で、その平面形はむしろ翼幅を十一メートルに縮めたA6M5（零戦五二型）に近い。

このことは同一縮尺のJ2とA6の平面図を重ね合わせてみればよくわかるが、この相似は尾翼にも見られる。

主翼や尾翼だけでなく、胴体にしても尾翼より後に尖（とが）らせた尾部のまとめ方なども A6と同じ手法で、翼端形状とともに設計者の好みや美的センスがよく現われるところだが、堀越はすぐれた設計者（デザイナー）であると同時に、りっぱなアーチストでもあった。

試作二号機の空中分解事故とその対策という憂鬱な仕事をかかえながら、J2の基礎設計を進めなければならなかった堀越に、二つの明るい知らせがもたらされた。

その一つは、十二試艦戦の第一陣六機が中国大陸の前線に送られて間もない七月下旬、「零式艦上戦闘機」として制式採用されたことで、その制式決定の文書の写しが回覧された設計室では喜びの声があがった。

それから約二ヵ月たった九月十三日夕方、中国大陸に進出したその零戦隊が、敵戦闘機二十七機を撃墜したという知らせがあった。

この日、陸攻隊を掩護して重慶攻撃に出動した進藤三郎大尉指揮の零戦十三機は、爆撃を終えた陸攻隊と一緒に帰ると見せかけて途中から引き返し、零戦との空戦を避けて姿をくらましていた敵戦闘機隊が重慶上空に戻ってきたところを狙って、ほぼ全機を撃墜したというのだ。

零戦隊は四機が被弾したものの飛行機は無事、もちろん搭乗員も全員生還し、敵戦闘機の攻撃を受けなかった陸攻隊は十分に爆撃の成果をあげるという、すばらしい勝利であった。

この大ニュースは、さっそく翌日の新聞にものったし――零戦の名称は伏せられ、単に〇〇機となっていたが――翌日、堀越自身も社長と一緒に東京の海軍航空本部に呼ばれて表彰を受けた。このことで、とかく遅れがちだったＪ２の設計作業にもようやくはずみがつき、十月十五日に実大模型の製作に着手し、年明けの昭和十六年一月早々に完成した。

実大模型は実物と同じ大きさの模型を、手間と製作期間をはぶく点から主として木でつくるもので、設計者たちはこれによって平面的な図面からはじめて飛行機の実際の大きさ、かたちなどを立体としてつかむことができる。また操縦席のアレンジメント、視界のよし悪し、機銃、酸素ボンベ、無線機など装備品の配置具合から各種操作や取り扱いやすさなどを十分に検討し、実機ができ上がってから変更する時間や手間のロスをできるだけ少なくするのが狙いだ。

注文主である軍としても、この実大模型による審査（木型審査といった）によって、自分たちが望んでいるとおりの飛行機になっているかどうか、使い勝手はどうかなどを早い時期につかむことができ、さまざまな改善要求を出して、よりすぐれた飛行機になるようにする。

試作機は、その完成までに軍による何段階もの審査が行なわれるが、昭和十四年ごろに確立された日本海軍の試作機審査手順は、おおよそ次のようなものであった。

一、計画一般審査　基本計画の適否を判定。
二、木型審査　実大模型で主として艤装兵装の適否を審査。
三、図面審査　主要構造部を図面によって判定。
四、構造審査　試作第一号機工事進捗の三十パーセントおよび九十パーセントの二期に分けて実施。
五、強度審査　〇（ゼロ）号機とよばれる強度試験用機体で破壊試験を行ない、強度の適否を判定。

六、完成審査　第一号機完成時に、それまでの各段階での審査結果を総合的に審査した上で剛性および振動試験を行ない、飛行安全度の適否を判定。

このあと、軍による領収飛行、航空技術廠飛行実験部での飛行審査、横須賀航空隊での実際の用兵的な実験が行なわれ、制式採用とするかどうかの最終的判定が下される。

これからもわかるように、実大模型による木型審査は、試作機開発の初期段階でのもっとも重要なステップで、このときの審査結果が飛行機の運命に大きく影響した例は少なくないが、不幸にしてＪ２の場合は、その悪い方の目が出てしまい、設計側があとあとまで苦しむ原因となってしまった。

ふつう、単発の小型機程度だったら、計画要求書が出てから木型審査まで二ヵ月程度が見込まれるが、Ｊ２の場合は前述のような理由で作業が大幅に遅れ、計画一般審査のあと、第一次木型審査が行なわれたのは昭和十六年一月二十日だった。

軍（官）による審査は、もちろん多数の関係者が立ち会うが、中でも一番その発言が重い意味を持つのは、何といっても海軍航空技術廠（空技廠）飛行実験部の主務部員だ。

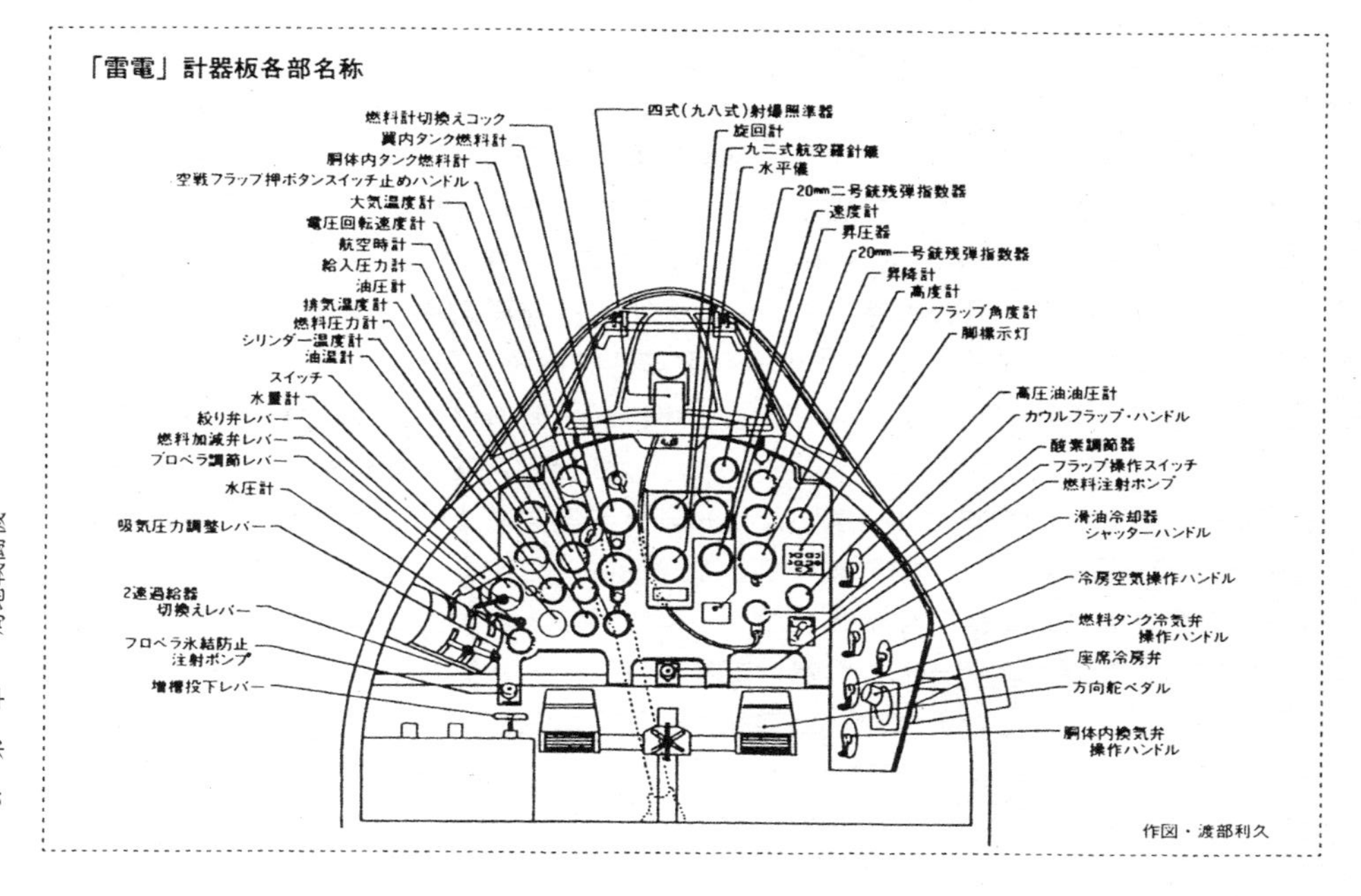
「雷電」計器板各部名称
燃料計切換えコック
翼内タンク燃料計
胴体内タンク燃料計
空戦フラップ押ボタンスイッチ止めハンドル
大気温度計
電圧回転速度計
航空時計
給入圧力計
油圧計
排気温度計
燃料圧力計
シリンダー温度計
油温計
スイッチ
水量計
絞り弁レバー
燃料加減弁レバー
プロペラ調節レバー
水圧計
吸気圧力調整レバー
2速過給器
切換えレバー
プロペラ氷結防止
注射ポンプ
増槽投下レバー
四式(九八式)射爆照準器
旋回計
九二式航空羅針儀
水平儀
20㎜二号銃残弾指数器
速度計
昇圧器
20㎜一号銃残弾指数器
昇降計
高度計
フラップ角度計
脚標示灯
高圧油油圧計
カウルフラップ・ハンドル
酸素調節器
フラップ操作スイッチ
燃料注射ポンプ
滑油冷却器
シャッターハンドル
冷房空気操作ハンドル
燃料タンク冷気弁
操作ハンドル
座席冷房弁
方向舵ペダル
胴体内換気弁
操作ハンドル
作図・渡部利久

Ａ６十二試艦戦を零戦に仕立て上げた前任の真木成一少佐（海兵五十七期）に代わって、新たに飛行実験部戦闘機主務部員となった小福田租（皓文と改名）少佐は、真木より二期あとの海兵五十九期出身の同じ戦闘機パイロットだった。ずっと中国大陸で転戦したあと、フランス領インドシナに駐留していた第十四航空隊からの転勤だったが、昭和十五年秋に着任して、いきなりＪ２の木型審査に立ち会う羽目になった。

もちろん、前任者の真木少佐から懇切ていねいな事務ひきつぎの説明をうけたが、それまでずっと過ごしてきた実戦部隊とはまったく異次元の世界とあって、小福田が受けたカルチャーショックは大きかった。

「なにしろ、審査にたいする自信も定見もなく、いきなり生まれてはじめて『雷電』（Ｊ２）の木型審査にのぞみ、まるで化け物のような木製『雷電』にお目にかかったときは、さすがに〈これが戦闘機か！〉とドギモをぬかれた」

初めて木型審査の現場に立ち会ったときの印象を小福田はそういっているが、そもそもスリムでスマートな零戦ばかり目にしていた小福田にとって、ずんぐりして思い切り胴体が太いＪ２のスタイルはあまりにも異質であり、この仕事に不慣れなこともあって、彼から的確な判断力を奪ってしまった。この結果、

「いまでも残念に思い、また審査主務者として責任を痛感しているのは、のちにもっ

とも重大な問題となったこの飛行機の『視界』にたいし、そのときはっきりした見解をしめせなかったことである。もっぱら〈へぇー、木型審査とはこんなものかなー〉と、わけもわからずその場の空気に動かされていた」（小福田晧文『零戦開発物語』光人社）

という反省の言葉となったが、胴体上面のラインから大きく飛び出したような零戦の風防（キャノピー）にくらべて、J2のそれは空気抵抗を減らすために、視界を少しばかり犠牲にして丈を低くし、前面にも曲面ガラスが使われるよう計画されていた。これだと単に視野がせまいだけでなく、前面がゆがんで見える。しかも、風防の後部は胴体上面の線と連続したかたちとなっていたので、太い胴体とあいまって、後方視界は絶望的なくらい悪くなる。

こうしたことは実大模型の操縦席に座ってみればすぐわかることだが、この戦闘機が大型機の邀撃を主任務とするため、速度と上昇力を優先するという見地から、そして何より審査側の主務者が不慣れなこともあって、たいした問題とはならなかった。「このこと（視界の不良）が後に本機の致命的な欠点となったことは、何としても私たちにとっては大きな黒星であった」

視界不良問題を、堀越は設計側のミスだったとみずからを責めているが、第一次木型審査でとくに改善要求もなかったことから、一ヵ月後の二月二十日に行なわれた第二次木型審査も、風防や視界に関してはそのままパスしてしまった。もっともこれには設計側にも審査側にも、J2だけに集中できないという事情があった。

三菱の海軍戦闘機設計チームは、この頃、十二試艦戦二号機空中分解の事故対策、実戦参加のためのさまざまな対策や小改良、そして中島飛行機で転換生産するための準備作業など多くの仕事をかかえていたし、海軍側の担当主務である小福田少佐も、中島飛行機の十三試双発戦闘機の試作推進、実用化されたばかりの零戦の改良や実戦部隊からもたらされる戦訓への対応、ドイツから買ったハインケルHe100戦闘機の性能調査のための実験など、重要な仕事をいくつも負わされていたからだ。

第二章――J2一号機

1

ここで少しまわり道をすることをお許し願いたい。

まだ零戦が出現していない昭和十二年の中頃に、日本で支那事変とか日華事変とかよばれていた日中戦争が勃発し、戦争の拡大とともに海軍陸攻隊が中国奥地まで進攻するようになると、同行できるアシの長い掩護戦闘機がないために、敵戦闘機による陸攻隊の被害が増大した。

これに頭を痛めた海軍では、航続距離二千海里（三千七百キロ、ただし過荷重で）以上の陸上戦闘機の試作を中島飛行機に命じた。

　これが十三試双発三座陸上戦闘機だが、海軍としても初の機種だっただけに、要求性能をどう決めたらいいのかわからず、陸攻なみの航続力に加えて速度は零戦以上、空戦性能は零戦なみ、武装は胴体前端の二十ミリ機銃に後上方の遠隔操作式七・七ミリ機銃二連装砲塔×二という欲張ったものとなった。

　当然ながら、この過大な要求を満たすために総重量は七トンを超え、速度も空戦性能も零戦にはるかに及ばないことがわかった。

　そこに単発単座の零戦が出現して、十分に陸攻隊掩護の役を果たすことがわかり、戦闘機として使うことをあきらめ、陸上偵察機として採用することにした。これが二式陸上偵察機で、のちに大型機邀撃用の夜間戦闘機「月光」（J１N１）としてカムバックしたが、十四試局戦はJ２（Jは陸上戦闘機の記号）だから、海軍の陸上戦闘機としては二番目の機体ということになる。

　昭和十五年七月に制式採用となった零戦には、早くも改良型が出ていた。

　重慶（じゅうけい）、成都（せいと）など中国奥地への進攻で大活躍した零戦一一型は、全幅が十二メートルあり、航空母艦のエレベーターよりほんのわずか小さいだけだったので、時間が勝負の揚げおろしの際に翼端をぶつけるおそれがあった。そこで、左右の翼端を五十センチずつ上方に折り曲げるようにした。

　この型の零戦は第六十七号機からで二一型（Ａ６Ｍ２）とよばれ、第百二十七号機以降には空気力を利用して補助翼の操舵力を軽くする、バランスタブという小翼がつけられたが、この二一型のテストは緊急を要するものだった。

　このほか、「こまかい設計変更とか改修のため、量産体制にはいってからも一週間に一度ぐらいは工場に行った」と堀越がいっているように、細部の改良が絶えず行なわれており、それらについても一つ一つチェックして問題ないかどうかを確認するのも空技廠の仕事だった。

　もちろん、小福田の下には下士官からあがった老練なテストパイロットたちがいて、それぞれの仕事をこなしてくれたが、戦闘機主務部員たる小福田には、それらのすべてに対して責任があり、これからのＪ２に十分集中できなかったのも無理はなかった。

　零戦の生産は順調に進み、昭和十五年中には約百二十機が海軍に引き渡され、十六年に入ってからも一日一機の割で生産されて、各務原から横須賀に空輸された。この改良および性能向上もたゆみなく続けられ、エンジンを新しく海軍のタイプテストに合格した「栄（さかえ）」二一型に変えるための設計変更が行なわれた。

栄二一型は、高空での出力低下を補うためのスーパーチャージャーが二段式になり、出力も栄一二型が高度四千二百メートルで一段過給の九百五十馬力だったのに対し、高度二千八百五十メートルの一段過給で千百馬力、高度六千メートルの二段過給で九百八十馬力に向上した。

このエンジン換装にともない、生産の簡易化や航空母艦上での取り扱いをらくにするため、翼端折り曲げ部を取り去り、その部分に簡単な覆いをつけて整形した。これが零戦の三番目の改良型となる零戦三二型（A6M3）であるが、その改造設計が進みつつあった昭和十六年四月十七日の午後、またしても衝撃的なニュース——横須賀航空隊でテスト中に零戦が空中分解を起こし、搭乗していた横空戦闘機分隊長の下川万兵衛大尉が殉職したという知らせが、設計室にいた堀越にもたらされた。

「私がよく知り、敬服していた下川大尉殉職の報は、先の十二試艦戦試作二号機の事故のとき以上の衝撃だった」と堀越は語っているが、こうした状況の中にあってJ2の設計も遅らせるわけにはいかず、その心労と肉体的な過労がまず堀越の副将的立場にあった曽根技師を襲い、静養のため戦列を離れることになった。

さいわい曽根は二ヵ月ほどで職場に復帰したが、入れ替わるようにして今度は主将の堀越が倒れてしまった。もともと堀越はからだが弱く、十二試艦戦の頃もしばしば健康を害し、試験飛行の立ち会いに先輩の本庄季郎技師をわずらわしたこともあったほどだが、激務に加えて下川大尉の殉職という精神的な打撃が、ついにかれを長期休養に追い込んだのであった。

設計主務者不在となったＪ２の試作機製作は、アメリカとの関係がいよいよ険悪となりつつあった状況からも遅延は許されないので、設計主務者には高橋己治郎技師が、そして試作機の進行は平山広次技師が担当して進められることになった。

試作を担当することになった広山技師の方もたいへんだった。

それまで試作機の製作は、量産を手がける工作部の一部で行なわれていたが、日中戦争のために生産が忙しくなったことと、Ａ６（零戦）およびＧ４（一式陸上攻撃機）の試作以来三年近くも試作がなかったので、部内の体制が試作機をつくるのに適さないようになっていた。

そこで平山の提案で量産の作業を受け持つ工作部とは別に、独立した試作工場ができた。

つまりＪ２は、この試作工場が手がける最初の機体ということになるが、それからの追い込みは急で、年明けには試作一号機のかたちが何とかまとまる見込みがつくまでにこぎつけた。

このことについて、試作工場長代行で主任の平山は、「設計での計画の初めから工作側がそれに沿って積極的に協力したというのではなく、また作業計画も最初の時点から一貫していたとはいい難い。ただ完成前二ヵ月半の猛烈な工事促進で、ほぼ目標どおりの完成時期に間に合わせることができた」と語り、それ以前は惰性でやっていたといっている。

事実、設計図が現場に入りはじめたのが十六年二月、五十パーセント入手が十一月二十七日、八十パーセント入手が十二月二十七日で、主翼桁の組み立てを皮切りに組み立て作業に着手したのが十二月二十四日、それからほぼ三週間後の十七年一月十六、十七日に第一次構造審査にこぎつけているのだから、相当の踏んばりであった。

それもこれも十六年十二月八日に始まった対米英開戦の影響で、この当時は相いつぐ大勝利の大本営発表に、すべての日本人の気持が最高に昂揚していたせいもあるが、かつて「平山鋲」とよばれる独特の沈頭鋲工作法を発明した平山だからこそやれたともいえる。

海軍の審査規定によれば、第一次構造審査は試作第一号機工事進捗三十パーセント時となっており、この時点では組み立て治具上にやっと主翼桁や小骨が並べられ、胴体も骨格がむき出しの状態で審査を迎えたが、それから三週間のうちに機体をまとめ上げ、二月六日、七日の第二次構造審査、そして同二十七、二十八日の完成検査へとこぎつけた。

それだけに試作一号機が完成した喜びは大きく、社員の作詞作曲による「Ｊ２機完成の歌」というのがつくられた。

情熱（ねつ）と意気とを打ち込んで
今　一号機成し遂げり
聞けよ雄々しき産声を
これぞ吾等（われら）の　おおＪ２だ

無敵日本（にほん）の海鷲に
今ぞ加わる一威力
烏合の米英何者ぞ
襲（おそ）へ吾等の　おおＪ２機

征けよ春の陽（ひ）身に浴びて

東亜の空に黎明を
招く希望の其の日まで
飛べよ翔けれよ　おおJ2よ

当時はまだ「雷電」という呼称がなかったので、J2という記号ではちょっと迫力に欠けるけれども、開戦と軌を一にして完成した精悍なJ2一号機の姿に寄せる、設計および工作者たちのよろこびの気持が伝わってくるようだ。

2

空力的形状では、多分に零戦との類似点があったJ2も、構造的にはかなり違っていた。

零戦は軽くつくることを最重点とし、工数がふえることや工作が面倒になることなどには目をつぶったところがあった。もともとが艦上戦闘機だから、母艦の搭載機数とその補充程度の数をつくればよく、よもや陸上戦闘機としても使われて、各型合わせて一万機以上もつくるようになろうとは思いもしなかったからだ。

そんな零戦にくらべると、製造側から見てJ2はかなりつくりやすくなっていると、平山は「J2M1の試作について」と題するレポート（昭和十七年六月末作成）の中で述べている。

「それはつくり易くしようと努力したほかに、性能や強度の方から自然に工数が少なくてすむようになったと思われるところがある。たとえば、

一、胴体が太いこと（発動機の直径が大きくなったのにともなって太くなった）

二、主桁が一本になったこと（強度に自信をもって軽くするため）

三、翼外板の厚いこと（強度上）

などで、これが良い飛行機の本当の進み方かも知れない」

相当なほめようだが、フラップ操作装置の部品が多すぎること、単独に組み立てると引込式尾脚が機体に取り付けられないなど、細部設計のまずさも指摘し、さらに構造審査といいながら、量産性についての議論がほとんどなかったことにも不満を述べている。

しかし、ここに取り上げられた引込式尾脚が、のちに海軍側のテストパイロット死亡という重大事故の原因になろうとは、当然ながら平山のあずかり知らないことであった。

第一次構造審査で指摘された、こまごまとした改善点の手直しをして第二次審査を迎えるまでの間、一月三十日には零戦の事故対策研究会、そして二月二日にはＪ２十四試局地戦闘機に関する研究会など、堀越や曽根は横須賀出張と会議資料の用意などに追われたが、とくに二月二日の研究会は、午後一時に始まって夜の六時半に及ぶ長時間となった。

このうち午後一時から四時半まではＪ２の性能研究会で、三菱側で作成した第一次性能計算書をもとに、かなり詳細な性能予測が発表された。

それによると、最高速度は高度六千メートルで三百十七・八ノット（時速六百十七キロ）、上昇力は六千メートルまで四分五十六秒、航続力は過荷重で八時間（二百ノット巡航時）、高度六千メートルで四・七時間（二百五十ノット巡航時、いずれも二百五十リッター増槽使用）となっていた。

このほか離陸性能や降下率も示されていたが、要求を上まわる数値を示した上昇力や航続力は別として、最高速度については三百二十五ノットかそれ以上という要求を満たしていないとして、海軍側から改善案が出された。

その一つは、直径三・二メートルで計画されているプロペラを三・一メートルにすること。そして、排気管を集合型から単排気管としてロケット効果を出すこと、主翼

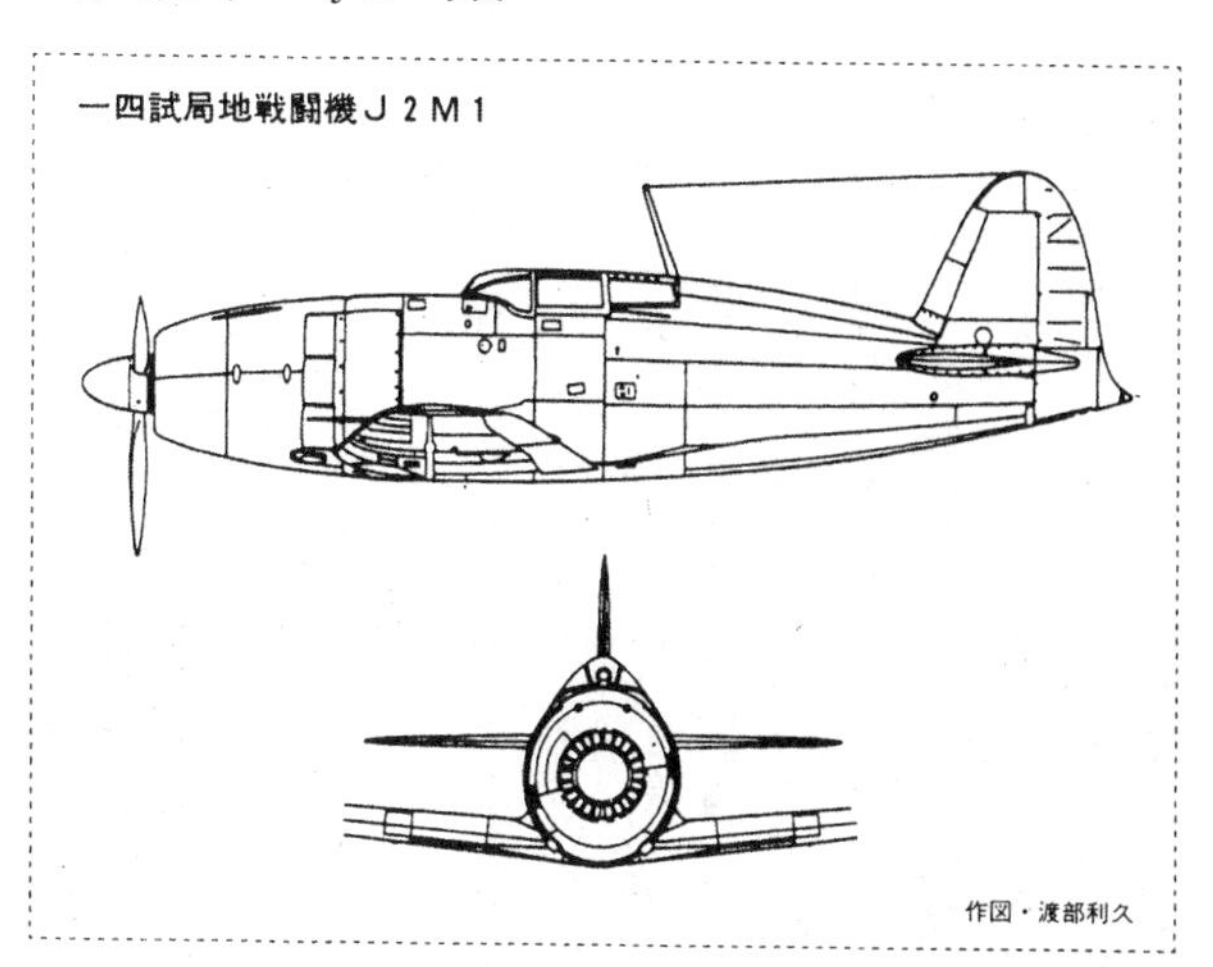

前縁にあいている機銃孔の形状を検討することなどがつけ加えられた。
一般性能のほか、安定性や操縦性その他についても説明が行なわれ、午後四時半からはテーマを兵装強化に変えて、さらに一時間の研究会が開かれたが、始まったばかりの「大東亜戦争」の戦訓として、弾丸の威力、携行弾数、機銃の数をいずれも増すことが要求された。
とくに二十ミリ機銃は威力があるものの、百発の円筒型弾倉ではすぐに射ちつくしてしまうので、百発入り弾倉が装備できるようにすること、弾道の直進性がいい銃身の長い九九式二号銃を装備すること、十三ミリ機銃の翼内装備を研究すること、Ｊ２性能向上型では翼内の二十ミリ機銃四梃装備を研究することなど、盛り沢山の要望が出された。

この席上、参考として川西航空機で開発中の一号局地戦闘機（のちの「紫電」）の二十ミリ機銃四梃の翼内装備法が紹介された。

J2の兵装強化研究会のあと、引き続いて零戦について同様な検討が行なわれたが、こちらは現用戦闘機として毎日戦っているだけに、その内容は切実であり、要求は深刻であった。

会議の冒頭、占領直後のボルネオ島バリックパパンに来襲した敵四発大型爆撃機ボーイングB17E「空の要塞」を攻撃した現地航空隊の報告が紹介された。それによると、数機編隊で空襲にやってきたB17Eに対し、零戦十五機で反復攻撃を加えてようやく一機に黒煙を吐かせ、その敵機は次第に高度を下げていったというのだ。しかも、撃墜にいたったかどうかは確認されていない。

当時、占領したばかりのバリックパパン方面には、台南航空隊と第三航空隊の零戦約六十機が分散展開していたが、当時台南空にいた現存する撃墜王坂井三郎中尉の著書『大空のサムライ』（光人社）にも、バリックパパン上空での困難なB17との空中戦闘についてのなまなましい記述が見られる。

それは昭和十七年一月二十五日のことで、坂井一等飛行兵曹は、列機一機とともにバリックパパン泊地の船団上空七千メートルを哨戒飛行中に七機編隊を発見、これに攻撃を加えた。

敵編隊から射ち出される反撃の火網をかいくぐって、坂井と列機は敵の一番機に攻撃を集中し、二十ミリ弾が命中して破壊された機体の破片が坂井機の下方を通り過ぎた。確実に坂井の射弾が命中しているのがわかるのだが、敵機は燃料も吹き出さないし、火も吐かない。


私は、なにかうす気味のわるい怪物と戦っているような感じになってきた。焦りを感じつつも、私は確実に七回攻撃をくりかえした。

――さすがは「空の要塞」だ！

私は攻撃をくりかえしつつも首を傾けて感心している。これはもう、いままでのわれわれの常識外の出来事である。そう考えながらも、私はなおも発射把柄（レバー）を握りつづけている。そして、弾丸は当たり続けている。だが、それでもなお敵機は揺らぎも見せない。

私は汗がダラダラ流れてきた。この手応（てごた）えのなさはどうだ？〝怖（おそ）ろしい〟という感じさえ、湧きおこってきた。（前出、坂井三郎著『大空のサムライ』）

このあと、坂井たちはこのB17の左エンジンの一基から、薄黒いオイルらしきものが尾を引いて流れ出したのを見た。そして二、三日たって味方の偵察機が、バリックパパンとスラバヤの間の小さな島に、そのときのB17と思われる残骸を発見した。

この記述によっても、B17を撃墜することがいかに困難であったかがうかがえるが、B17の強さは単に火力や充実した防弾対策だけでなく、機体の構造そのものの頑丈さにもあった。

戦時中、筆者は勤務していた建物に近い飛行場の一隅に駐機してあったB17E型をしばしば見る機会があったが、華奢(きゃしゃ)な日本陸軍の九七式あるいは百式重爆撃機にくらべて、まるで橋梁を思わせるようなごつい主翼のつくりに驚いた記憶がある。だからいま考えても、七・七ミリではまったく歯が立たないだろうし、威力の大きい二十ミリにしても、二梃でしかも一銃あたり百発の弾数では、確率的に見て相当な射撃の名手であっても撃墜困難であることは容易に想像できる。

当然ながら、兵装強化研究会では、弾丸の威力と機銃の数をふやすこと——総合的な火力の強化以外にないという、J2に対するのと同じ要望が出された。そして二十ミリ機銃四梃を零戦に装備した場合、どの程度の補強ですむのか、またそれが性能に及ぼす影響などを、空技廠飛行機部で至急検討することが決まった。

「Ｂ17Ｅを落とす局地戦闘機を、Ａ６（零戦）をもとに一日も早くつくること」という結論をもってこの研究会は午後六時半に閉会したが、出席した堀越や曽根の胸には、ずしんと重いしこりのようなものが残った。もしＪ２がすでに完成していれば、こんなことにはならないはずであったし、そのＪ２はまだ試作一号機による第二次構造審査を四日後に実施しようという段階で、量産化されて実戦部隊に配属されるまでに、最低あと二年は必要と思われたからだ。

そもそも欧米の近代的戦闘機は、スピットファイアにしても、メッサーシュミットＭｅ109にしても、来襲する敵爆撃機を邀撃（ようげき）することを目標に、速力、上昇力、火力などを重点として設計されていた。つまり、最初からインターセプターなのである。これに対して日本海軍は、爆撃機に同行できる航続力と、攻撃に行った先で敵戦闘機を打ち負かすことのできる速力と空戦性能を要求し、みごとな成功をおさめた。

それは新しいジャンルの戦闘機の開拓であったが、そのために別にインターセプターを用意しなければならなくなった。そこで遅まきながら計画されたのがＪ２だったが、十二試の零戦が計画から三年後の昭和十五年に実戦デビューしたのにくらべ、十四試のＪ２は実戦部隊への配備が十二試のときより一年延び、四年後の昭和十八年中にずれ込む見込みというのだ。

ここにいたって日本海軍は、局地戦闘機開発の遅れという深刻な事態に直面することになったのである。

取り返しのつかない重大な時間の遅れであったが、まだ緒戦の景気のいい連戦連勝の中にあって、前線で実際にB17Eと対戦したパイロットを除き、事態の深刻さに気づいた者はほとんどいなかったのである。

第三章――苦労の始まり

1

昭和十七年に入っても、日本軍の快進撃は続いていた。

一月二十五日のボルネオ島バリックパパン、翌二十六日のセレベス島ケンダリー、二月九日の同マカッサル、二月十五日のシンガポール占領などに加え、二月十四日のスマトラ島パレンバンへの陸軍落下傘部隊降下、同二十日のチモール島クーパンへの海軍落下傘部隊降下と、演出効果もたっぷり加えてマレー半島とオランダ領インドネシア諸島を完全に制圧してしまった。しかも、その作戦のほとんどに零戦がかかわっていて、零戦なしではこの迅速な戦果をあげることは不可能だったといっていい。

この零戦を駆使し、快進撃の先陣をうけたまわって活躍した台南、第三の両航空隊の意気は天を衝くものがあったが、その期待の大きさが零戦に対する数々の改修要求となって現われ、J2の開発を急ぐ設計陣の足を引っぱった。

二月六日、七日の第二次構造審査からちょうど三週間後の二十七、二十八の両日、完成審査が行なわれたが、設計関係についていえば第一次九件、第二次七件と少なかったのにたいし、完成検査ではじつに六十四件の指摘があった。しかし、のちに大問題となる視界については、とくに強い改善要求は出なかった。

このほか、工作関係では三回のぶん合わせて二十四件あったが、試作工場長代理の平山技師はこのことについて「半分は製作者側にとって肯定しかねる」とし、「あら探し的な感が深い」と皮肉っている。

完成審査を終えた二十八日午後、試作工場の外に引き出されて初めての地上運転が行なわれたが、ほっそりとしてスマートな零戦にくらべて、いかにも太い胴体や相対的に短く見える脚など、白日の下で見るJ2はいささか異質の感があった。

三月一日、予定どおり——とはいっても何度も変更後の——試作一号機が完成した。

前年十二月三十一日の朝礼のとき、平山は試作工場の全員を前にこういった。

「諸君は明日を正月と思ってはならない。諸君の本当の正月は三月一日と思って頑張ってもらいたい」

その激励にこたえて予定の期日に完成したのを祝って、この日午後四時から工場全員が茶碗酒をくみかわし、さらに二日後の夜、工場側の発案で聚楽園（じゅらくえん）で祝賀を兼ねた親睦会が開かれた。すでにいろいろな物質が不足しはじめ、酒などはとくに手に入り難くなっていたが、ちょうどこの頃、合成酒の配給があったのが間に合った。

聚楽園での祝賀会では、試作工場の榊原正雄作詞、同じく木村一馬作曲による「J2機完成の歌」（前出）が披露され、全員で歌った。

試験飛行は三月二十日に決まり、最後の改修が急がれたが、その前に強度試験用の供試機体、〇（ゼロ）号機による強度試験が行なわれ、平行して三月三日から四日にかけて試作一号機による振動試験、続いて操縦装置の剛性試験が実施され、七日には二回目の地上運転をやって、本番の試験飛行に備えた。

これまで三菱では、九六艦戦でも零戦でも大江工場のある名古屋に比較的近い岐阜県各務原（かがみがはら）の陸軍飛行場を借りて行なっていたが、J2は離着陸速度が大きいので、安全を期して広大な海軍の霞ヶ浦飛行場を使うことになった。そこで第二次地上運転がすむと、輸送のためすぐに機体の分解作業に入った。零戦や一式陸攻のときもそうだったが、隣接する十分な広さの飛行場を持たなかった工場立地のまずさであった。
三月十一日には所長主催の簡単なＪ２完成祝賀会があり、翌十二日には主翼、胴体など第一便が鉄道便で、十三日は予備エンジン他の第二便、十四日はエンジンまわり他の第三便がそれぞれトラックで発送され、整備員や平山技師も霞ヶ浦に向けて出発した。

Ｊ２は零戦より新しい飛行機だし、スピードもかなり速くなっているので、零戦とは違った新技術が随所に採用されていた。まずフラップだが、着陸速度が速くなることから、零戦などで使われていた翼後縁下面の一部が下に開く単純なスプリット式に代わって、レールによって後方に張り出すファウラー式が採用されていた。

このフラップは、着陸時には最大五十度まで下げて使うが、空戦時には約三分の一開くことによって旋回性能を良くする空戦フラップとしても使うよう計画されていた。
フラップを空戦用にも使う発想は、すでに陸軍の一式戦闘機「隼（はやぶさ）」や「鍾馗（しょうき）」で実現していたが、Ｊ２と前後して試作が進められていた川西航空機の十五試水上戦闘機（Ｎ１Ｋ１、のちの「強風」）では、それより一歩進んだ自動空戦フラップが採用されていた。

このほか、ドイツのライセンスを導入したＶＤＭ定速プロペラや、零戦の油圧式に代わる電気式引込脚機構なども新しい技術だったが、いずれも調子が悪くてのちにトラブルの種になった。とくに新しく採用したＶＤＭプロペラは、ピッチ変更をドイツでは電動モーターでやっていたのに対し、ライセンス生産した住友では油圧モーター（油圧で歯車を回す）を使ったが、試作工場の平山は、このプロペラが試験飛行の支障になりはしないかと心配していた。

平山の指揮で、霞ヶ浦の格納庫で到着した梱包を開け、組み立ておよび入念な整備点検が行なわれ、ついに初の試験飛行の日、昭和十七年三月二十日を迎えた。

この日、曽根は午前十一時半までは横須賀の空技廠でＡ６Ｍ３（零戦三二型）の改造についての打ち合わせを行ない、終わってすぐ海軍の人たちと一緒に飛行機で霞ヶ浦に飛ぶというあわただしさだった。

曽根や海軍側の担当者たちが到着すると、午後十二時三十五分にＪ２の飛行試験が開始された。

この日、空は晴れわたり、おだやかな早春の陽ざしが広い飛行場に降りそそいで、あたかもＪ２の前途を祝福するかのようであった。

初めてＪ２で飛ぶのは、三年前の十二試艦戦の時と同じベテランの志摩勝三操縦士で、それまで飛びまわっていたすべての飛行機も空中から姿を消し、人びとが見まもる中を静かに滑走をはじめた。四分後に軽くジャンプ飛行、さらに四分後に再度ジャンプ飛行を行ない、広い飛行場をいっぱいに使って機体各部のチェックを行なった。

第一回のジャンプでエンジンのブースト（過給）圧ゼロ、第二回はプラス百八十まで引っ張り、十一分後の十二時四十六分に出発点に戻ったが、左の引込脚覆いが破損したのとプロペラにくせが少しあることを除けば、飛行に支障はないだろうと、志摩操縦士は力強く語った。

このあと再度の入念な機体およびエンジンの整備が行なわれ、三時きっかりにふたたびエンジンが始動された。約二十分間のウォーミングアップののち地上滑走に移り、昇降舵、方向舵、補助翼、フラップ、ブレーキなどの作動が再度確認されて出発線に戻った。そして、ひときわエンジン音が高くなったかと思うと、J2は離陸滑走を開始し、軽々と春の空に飛び立った。

高度七百メートルでゆっくり場内を一周したJ2試作一号機は、十六分間の初飛行ののち着陸した。すでに何度も初飛行を経験している三菱の関係者たちもホッとしたが、飛行機から降りた志摩操縦士は、次のように報告した。

一、フラップ・カウルのねじが切れたほかはOK。

二、九十ノットのスピードで着陸したが、大体G4（注、一式陸上攻撃機）と同程度。

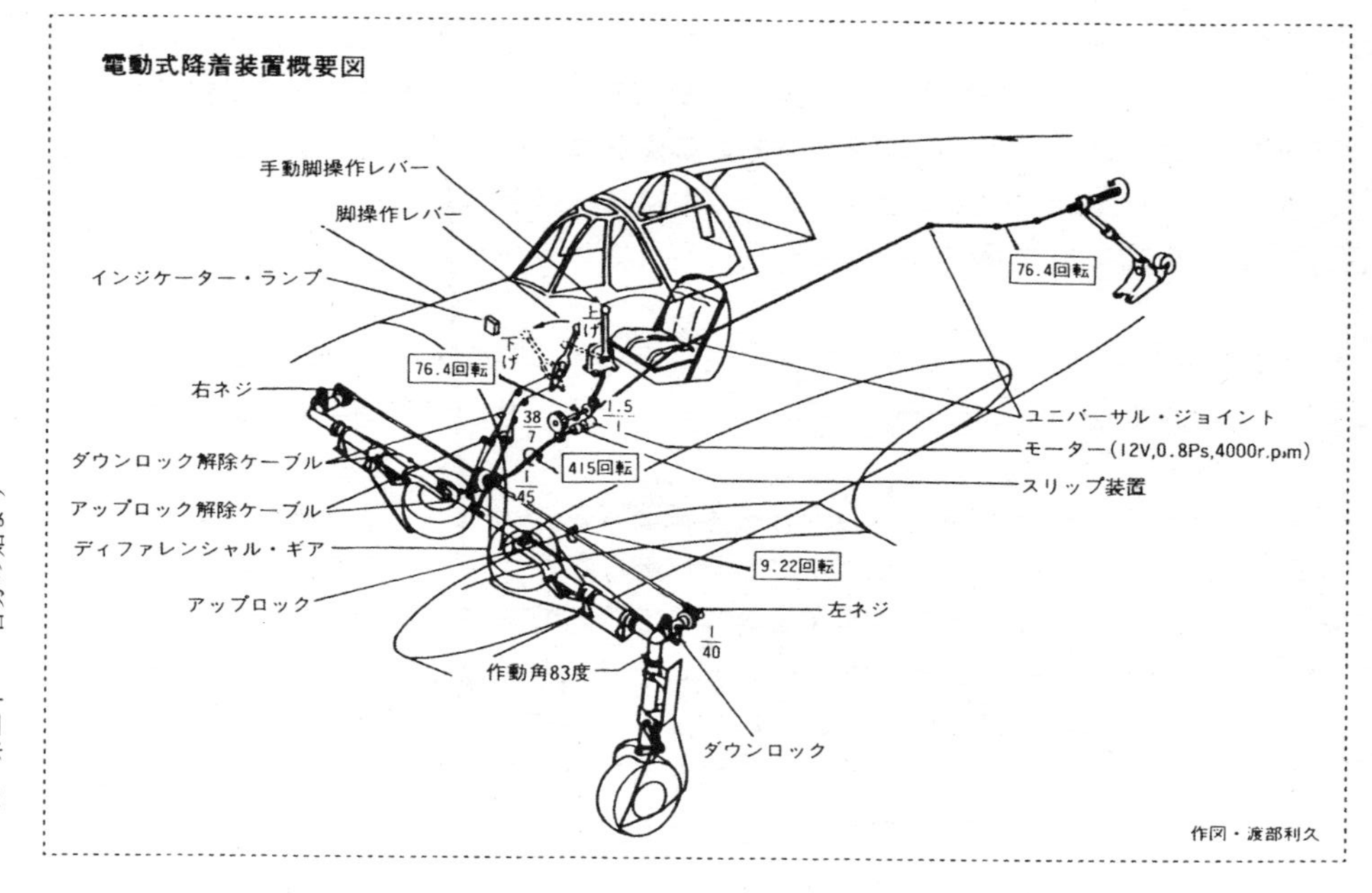

電動式降着装置概要図

作図・渡部利久

三、空戦フラップを下げると少し機首が上がるが、振動はない。
四、機体が左に大きく傾くが、離陸時の回頭傾向は小さい。
五、各舵の重さはA6と同程度で、操縦性はA6より良好である。
六、百五十ノットくらいで水平尾翼がゴトゴトした。風防は楽に閉まる。
要するに、各舵の利きや操縦性については零戦と同等かそれ以上ということで、素性のいい飛行機であることがわかり、翌二十一日、さらに二十二日、二十三日と続けて試験飛行が実施され、二十三日には海軍航空本部技術部長の多田力三少将も見に来た。

四日間の試験飛行の結果にもとづき、二十六日に改修事項の打ち合わせがあったが、脚上げ装置の不具合など十七項目について、月末までのわずか五日間で作業を終えることが決定された。

霞ヶ浦でいつまでもテストをするわけにはいかないので、四月二日朝までに改修作業をすませ、正午には鈴鹿に向けて飛び立つというあわただしさだった。鈴鹿でも試験飛行の再開に備えて、二日と三日の夜は徹夜作業が行なわれ、七日になって午前に万谷正弘操縦士が二十分、午後に志摩操縦士が四十一分飛んだ。

万谷操縦士は、昇降舵が危険ではないけれども、舵の動きに対して動きがやや不足を感じるが、方向舵、補助翼の効きは良好で軽い、と操縦性の良さを指摘した。

午後の志摩操縦士は一段とテスト項目を進め、各飛行速度でのフラップ閉および三分の一開の状態での昇降舵修正タブの角度を確かめたあと、空戦フラップを開いた状態で初のタイプテストを行なったが、三百ノットあたりでわずかに振動を感じ、引き起こしの際にはエンジンの振動で足にビリビリ来たと報告した。また、風防から大きな音がして気味が悪いこと、マイナスGに対してエンジンがすぐにストップすることも指摘しているが、のちにさんざん悩まされることになるエンジンの振動問題が、早くも顔をのぞかせているこ

電動および手動脚操作レバー

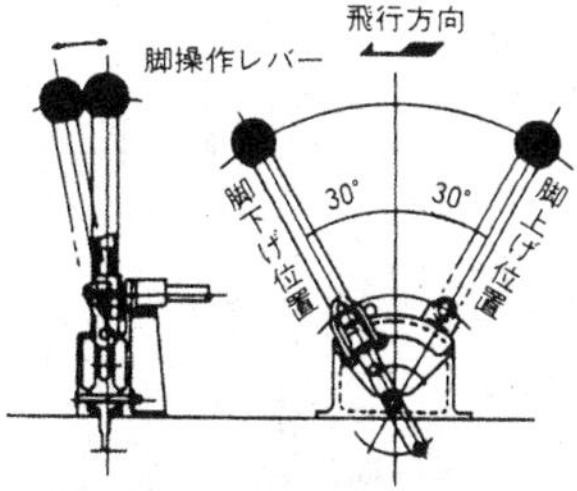

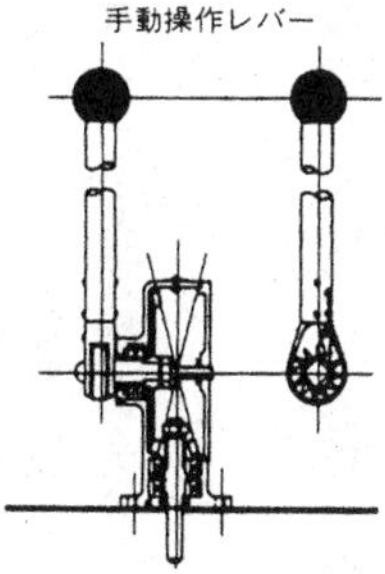

▲配電盤のスイッチを入れ、脚操作レバーを脇へ引き寄せ、(正面図)上げ(下げ)位置まで倒すとロックが解除されまたレバーはスプリングの力で溝に落ち込み、モーターがスイッチ・オンになる。

◀故障、または地上整備の際の手動脚操作は、まず所定位置に収納されているレバーを回転部に装着し往復操作を約200回おこなう。

作図・渡部利久

とがわかる。

翌八日は胴体内タンクに五百リッター、左右翼内タンクに各四十五リッターの燃料を入れ、全備二千八百九十九キロの状態で午後からテストが行なわれた。まず志摩操縦士が飛んだあと、午後三時から新谷春水操縦士が交代して飛んだが、このとき初の事故が発生した。

離陸上昇中に脚上げ操作を行なったところ、計器板上の右赤ランプがつかなかったが、ランプ不良と判断した新谷は、そのまま飛行を続けた。その後、降下率を測定するため、着陸体勢に入って予定どおり手動で脚下げ操作を行なった。

J2では、脚の上下機構を簡単にするために電動モーターが使われていたが、万一の故障に備えて手動でもやれるようになっていた。

新谷が手動レバーを前後に百二十回ぐらい動かしたところ、レバーが動かなくなり、左脚は完全に出たが、右脚は途中でストップしてしまった。急いで電動モーターによる操作に切りかえたがダメで、上げることも下げることもできなくなってしまった。再度手動でやってみたが、まったく動かない。

「処置なし!」

ついに新谷は不時着を決意し、左脚だけを引っ込め、右脚は少し下がったままで胴体着陸を敢行した。

　下がやわらかい草地だったのと、新谷の沈着な操縦のおかげで、Ｊ２は土煙りを上げながら転倒することもなく接地して停止した。

　プロペラは先端が曲がり、右翼端、フラップ、左脚カバー、胴体下面の一部などに軽い破損が見られた程度で、被害は驚くほど少なかった。

　Ｊ２の脚上下装置の途中に、脚作動中になにかの原因で動きが止まったとき、モーターに過大な負荷がかからないようスリップ装置がついていたが、調べたところ、このスリップ接手と脚歯車ボックスとをつなぐリベットが切断されていた。

　工場の現場などでは、不良製品を出すことを〝オシャカ〟といっているが、四月八日はたまたまお釈迦(しゃか)様の日にあたり、〈やっぱり……〉と納得する古い職工さんもいた。

　この事故で、Ｊ２の試験が一時ストップすることになったが、最初のつまずきとなったこの脚の不具合については、降着装置担当の加藤定彦技師の急逝という不幸もあって、対策はなかなかうまく事が運ばなかった。加藤技師の死因は、三月の飛行試験立ち会いのため、霞ヶ浦に出張した際にひいた風邪がもとの肺炎だったが、当時の医療水準と激務、それに悪い食糧事情などが、現代なら失わなくてもすんだ優秀な人材の命をうばったのだった。

2

開戦後五ヵ月たった昭和十七年四月に入っても、日本軍の快進撃はそのスピードがおとろえず、大本営は連日のように大戦果を発表し、国内は戦勝ムードにわいた。

勝ちいくさほど気分のいいものはない。食糧をはじめ物質の不足が目立ちはじめ、日常生活は何かと窮屈になっていたが、景気のいい勝利の報道がそれらを吹き飛ばし、人びとの心は浮き浮きしていた。

ところが、そんな気分にちょっぴり水をさす出来事が起きた。それはＪ２の関係者たちがＪ２着陸事故の対策に追われていた四月十八日正午過ぎのことで、昼食後のひとときを思い思いにくつろいでいた三菱名古屋航空機製作所の設計室内が、突然、騒がしくなった。

ふだんとは違う低空を飛ぶ飛行機の爆音が聞こえたからで、誰もが窓ぎわに走り寄って空を見上げると、建物と建物の間の空を、黒っぽい大きな機影が通り過ぎた。機体の星のマークがはっきりと見え、それが予想もしなかった敵機の空襲であることに気づくのに、時間はかからなかった。

敵機の胴体の下から何かが落とされたと見えた瞬間、工場の方角から大きな爆発音が聞こえ、同時に黒煙が上がった。

あとでわかったことだが、この空襲で建物や施設の被害は軽かったものの、工員五人が即死し、三十人が重軽傷を負った。

この敵機は、この日早朝、日本本土から約千百キロ離れた太平洋上の航空母艦「ホーネット」から発進したアメリカ陸軍のノースアメリカンB25爆撃機十六機のうちの一機で、少数機ずつに分散した爆撃隊は名古屋の三菱大江工場だけでなく、東京、川崎、横須賀、神戸をも爆撃して海上に退避したのち、中国大陸に着陸した。

これが爆撃隊指揮官の名を冠したいわゆる「ドーリットル空襲」で、日本側が受けた被害そのものはたいしたことはなく、二日後の四月二十日の大本営発表も、それを極力過小評価するようなものだったから、一般にはそれほど大騒ぎされることもなかったが、J2の設計主務者である堀越は、「この戦いの前途に暗さを感じないわけにはいかなかった」とその著者『零戦』（光文社）に書いている。

もっともこの頃の堀越は、零戦の改良やJ2の開発は曽根にまかせて、零戦の後継機の基礎計画にかかり切りだったから、関心はむしろこちらの方に強かったに違いない。

その零戦の後継機というのは、のちに「烈風」となった十七試艦上戦闘機（A７M１）で、その最初の研究会はドーリットル空襲の四日前にあたる四月十四日、横須賀の海軍航空技術廠で開かれた。

十二試のあと十七試とは五年のへだたりがあり、少し間があきすぎた感があったが、じつはそれより前の昭和十五年に後継機の計画はあった。十六試艦上戦闘機として一社指定で三菱に内示されたが、設計陣が手いっぱいで余力がなかったこと、必要とされる強力なエンジンがなかったことなどに加え、堀越の病気休業もあって一年間も放置されていたのだ。

この間に太平洋戦争が始まり、その後の戦訓なども取り入れて再スタートしたのが十七試艦戦だが、戦時の一年の遅れは大きく、これが後の零戦の、というより日本の運命をも大きく左右する結果を招いた。

しかし、当時は緒戦から引き続きすべての作戦が勝利のうちに破竹の勢いで進んでいたから、海軍の関係者——とくに戦闘機パイロットたちの意気はさかんで、いささかもそんな危惧を抱かなかったばかりか、研究会の席ではつぎつぎに威勢のいい要求を設計側に押しつけてきた。

「その他の海軍の関係者たちも強いてパイロットたちを刺戟しない方が、かえって会社側を刺戟してよい飛行機ができるのではないか、と考えている風に見えた」

堀越はもう一冊の著書『零戦』（奥宮正武共著、出版協同）の中で、海軍側への不満をそうのべているが、当時の雰囲気からすれば当たっていたといわざるを得ないだろう。

この日以降、主としてエンジン選定問題に関して堀越と海軍との間でやり取りが数回行なわれ、七月六日に十七試艦戦（Ａ７）の正式な計画要求書が三菱に交付されたが、このＡ７については後述することとしたい。

この頃の曽根の作業日誌を見ると、Ａ６Ｍ３の改造および性能向上についての記述が多いが、これは現に戦っている第一線部隊の要請であるだけに、緊急を要する。その一方で、Ｊ２の改良と事故対策を急ぐと同時に、早くもＪ２のエンジンを変えた性能向上型の設計も進めなければならなかった。

Ｊ２Ｍ１に装備された火星エンジンは、同じ三菱の金星より大型で馬力があるところから一一型（ＭＫ４Ａ）が双発の一式陸上攻撃機一一型（Ｇ４Ｍ１）、一二型（ＭＫ４Ｂ）が四発の二式飛行艇一一型（Ｈ８Ｋ１）、二一型（ＭＫ４Ｐ）が一式陸攻二二型（Ｇ４Ｍ２）、二二型（ＭＫ４Ｑ）が二式飛行艇一二型（Ｈ８Ｋ２）など、いずれも大型機に使われていた。

このうち火星一一型のプロペラ軸を延長して、単発機の機首を細く絞ることができるようにしたのが一三型（ＭＫ４Ｃ）で、川西航空機の十五試水上戦闘機「強風」（Ｎ１Ｋ１）に使われたのが最初だった。

火星一三型の延長軸を利用して、強力な回転トルクによる機体の傾きを防ぐ目的で、同一中心線上で二個のプロペラを互いに反対方向にまわす二重反転式にしたのが一四型と二四型で、Ｎ１Ｋ１と同じ川西航空機の十四試高速水上偵察機「紫雲（しうん）」（Ｅ15Ｋ１）に使われた。

二重反転式の火星一四型は「強風」の試作一号機にも使われたが、構造が複雑でトラブルが多かったので、二号機からはふつうの延長軸つきの一三型に戻してしまった。

火星エンジン装備の小形単葉機としては三機目となったＪ２Ｍ１であったが、計画時から不満があった馬力不足が、さらに額面を下まわって予定した性能に達しないことが明らかになったので、試作一号機の製作がまだ始まったばかりの昭和十六年末には、一三型に水または水とメタノール（メチルアルコール）を噴射することにより、千四百三十馬力から千七百五十馬力にパワーアップした二三型装備の十四試局戦改（Ｊ２Ｍ２）の設計が、Ｊ２Ｍ１のあとを追うようにして開始された。

石油資源をほとんど外国からの輸入に頼っていた日本は、南方油田地帯に圧力をかけるべく強引に仏印（フランス領インドシナ、今のベトナム）進駐を果たしたが、これに対する制裁措置としてアメリカやオランダからの石油の輸入を止められ、低質の燃料を使わなければならなくなった。オクタン価の低い低質燃料はノッキング（異常爆発）しやすく、それを防ぐためにエンジンのシリンダー内部の温度を下げてやる必要があり、その対策として考えられたのが、水あるいは水とメタノールの混合液をスーパーチャージャー付近に噴射する方法だった。

エンジンの出力向上と同時に燃料節約にもなる画期的な方法として、三菱名古屋発動機研究所で開発が進められていたものだが、それを火星一三型の改良型に適用して、海軍の正式採用となったのが二三型である。

火星二三型は水噴射なしの場合が千六百八十馬力、噴射ありの場合が千七百五十馬力（いずれも高度二千百メートル）で、昭和十六年十二月二十二日に空技廠で開かれた「雷電」の研究会で発表された設計側の計算値によると、二速スーパーチャージャー作動の高度五千七百メートルでの最高速度は三百四十九ノット（時速六百四十六キロ）で、火星一三型装備のＪ２Ｍ１にくらべて二十六ノット（時速四十八キロ）速く、六千メートルまでの上昇時間は五分を切ると出た。

このためＪ２Ｍ２の試作を急ぐことになり、昭和十七年二月十九日の名航（名古屋航空機製作所）工作部図書室で開かれた設計と試作工場との工事予定会議では、Ｊ２Ｍ１を試作進行中の一号機のほか、八月末までにあと七機、Ｊ２Ｍ２は五月末までに設計を終え、七月一機、八月と九月にそれぞれ二機ずつの合わせて五機をつくることが決定された。

さらに四月二十二日の機体塗装の打ち合わせでは、Ｊ２Ｍ１一号機と四号機、Ｊ２Ｍ２一号機が研磨、Ｊ２Ｍ１二号機と五号機、Ｊ２Ｍ２二号機がパテで隙間を埋めて塗装（色？）、Ｊ２Ｍ１三号機と六、七、八号機、Ｊ２Ｍ２三号機以降が零戦と同じ灰色塗装となっており、かならずしもＪ２試作機の全機が、試作機を示すオレンジイエロー塗装ではなかったようだ。

こうしてＪ２Ｍ１とＭ２試作機が試作工場でつぎつぎに製作に入ったが、五月に入ってＪ２Ｍ１二号機が完成したので、四月八日の不時着事故で破損修理中の一号機に代えて試験飛行を再開することになった。

試験飛行は中断の間の遅れを取り戻すべく、八千メートルまでの全力上昇、第二速および第一速のスーパーチャージャー全開高度での全速水平飛行各二回、さらに急降下をはじめ、もりだくさんの試験項目が予定され、五月十五日午後二時五分、志摩操縦士の操縦で離陸した。

ところが、脚を出したまま飛行場上空を一周した志摩は、すぐに着陸してしまった。いぶかしく思って駆け寄る関係者たちに、志摩はいった。

「脚が上がらないよ」

Ｊ２の脚上下機構は前出したように電気式になっていて、脚操作レバーを前後に動かすことにより、そのレバーの付け根に近いところでスイッチを押すようになっていたが、その辺りの位置関係がまずいため、脚上げスイッチを十分に押せなかったのが原因とわかった。

この対策に一日を費やし、十七日から試験飛行が再開されたが、この間にＡ６Ｍ３の試験飛行もやらなければならず、志摩、新谷両操縦士は大忙しとなった。

六月三日にはＡ６Ｍ３およびＪ２Ｍ１の官試乗が行なわれ、Ｊ２には航空技術廠飛行実験部Ｊ２担当部員の小福田租(みつぐ)大尉が午後から十五分間飛んだが、曽根の作業日誌によると、小福田大尉の指摘は次のような内容だった。
一、スロットルレバーは固く、ぎこちない。
二、ブレーキ効き過ぎ。敏感？
三、風防は歪(ひず)みが多い（代案は線図を研究、図面としておくこと）。

四、Gをかけると尾部がガタガタするので、空戦フラップを使ったスタント（特殊飛行）はやめた。

五、脚は実用上もっとスピードのあるときに上げられるようにしなくてはならない。

六、マイナスGはふつうの空戦状態ではOK。

これを見る限りでは、とくに大きな問題はなく、重ねて不具合のあった脚引き込み装置および、五月二十六日の強度試験で強度不足が明らかになった発動機架について改修工事が行なわれることとなった。

また、視界については風防が曲線で構成されているのと、使われているプレキシグラスの精度が悪いため、外の景色がゆがんで見えることが問題とされた。そこで、前面の曲面ガラスの一部の平面部分を拡大するとともに、前方側面ガラスを半強化の平面ガラスに変更することが、研究課題として設計に要望された。しかし、この時点では、のちに大問題に発展する流線形のこの風防の視界不良について、それほど強くこだわっている様子はうかがえない。

こうしてJ2の試験飛行がようやく本格化しようとしていた矢先、太平洋戦争の最初の大きな転機となったミッドウェー海戦が起きた。

六月十日午後三時半、軍艦マーチとともに大本営はアリューシャン列島およびミッドウェー島攻撃を発表した。それによると、六月五日にミッドウェー方面で激しい海空戦が起き、七日以降、アリューシャン列島の諸要点を攻略したというのだ。そして、ミッドウェー方面の戦闘でアメリカ空母二隻撃沈、飛行機約百二十機撃墜、対するわが方の損害は空母一隻沈没、空母および巡洋艦それぞれ一隻大破、未帰還飛行機三十五機となっていた。

ところが実際には、キスカ、アッツ両島の占領に成功したアリューシャン作戦はともかく、ミッドウェー作戦の方は、アメリカ側の損害が空母と駆逐艦各一隻（沈没）、飛行機約百機、人員三百七人だったのに対し、日本側は主力空母四隻喪失をはじめ、飛行機三百二十二機、人員三千五百人の大損害をこうむっていたのである。

とくに、母艦の沈没とともに、緒戦いらいの熟練搭乗員を多く失ったことは、日本海軍にとって大きな打撃となり、あとあとの作戦にひびいた。

大本営は国民の士気への影響を恐れ、この敗戦の事実をひた隠しにしたが、味方の損害を過小に、そして戦果は過大にという大本営発表の悪癖が始まったのも、この頃からであった。

3

ミッドウェー近海で起きた海空戦は、日本側の惨敗に終わった。

もちろんテレビなどはなかったし、外国放送も聞くことを禁止され、外からの情報から完全に隔離されていた当時としては、国民のほとんどがその事実を知らなかったのも当然だったが、ミッドウェーでの大敗北の隠蔽工作とは別に、これこそ本当に日本側の誰もが気づかなかった重大な損失がもう一つあった。

アリューシャン作戦でダッチハーバー攻撃に参加した零戦の一機が無人島に不時着し、発見したアメリカ軍によって本国に持ち去られた。この零戦は転覆してパイロットは死亡したが、下が柔らかいツンドラ地帯だったために破損は少なく、わずかな修理で飛行可能となり、飛行テストを含む徹底的な解析が行なわれた。その結果アメリカ側は、神秘的として恐れていた零戦の全容を、ことごとく明らかにしてしまったのである。

ミッドウェーでの大勝に喜んだアメリカでは、それから半月後の六月二十二日、グラマン社のXF6F－1「ヘルキャット」艦上戦闘機が初飛行した。零戦に一機では絶対に太刀打ちできないＦ４Ｆ「ワイルドキャット」戦闘機の後継機として開発されたものだけに、解明された零戦への対応策がその後の熟成の過程で、十分に取りいれられたことはいうまでもない。

Ｆ６Ｆは、陸軍のＰ47「サンダーボルト」や双発のＰ61「ブラックウイドウ」、海軍のチャンスヴォートＦ４Ｕ「コルセア」など二千馬力級戦闘機としては最後発で、アメリカが最初に二千馬力級の大出力空冷エンジンを装備した陸軍のＸＰ47戦闘機を飛ばせたのは、開戦より半年以上も前のことであり、しかもそのときすでに排気タービンまで装着していた。

それに対して日本は、このころ設計が進められていたＪ２Ｍ１に装備予定の十三試へ号改（ＭＫ４Ｃ、のちの火星一三型）は最大出力千四百三十馬力、その性能向上をめざして開発中のＭＫ４Ｒ（のちの火星二三型）ですら水噴射でやっと千七百五十馬力であり、しかも実際には額面どおりの性能が出ずに四苦八苦という有様だった。

そのあと、前述のように昭和十七年四月ごろから零戦の後継機となるべきＡ７（烈風）の計画がスタートしたが、そのＡ７に装備の対象となる二千馬力級エンジンは、三菱、中島両社の試作機がやっと海軍のタイプテストに合格するかどうかという段階だった。

グラマン「ヘルキャット」も試作機のXF6F－1一号機と二号機は千七百馬力のライトR－2600（二号機は排気タービンつき）エンジン装備だったが、その試作一号機が飛ぶ前から、二千馬力のプラット・アンド・ホイットニーR－2800「ダブルワスプ」に換装したF6F－3の量産化を決定している。

A7十七試艦戦に関する海軍と会社側との最初の小研究会が開かれたのが四月十四日で、アメリカ海軍がグラマン社にF6F－3の量産を発注したのが五月二十三日。一方がこれから計画スタートというほぼ同じ時期に、他方は量産化決定というこの大きな違いは、飛行機計画の遅れと、それ以上のエンジン開発における日米の決定的な差を示すものだ。

開戦の報を聞いた日、堀越は設計室で「田舎相撲（いなか）が横綱にいどんだようなものだ」といったと、当時第一設計課の計算係だった疋田徹郎技師はその日記に書いているが、そのころは日の出の勢いだった零戦の設計者をしてそういわしめたのは、堀越が技術者としてアメリカの恐るべき力——技術力と生産力についてよく知っていたからにほかならない。

エンジンのパワー不足という悩みはあったものの、J2の試作機は一号機、二号機の完成につづいて八号機までが試作工場で組み立て中で、七月二十五日には空技廠飛行実験部の帆足工大尉と周防元成大尉が四号機で試験飛行を行なった。

帆足大尉は、第六航空隊の飛行隊長として前線のラバウルに赴任した前任の小福田大尉と交代して七月にやってきたばかりの、間もなく少佐になる小福田より四期、そして周防より二期、海軍兵学校の後輩にあたる元気な青年士官だった。

帆足と周防は交互に試乗していくつかの問題点を指摘したが、なかでも着陸時に前下方が見にくいことが一番大きな点で、着陸時の滑走姿勢を零度からマイナス二度にするか、あるいは風防を五十ミリ高くするかの二案が提示された。

この点については、二日後に帆足大尉が再度飛んで決めることになったが、会社側としても風防を五十ミリ高くした場合の空気抵抗増大による性能低下について、検討することを命じられた。

その二日後の七月二十七日、横須賀航空隊の戦闘機主務者花本清登少佐も加わって試乗を行なった結果、次のような項目について、海軍側から正式に改善要求が出された。

一、空戦視界は前方および後下方が悪いが、改良すれば使用は可能である。なお、全般的に風防のガラスに歪みがある。

二、夜間着陸の必要上、零戦と同じ程度の視界を得るよう改良する必要がある。
三、VDMプロペラの変節機構に不具合の点があり、このままでは実用できない。
四、速度は五千七百〜六千メートルの高度で約三百十ノットである。これは風洞試験成績に基づいた性能計算による六千百メートルで三百二十三ノットとだいぶ開きがある。とくに上昇性能についてはその差がさらに大きい。
右の事実により、発動機の出力が期待通りでないことが明らかであるから、J2M1は本機を含み三機で打ち切り、その後はJ2M2として火星二三型を装備することとする。（この項、堀越二郎、奥宮正武共著『零戦』日本出版協同〔株〕、傍点は筆者）

最初に視界の問題が取り上げられているが、これは設計側にとって大きなショックだった。もともとJ2は設計当初からエンジンの馬力不足を補うため機体の形状には苦労し、空気抵抗を減らすために風防は視界が悪くなるのは承知の上で低く、かつ前面にまで曲面ガラスを使った。

それにはJ2が陸上戦闘機であって、着艦の必要がないということが根拠になっていたのだから、〝夜間着陸の必要から零戦と同じ程度の視界を得るよう〟といわれては、設計側としては困惑するばかりだ。

それは風防だけでなく、胴体形状の大掛かりな変更を意味し、改修作業が大掛かりになるだけでなく、性能の低下も目に見えていたからである。

「木型審査のときは、これでいいということだった。ところが、実機ができて飛ぶ段になると、乗る人はみんな視界のいい艦上戦闘機をやった人ばかりなので、こんな着艦（陸）視界の悪い飛行機はいかんと毛嫌いされた」

往時を振り返って曽根はそういっているが、それは最後までつきまとったＪ２の最大の苦労の始まりを意味していた。

結局、空戦時および着陸時の視界を良くするため、風防も含めて操縦席まわりはかなりの大改造となってしまった。

まず問題の風防であるが、全体的に五十ミリ高くするとともに、前方が歪んで見えるのを除くため、前面ガラスを曲面から平面に変える。さらに着陸時の前下方視界を改善するため、座席位置を七十ミリ前進させるとともに上方調整量を八十ミリ増す。そのうえ着陸滑空角を減らすことも効果が大きいので、フラップを翼の外方に向けて五百ミリ伸ばし、着陸時の下げ角を五十度にふやす。

前下方および後下方の視界改善については、風防と胴体の接線を下げる――風防の下縁を下げることも決まったが、これは零戦と違って胴体の太いＪ２の泣きどころでもあった。

これらの、主として胴体の操縦席まわりの改良は風防から後の胴体線図が変わることを意味するが、これらについてはさっそく改修に着手した。しかし、視界改善にもっとも効果的な前部胴体の上部左右を瘦せさせる方法は、改修より多くの時間がかかることから見送られたのは、後に悔いを残す原因になった。

同じ火星エンジンをつんだ川西航空機の十五試水上戦闘機「強風」を陸上戦闘機にした「紫電」の改良型である「紫電改」が、思い切って胴体を再設計して前部胴体の断面を円からおむすび型にしたのにくらべ、J2にはそうするための余裕が、時間的にも設計の工数的にも与えられていなかったのである。

もともと水上機や飛行艇が専門だった川西航空機は、これらの仕事が先細りになることを恐れて、水上戦闘機の「強風」を陸上戦闘機にすることを思いついただけに、「紫電」や「紫電改」の仕事に設計や試作の力を集中できた。

三菱の戦闘機設計陣はといえば、限られた人員でJ2のほかにA6（零戦）の改修とA7（烈風）の新規設計をもやるという、この仕事の配分の不公平さは、そのまま戦闘機設計能力に関する三菱と川西に対する海軍の信頼度の違いを示していた。つまり、飛行艇屋である川西にいい戦闘機などつくれるものかという海軍側担当者の不信が、仕事の発注をためらわせただけでなく、その仕事の内容についても三菱に対するほど強く干渉することをさせなかった。

このため、川西としては伸び伸びと仕事ができた。ただし三菱とくらべての話で、彼らもまた一生懸命だったが、海軍が考えていた以上に川西の設計陣はいい仕事をして、のちに「紫電改」をつくり上げた。

この辺のことは、J2の運命とも深いかかわりがあるので、後で詳述するが、いずれにしても視界の改善については、もっとも効果的な方法には手をつけずに進められることになってしまったのはかえすがえすも残念だった。

視界問題につづいて指摘のあったVDMプロペラの変節（ピッチ変更）機構の不具合もまた、頭の痛い問題だった。というのは、プロペラは官給品であり、機体設計側にはどうにもならないからだ。それでもこの時点では、まだ変節機構の不調の指摘だけだったからいいが、このあと試験飛行が本格化すると振動問題が発生し、その対策に振りまわされることになるのだ。

当時の日本の航空技術レベルをよく知る人は、「エンジンは十年、プロペラは二十年遅れていた」といっているが、それだけ日本の飛行機設計者たちは、外国の同じ仕事をやった人たちにくらべてハンディキャップを負っていたことになる。

プロペラ同様、エンジンの出力不足も、機体設計側にはどうにもならない問題で、より出力の大きい火星二三型に換装するＪ２Ｍ２への切り換えは、むしろ好ましいことだった。

なお堀越、奥宮共著『零戦』の記述に見られる〝Ｊ２Ｍ１は本機を含み三機で打ち切り〟とあるのは、何かの間違いと思われる。

なぜなら、曽根の作業日誌によれば、七月二十七日の時点でＪ２Ｍ１はすでに六号機まで完成していたし、その六号機も八月三日には領収のための官試乗が行なわれているからだ。そして、その後の記録でも、根本的な視界改良対策を実施するＪ２Ｍ２と平行して、一部のＪ２Ｍ１試作機に対して、同じような機体の改良を実施する打ち合わせが行なわれており、この辺りでＪ２の試作がかなり混乱している様子がうかがえる。

Ｊ２の改修は視界改善やエンジン換装に加え、最初から問題のあった脚上下機構、二十ミリ機銃弾倉の六十発入りから百発入りへの換装にも及んだ。

これらは零戦に対する緊急の戦訓改修として出されていたものを、Ｊ２にも取り入れようというもので、こうした改修のため、一時は八月十三日に完成予定のＪ２Ｍ１七号機を除いて飛べる飛行機がなくなり、試験飛行が中断されるおそれも生じる有様となった。

　そんなところへ、またしても戦局の思いがけない展開による零戦の性能向上要求が飛び込み、ただでさえ足りない三菱戦闘機設計チームのアシを引っ張ることになった。

第四章――強い戦闘機を

1

中部太平洋のミッドウェー島攻略作戦で手痛い敗北を喫した日本軍は、多数の島嶼(とうしょ)が連なるソロモン群島および東部ニューギニア方面で戦略的優位を確立するため、ニューブリテン島のラバウルを拠点として多数の基地を建設した。

もとよりこれらの作戦は、堀越が恐れていたように強大な生産力を持つアメリカが、大量の武器と兵力をくり出してくる前に先手を取ってこの方面を固め、オーストラリアを孤立させようという狙いから実施されたものだが、アメリカからの補給線をおびやかすにしても、ラバウルからでは遠すぎる。そこで、ラバウルから東南に約千キロ基地を前進させることを思いつき、まずソロモン群島東南端に近いフロリダ島ツラギに水上基地をつくって飛行艇隊を前進させるとともに、フロリダ島の近くにあるガダルカナル島に陸上飛行場の建設を開始した。

日本海軍の設営隊が上陸したのが七月六日で、十六日から島の北側にあるわずかな飛行場適地のルンガ平地での建設作業が始まったが、ジャングルが切り開かれて地面が露出するようになると、たちまち連合軍に発見され、敵偵察機の執拗（しつよう）な監視が始まった。

作業が進んで飛行場らしき形が見えはじめた七月末になると、大型機数機が連日のように爆撃にやってきたが、こうした敵の動きに対して大本営はもとより、この方面の作戦を担当する日本海軍の第八艦隊司令部も、せいぜい飛行場設営の妨害といった程度にしか見ていなかった。

しかし、アメリカ側は日本軍がガダルカナル島に飛行場に建設中という事実を重大に受けとめ、これが完成する以前に占領することを急いで決めた。そして日本側の甘い判断の隙をついて八月七日、バンデクリフト少将のひきいる一万七千名の海兵隊を上陸させ、武器を持たない約二千六百名の設営隊と、戦闘員は守備隊わずか二百四十名しかいない日本軍を一蹴して、たちまち占領してしまった。同時に、すでに横浜航空隊が進出していたフロリダ島ツラギも、連合軍の手に落ちた。

こうなって初めて、大本営も重大な判断の誤りに気づき、奪回の方針を決めたことから、ガダルカナル飛行場の争奪をめぐって、約七ヵ月に及ぶ連合軍との死闘が始まるのだが、勝敗の帰趨は海上にはなく制空権の確保にあり、戦闘の主役は航空機だった。

大本営はガダルカナル奪回作戦に航空兵力を集中して投入することを決め、南東方面最大のラバウルにはぞくぞく航空部隊が進出した。

J2の審査なかばの七月に空技廠飛行実験部から転出した小福田租大尉が、第六航空隊の飛行隊長として零戦とともにラバウルに進出したのもそれで、先にいた台南航空隊の零戦隊とともに、陸攻隊の掩護あるいは戦闘機隊のみによるガダルカナル進攻にと活動を開始した。

零戦はいぜんとして強く、その性能は敵戦闘機を圧倒したが、ラバウルからガダルカナル島上空の戦場まで片道五百六十海里（千四十キロ）もあり、この距離を往復して、そのうえ空戦までやることは、単座戦闘機のパイロットに大変な苦痛を与えることになったが、それ以上に航続力の不足が大きな問題となった。

なぜなら、落下タンク（増槽）つきで零戦二一型（A6M2）の航続距離は千八百十海里（三千三百五十キロ）だったからまだしも、構造簡易化と速度向上をめざした三二型（A6M3）は千二百九十海里（二千三百八十キロ、いずれも増槽つき）と大幅にダウンしていたからだ。これに敵地上空での空戦や制空時間を考えたら、A6M3はとても使えない。

これでは攻撃力が半減するという現地部隊からの切実な要望から、エンジンのパワーアップと翼端を短くしたために低下した零戦三二型の航続力を回復させる、改修設計を急いで行なうことになった。

基本的には十一メートルに縮めた三二型の翼幅を二一型と同じ十二メートルにもどし、外翼内に燃料タンクを増設した、いわば二一型と三二型をつき合わせたような機体で、記号は同じA6M3ながら二二型とよばれたが、この作業は特急とあって、またしてもJ2がその飛ばっちり受けることになったのである。

このころ、あわただしい戦局の影響から、海軍の空技廠では会議がひんぱんに開かれたが、会社側からもそのつど関係者が呼び出されるので、堀越以下の主だった設計スタッフはその対応で大変だった。

ちなみに八月二十七日には、空技廠で「仮称零式二号艦戦実験促進会議」が開かれたが、飛行実験部長主催のこの会議には、三菱から堀越、曽根に井上伝一郎、畠中福泉の四人が出席し、零戦三二型の性能向上対策、航続力増大対策を中心とした議題について、まる一日が費やされた。

翌二十八日は、午後から今度は零戦の後継機となる「十七試艦戦官民合同研究会」が同じく空技廠で開かれ、堀越、曽根とエンジンの酒光義一技師の三人が出席し、二十九日の午前中にも引き続いて行なわれている。

こうした会議は、冷静に技術的な討議が交わされなければならないが、どうしても注文主である軍側の主張が強く、ときにはとんでもないことになる。

「空技廠に行くと、われわれ民間人は商人入口というところから入る。会議室でも海軍の人たちがいろいろ議論しているのを、室の隅で小さくなって聞いている。そのうち『三菱はどう思うか』と質問される。技術的にずいぶん無理なことが多く、それに対して堀越はていねいに反論した。納得いかないことには頑としていうことを聞かないので、カッカとした若い中尉から大尉の士官から『堀越、ちょっと廊下に出ろ』といってなぐられたこともあった。堀越だけでなく、ほかにもだいぶやられたのがいる」

堀越と大学同期の、当時試作工場長だった由比直一技師の回想だが、とくに戦地帰りの血気さかんな若い兵科士官には、それがあったようだ。

大設計者もある時期、物品納入の人たちと同じ商人として扱われたとあっては形なしだが、堀越より一年あとに入社した長谷川實技師は、三菱重工ＯＢたちの回顧録『往事茫茫』の中で、次のように書いている。

「これは昭和十四、五年頃の話である。われわれは航空機の設計担当者として、しばしば横須賀の海軍航空技術廠へ打ち合わせのため出張する機会があった。門の出入りのつど、守衛所で手続きをした。当然のこととして別に気にしていなかったが、他社の人で特別のバッジをつけ、門鑑を持っていて、割に気軽に出入りをしている人たちがいるのに気づいた。

部品メーカーも含めた会議などのとき、メーカー代表としてくる人たちはたいてい何がしかの肩書があったが、三菱から出席したわれわれは大した肩書もなかった。しかし会議での発言はほとんどわれわれで、メーカーの人たちはきわめて消極的な態度だった。

ところが、彼らはほとんど門鑑を持っていて簡単に出入りできるので、正直いってしゃくにさわった。なぜ自分たちにはその門鑑がもらえないのか。共鳴した同僚と一緒にしらべたところ、この門鑑は各社の高級技術者に交付されたもので、三菱の名航

（名古屋航空機製作所）でもずっと上位の人で、ほとんど使う機会のないような人が持っているらしいことがわかった。

ヒラ職員の自分たちが高級技術者用門鑑を欲しいというのは、いかにもおこがましい気もしたが、会議の席でほとんど発言しない部品メーカーの連中より、こっちの方が高級だぞという自負心もないではなかった。

その後、空技廠の懇意になった部員にいろいろ聞いてみると、会社から申請さえすれば、われわれクラスでも交付されることがわかったので、正式に手続きをしてもらって待望の高級技術者用門鑑を入手し、以後はればれとした気分で空技廠の門を出入りした」

2

ここで新しく三菱戦闘機設計チームの作業の大きな柱となった十七試艦上戦闘機「烈風」（A7M）について、少しくわしく触れておきたい。

堀越技師と海軍側との何度かの事前打ち合わせののち、昭和十七年七月六日に航空本部から計画要求書が正式に会社に対して交付され、前述のように八月二十八日午後から翌二十九日午前いっぱいまで、この計画要求書についての官民合同研究会が開かれた。

研究会は空技廠飛行実験部長の司会で進められたが、研究会のもっとも主要なテーマは、翼面荷重とエンジン選定問題だった。

十二試のＡ６零戦から十七試のＡ７「烈風」まで五年も間があり、計画要求書で十七試Ａ７の最高速度を高度六千メートルで三百四十五ノット（時速六百三十九キロ）とし、十二試Ａ６の高度四千メートルで二百七十ノット（時速五百キロ）より七十五ノット、時速にして約百四十キロの増大を要求したのは当然であり、世界の趨勢からすれば、むしろこれでも低すぎるくらいだった。

ところが、この高速化の一方で、空戦性能をＡ６Ｍ３（零戦三二型）なみにしろという条項があり、さらに「翼面荷重百五十（キログラム／平方メートル）、空戦フラップ使用時の相当翼面荷重は百二十キロ程度を目標とする」ことが明記されていた。

スピードが七十五ノットも早くなった機体でＡ６Ｍ３なみの空戦性能というのは無理だ、というこの日の設計側の発言に対し、海軍側は翼面荷重を百三十とするよう提案した。

翼面荷重についてとくにこだわったのは、空技廠飛行実験部員の周防元成少佐だった。

周防は技術士官ではないバリバリの戦闘機乗りだったが、空技廠に着任してからよく勉強して、かなりの技術的な知識を身につけていた。

翼面荷重を、計画要求書の段階での百五十から百三十に下げる提案をしたのは、零戦なみの空戦性能を維持するには、そのくらいが妥当という、技術的考慮、ならびにそれまでの空戦経験が根拠になっていた。

A7では速力と空戦性能との相克を考えて空戦フラップを使うことになっていたから、空戦フラップによって実質的な翼面荷重をさらに下げることができ、それによってA6M3なみの空戦性能が確保できるだろう、という考えだった。そして、もし空戦フラップの効果がなければ、空戦性能の低下を防ぐため、最高速力を三百三十ノット（時速六百十一キロ）に下げてもよいと発言した。

だが、これはおかしい。そもそも飛行機の性能や特性は翼面荷重だけでなく、馬力荷重その他さまざまな要素が統合されて決まるもので、純粋に設計上の問題である。計画要求側が、そんな細かいところまで干渉すべき事項ではないのだ。しかも、空戦性能の維持を強調するあまり、翼面荷重を低くすると同時に、最高速度の低下を容認するというのは、明らかに誤りであった。

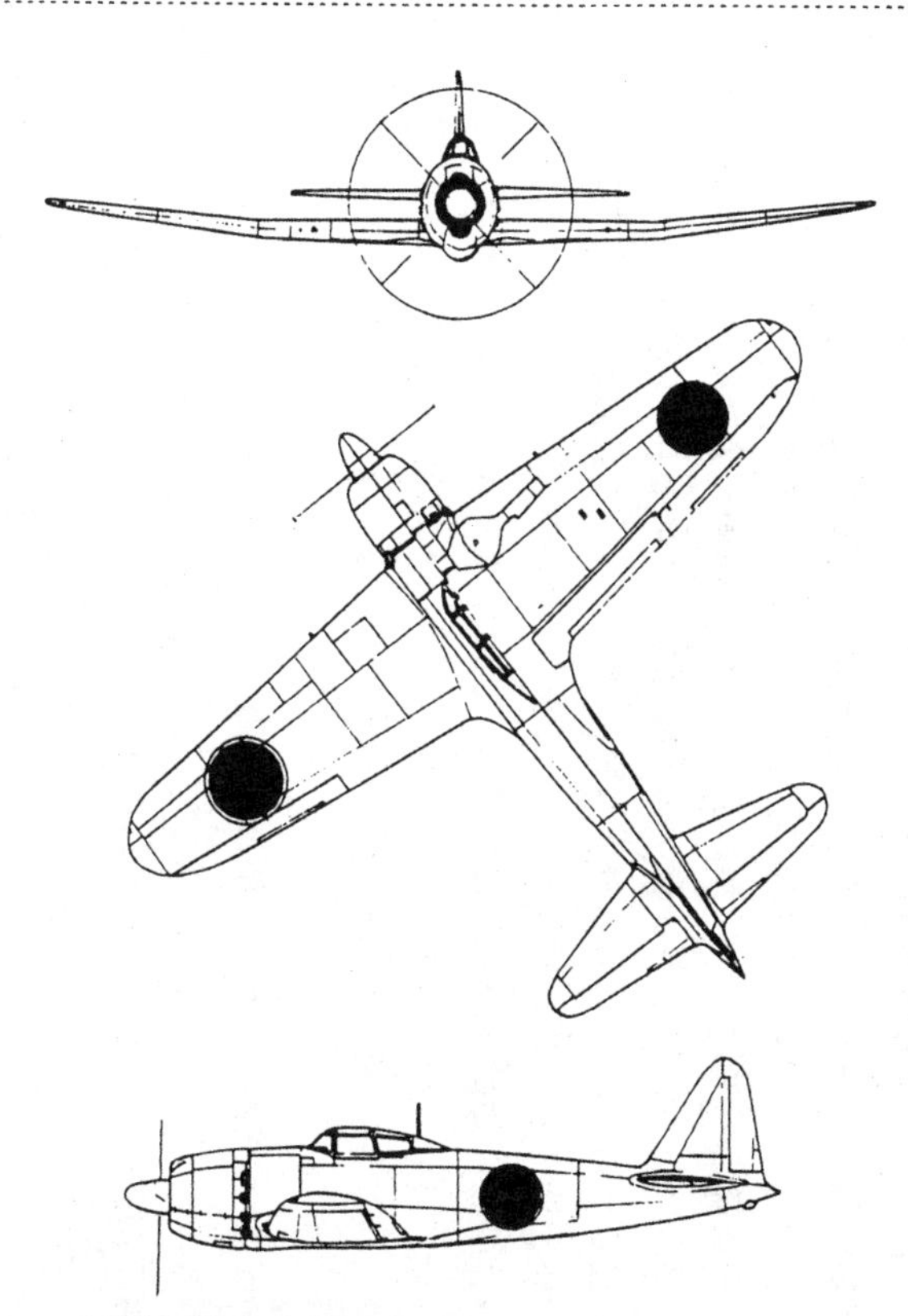

一七試艦上戦闘機「烈風」A7M2
全長：10.98m　全幅：14m　全備重量：4720kg　最大速度：629km/h
上昇限度：1万900m　航続距離：1600km
武装：20mm機銃×2、13mm機銃×2または20mm機銃×4

同じころ、アメリカで開発中だったF6F「ヘルキャット」の後継機F8F「ベアキャット」の翼面荷重が百八十九で、最高速力は高度五千二百六十メートルで時速六百八十二キロ、水噴射で七百三十三キロだったことを考えると、完全に時代おくれの計画となっていた。

もう一つのエンジン選定問題もまた、設計側の意に添わない決定を強いられてしまった。

設計する側にしてみれば、高速化や武装強化の要求に応じるためには、できるだけ大出力のエンジンを使いたい。ところが、すでに実用化されているエンジンではパワー不足で、対象となるべきエンジンとしては、ともに二千馬力級をめざして試作中のNK9H（る号、のちの「誉」）と、三菱のMK9A（社内呼称A20）があるだけだった。ともに自社の千馬力級の「栄」および「金星」を十八気筒化したもので、海軍の後押しもあって中島NK9Hの方が少し開発が早く進んでいた。

この両エンジンをくらべてみると、同じ十四気筒でも「金星」のほうが「栄」より出力が大きいように、「金星」をベースにしたMK9Aの方が「栄」ベースのNK9Hよりややまさっていた。しかも、七月六日に交付された正式の計画要求書にも装備エンジンの指定はなかったので、先に零戦のときは中島のエンジンを選んだ堀越も、今度は自社のエンジンを使うよう計画を進めていた。ところがその思惑は、八月二十八日午後の研究会でみごとにくつがえされてしまった。

前述の翼面荷重、速度、空戦性能などの論議も含め、機体の設計問題について二時間ほどついやしたあと、装備エンジンの選定に話題が移ったが、中島の「る号」（NK9H）をとるか三菱のA20（MK9A）をとるかでは、海軍側出席者の間でもさまざまに意見が分かれた。

鈴木順二郎（技）少佐（空技廠飛行機部員）「中島『る号』発動機は、現に空技廠が試作したY20陸上爆撃機（『銀河』）につんで飛んでいて、トラブルがいろいろ出ている。地上審査に通ったといっても不安があるが、A7にもこれをつめばトラブル対策が早くでき、完成期日が早まることが期待される。よってA7には『る号』をつむことを希望する」

永野治（技）少佐（空技廠発動機部員）「中島『る号』にしても、まだ審査の終わっていない三菱『A20』にしても、改善すべき点はたくさんあり、どちらも信頼性の見通しは今のところ同じくらいだから、両方つんで試作をしてみたい」

永盛義夫（技）少佐（航空本部技術部員）「現在Y20で飛行実験中の『る号』を改良

する方が、『A20』の完成を待つより早い」

永野技術少佐は、さすがにエンジンの専門だけに、両方つんでみて比較し、その上で決定すればいいと提案しているが、「る号」推進派は譲らず、最後に司会の飛行実験部長が「る号を装備することとし、極力A7の完成を促進するよう」決定を下した。

3

昭和十七年八月二十八日の十七試艦戦計画要求書についての官民合同研究会の席上、海軍側はすでに飛行試験に入っていることを理由に、三菱A20エンジンを使いたいとする設計側の意向を押さえて中島る号の装備を決めた。

この決定が、のちにA7の完成を遅らせるという皮肉な結果となったが、どうせ試作機は何機もつくるのだから、永野技術少佐がいったように、両方のエンジンをつんでテストすべきだったし、結果的にその方が飛行機の完成は早まったのではないか。

それもこれも、飛行機をこれから設計しようという時期に、完成されたエンジンがまだないというエンジン開発の遅れがもたらしたもので、飛行機設計者にとっては不幸なことであった。そして、A7以上にこの被害を強く受けたのが十四試局戦J2だった。

なぜなら、Ｊ２は計画の時点で適当な大出力エンジンがなく、爆撃機向きの直径の大きい「火星」をつんだため、胴体を太くして視界不良に苦しみ、延長軸の採用にプロペラの不平衡が加わって、振動問題の解決に長い時日をついやす羽目になったからだ。

「火星」の外径は千三百四十ミリもあり、その不利を空力的に解決しようとしてとられた手段が、太い胴体と延長軸の採用だった。

Ａ７に採用が決まった中島る号の外径は千百八十ミリで、候補からはずされた三菱Ａ20は千二百三十ミリ。どちらも「火星」より百ミリ以上も外径が小さく、しかも出力は大きい。

だから、もしこのどちらかのエンジンがＪ２の計画段階でメドが立っていたら、堀越は「火星」を使うことはなかったろうし、機体の設計もよりオーソドックスな手法をとって、長くその実用化を妨（さまた）げた視界および振動問題は、起こり得なかったと考えられる。

ところが現実には、Ａ７の第一回官民合同研究会が開かれた八月末の時点で、Ｊ２Ｍ１は試作八号機までが完成もしくは改修中、エンジンを「火星」二三型に変えたＪ

２Ｍ２は五号機までが十一月末完成をめざして組み立て途上にあり、設計の大変更を要する「る号」やＡ20装備への切り換えなど、とてもできる状況になかった。それもＪ２だけをやっているのならまだしも、Ａ６零戦の改修に加えて、新しくＡ７の開発作業が加わったのだから、設計の人手からいってもそれは不可能だった。

三菱戦闘機設計陣は、まさにパンク寸前の状態にあった。そこで、九月から十三名の設計スタッフが日立航空機から応援として加わったが、このうち大卒一名、工専卒三名で、あとは工業学校や普通の中学（今の高校に相当する）を出た人たちだった。当時は、今と違って大学や高専に進む人は少なく、家庭の事情で進学をあきらめたりすることも多かったから、工業学校や普通中学を出たなかにも優秀な人が多くいて、大きな設計戦力となった。

やたら忙しかった夏が過ぎ、残暑のまだきびしい九月に入ると、技術部の組織変更が行なわれて五つの設計課ができ、海軍機関係の設計は第一、第二、第三の三つの設計課が担当することになった。Ｊ２はＡ６（零戦）、Ａ７とともに第二設計課の担当で、課内の主だったスタッフは次の人たちだった。

課長　　　　堀越二郎

課長付　　　曽根嘉年
計算係　係長　曽根嘉年（兼）　小林貞夫
翼　係　〃　　吉川義雄
胴体係　〃　　曽根嘉年（兼）　楢原敏彦
脚　係　係長　森　武芳
動力係　〃　　田中正太郎
艤装係　〃　　畠中福泉
管図係　〃　　福永説二

各係には数名の係員が配属されていたから、総勢では約四十名ほどになった。

なお、零戦の改修は、開戦少し前から病気療養で休んだ堀越技師に代わって、Ｊ２の設計主務となった高橋己治郎技師が担当していたが、堀越が出社するようになったあとも、引き続き高橋技師が担当し、堀越や曽根の負担を少しばかり軽くした。

4

設計チームの主だったスタッフのプロフィルを紹介しておこう。

まず第二設計課長であり、J2、A7（社内呼称M50）などの設計主務者を兼ねる堀越二郎技師は、A5九六式艦上戦闘機、A6零式艦上戦闘機の設計主務者として海軍側の絶大な信頼を得ていた。しかし、設計者というよりは研究者的な傾向が強い堀越のやり方はときにまわりくどく、ひどく時間のかかる欠点があった。とことん物事にこだわるタイプで、いったん決めた方針は徹底して貫き通した。

一グラムの重量といえどもおろそかにしない設計方針は、部品点数や加工工数の増加をまねき、生産性に反するとして工場現場からは嫌われたが、堀越はいささかも意に介しなかった。

「機体には〇・六ミリとか〇・八ミリ厚のジュラルミン板が多く使われていたが、『これでいいと思われる板厚より一段下げて使いなさい。思ったとおりにやると重くなる』、とつねにいわれた」

計算係の曽根係長の下で重量計算を担当した河辺正雄技師の言葉だが、こうした限界設計が、試作機および量産初期の段階での二度にわたる零戦の空中分解事故の直接間接の原因につながっているし、その後の武装、防弾、そして性能向上のためのマージンの少ない飛行機として、その寿命をいちじるしく縮めてしまった。

戦後、プロジェクトのリーダーとしての堀越の資質について疑問の声も聞かれるが、動力係の係長だった田中正太郎技師は、「こういう方針でやるというのがちゃんと文書化され、今よくいわれている目標管理がはっきりしていた」といっている。

だから堀越の基本的な考えに反する図面は、徹底的に書き直しを命じられた。ただし、図面の上に黒のエンピツで軽く書き加えてあったから直しやすかったが、主として九六式陸上攻撃機や一式陸上攻撃機など大型機設計の第一設計課を担当していた設計部長付の本庄季郎技師は、消しにくい赤エンピツで直すくせがあった。

これをされると、部分的な手直しですむものまで、新しく図面を書き直さなければならなくなり、頭にきた図工たちがサボタージュを起こしかけたこともあった。しかし、昭和七年に発動機製作所に入った岡田俊一によれば、当時の深尾淳二所長から、「部下は遠慮なく鍛(きた)えてやれ。そうすればいずれは感謝されるときがあるだろう。図面の訂正書き直しくらいにビクビクするな。五十枚くらいの図面の書き直しは平気でいかなきゃ」といわれたという。

それは決して意地悪からそうするのではなく、仕事のきびしさを教え、すぐれた技術者を育てる手段の一つだったのである。

設計部内では運動がさかんで、昼休みにはテニス、卓球、野球などで賑わったが、堀越は一人静かにゴルフのパターの練習に打ち込むことが多かった。

ゴルフの練習や野球は、かつて飛行場として使われていた広大な草原で行なわれたが、打ったゴルフの打球が空中でさえずっていたヒバリに当たり、ボールがあらぬ方向に飛んでしまったという、のどかなエピソードも平和時にはあった。

そのゴルフも、戦争が激しくなるにつれて、軍から派遣されてきた監督官から、「敵国のスポーツをやるなんてけしからん」と禁止をいい渡された。それで会社の休み時間のゴルフ練習はやれなくなったが、吉田義人副所長の「かまうもんか。日曜ぐらいゴルフでもやらなければ、体がつづかんよ」という言葉で、休日の和合ゴルフ場通いはしばらく続いた。

昭和十八年になると、食糧増産ということでゴルフ場は掘り返されて畠になり、ゴルフどころではなくなったが、それ以前に堀越は体を悪くしてゴルフをやめてしまった。堀越の悩みは体が弱く、とかく病気がちだったことだった。

次は課長付で副将格の曽根嘉年技師。

堀越より六年あとの昭和八年三月、東京帝大機械工学科卒（堀越は航空学科）で、堀越とのつき合いは長く、入社してすぐ堀越が設計主務をつとめた九試単座戦闘機（のちの九六式艦上戦闘機）の設計チームに入り、いらいA6、J2、A7とずっと一緒だった。

設計室は机も隣り合わせだから、意志の疎通も万全で、課長付としてJ2およびA7の全体の進捗に目をくばると同時に、計算係と胴体係の係長も兼務した。

「堀越さんの席はすぐ隣りで、向こうからも相談があったし、こちらからもどうしましょうかと聞いた。設計からあがってきた図面は私と堀越さんの二人が見て、ハンコを押さないと現場に出せない。たいていのところはまかせてくれたけれども、堀越さんは極限を追究する人だから、いったん引っかかるとなかなか結論が出なかった。

たとえば、この辺とこの辺の中間あたりにベストのところがあるだろうといった場合、ふつうは大まかに見当をつけて、最良と思われるところを決めてしまうが、堀越さんのは幾通りもやって、だんだん幅を狭めていくやり方だから、何回でも同じことをくり返すので非常に手間がかかった。

私は構造の方だったから、図上で議論するより先にモノをつくって荷重をかけてこわしてみて、その結果こうしたといえば納得してくれた」

曽根は堀越の設計の流儀についてそう語っているが、あまりにもしつこいそのやり方について、「何でわかりきったことを何度もやらなければならないんだ」と不満を訴える部下もあり、それをなだめるのも曽根の仕事であった。

「口べたで、人づき合いが苦手（にがて）」と自認していた堀越と設計課員との間をうまく取り持ち、しかも病気がちで休むことの多かった堀越をよくカバーして仕事を推進した点で、これ以上の補佐役はなかったといっていいだろう。

翼係の係長吉川義雄技師は、曽根とほぼ同じ昭和八年か九年の入社で、今の工業高校に相当する工業学校出身だが、入社してから社内の養成所で勉強して、理論や計算能力も身につけた実力派だった。「勉強家で、図面をかくのが上手で速かった」と曽根も絶賛する、設計チームにとって、この上ない頼もしい存在だった。

残念なことに、吉川はのちに過労から病（やまい）に倒れ、Ａ７の完成を見ることなく他界したが、堀越はその死を悼（いた）んで、「吉川君の誠実な人柄と有為の技術を惜しみ、かつ永年の交友を顧（かえり）みて、哀惜の情に耐えなかった」と、その著書『零戦』（奥宮との共著、日本出版協同）の中で述べている。

脚係の係長森武芳技師は、吉川と同じく工業学校出だが、大正十五年に三菱航空機の前身である三菱内燃機の入社だから、吉川よりずっと古い。もちろん最初は製図専門の図工として入ったのだが、入社したときにはすでに「いけばな」の師範資格を持っていたという変わりダネで、工場に貴賓を迎えるときは、いつも森に「いけばな」の下命があった。雅号が鶴心軒だったことから、上司からはときに「森君」ではなく「鶴心軒」とよばれることもあった。

仕事で堀越とつながりができたのは七試艦上戦闘機からだが、個人的にはそれ以前から堀越を知っていた。大学を出て入社間もない堀越に、森の母親が知人の未亡人の離れを下宿として紹介したことがあった。

堀越はしばらくここで過ごすことになったが、あるときその未亡人から中元ののし紙を書くよう頼まれた。東京帝国大学出の学士さんだから、何にでも秀でているだろうと考えての頼みだったらしいが、あいにく堀越は字があまり上手ではない。

書いたのを見た夫人が、「すみませんが、もう一枚書いてもらえませんか」といったところ、堀越は「二枚書く手はございません」といって断わったという。いかにも堀越らしいが、その下で仕事をするようになった森は、堀越の完全主義にはかなり悩まされた。

森は七試、A5九六艦戦のときは翼係で、A6零戦から脚係に変わった。図面はまず係長のところで直されたあと、曽根のところにまわるが、ここでも多いときには三度も四度も直されることがある。部分的に消しゴムで直せるくらいならいいが、大掛りな直しとなると、また新しく書かなければならない。

そうしたきびしい関門を通って、最後に堀越のところに行って、また直されることがあると、図面を書いた人間は泣くに泣けない気分になる。なぜなら、現場には明日とか明後日、図面を渡すと約束しているのに、堀越はそんなことはお構いなしに細かいところまで直しを要求する。仕方がないので、あとは徹夜徹夜の仕事でカバーすることになる。

A6零戦のときは、加藤定彦技師の下で脚の設計をやっていたが、J2の途中で加藤技師が亡くなったため、代わって係長に昇進し、A7のときは最初から森係長として脚設計を担当することになった。

動力係の係長田中正太郎技師は昭和十年四月、金沢高等工業からの入社で、ちょうど堀越チームがやった九試単座戦闘機の試験飛行が、これから開始されようか、という時期に設計に配属になった。正風寮という名古屋市内の会社の独身寮に住むことになったが、たまたま寮では二年先に入社した曽根と同室になり、ビリヤード、卓球、テニスなどを教わった。

正風寮は、ちょうど旧制高等学校の寮のような雰囲気があり、夜おそくしばしばストーム（あらし）が吹き荒れた。新入りの寮生が寝ていると、何やら玄関がガヤガヤと騒がしい。その騒ぎが次第に近づき、やがて寝ている頭をスリッパでこづかれたり、押入れに小便をされたりするが、新入りとしてはジッと嵐の通り過ぎるのを待つしかない。

そんな経験を重ねながら、新人たちもいつしか先輩たちを見習って、ストームに参加するようになる。ストームは寮内だけでなく、近所に住む会社の幹部たちの家をも襲い、押しかけて行っては御馳走になったり、高級ウイスキーをせしめたりした。幹部たちも若者のすることだからと寛容で、田中たち新入社員にとって、三菱はあたたかい会社であった。

設計課内での仕事はA5九六艦戦、A6零戦、そしてJ2、A7とずっとエンジン艤装だったが、一番困ったのは、堀越がギリギリの寸法を要求することだった。

たとえば、エンジンとその周りを覆うカウリング内側との隙間を、余裕を見込んで田中が十五ミリくらいとしたところ、堀越から空気抵抗を少なくするため五ミリくらいにしろといわれた。たしかに図面上は隙間が五ミリあれば十分のはずだが、試作エンジンは図面と実際にでき上がったものと寸法が違っていたり、ロッカーカバーを締め付けるボルトの頭が出ているはずなのに、図面にかいてなかったりして、あちこち当たる個所が出て悩まされた。

しかし、設計者としての堀越について、田中は次のように賛美している。

「物静かな方で、たしなめられたことはあったが、叱られたことも、不愉快な思いをしたこともなかった。仕事についていえば、ラインにきびしい人だった。堀越さんが直感でイメージした機体のラインをフリーハンド（定規などを使わずに手書きでやること）で書くと、それをわれわれが図面にして持っていく。気に入らなければ書き直しを命じられ、徹夜で仕上げてまたチェックを受ける。そんなやり直しを何度もくり返してラインを決定するから、零戦、雷電、烈風のような美しい外形の飛行機ができた。機首からなだらかな曲線で始まり、胴体の尾部はすっと細くなって点で終わる。それが堀越流のラインだった」

艤装係の係長畠中福泉技師は、大正十年に三菱内燃機に入った、第二設計課内では最ベテランで、最初は仕上げ工としてエンジンの仕上げ組み立て工場に配属されたが、二年後に望まれて機体設計に移り、陸軍八七式重爆撃機、海軍一三式艦上攻撃機、同一〇年式艦上戦闘機など、会社創業期の飛行機の設計に参加した豊富な経験を持つ、叩き上げのベテランだ。

それだけに飛行機の実務にくわしかったので堀越の信任が厚く、七試艦上戦闘機にはじまってA5、A6、J2、A7と、ずっと堀越チームで艤装の仕事を担当した。

艤装というのは、主翼や胴体のような機体構造とは別の、計器板とか座席の上下装置、胴体や主翼内の機銃取り付け、爆弾関係、消火装置、無線装置、照準器のアレンジなど、畠中にいわせれば機体内の建具屋のような仕事が担当だ。

なかでも苦労したのは、弾倉から機銃に弾丸がスムーズに入っていかない不具合だった。横須賀から呼び出されては夜行列車で行き、日中打ち合わせ作業をすませて、また夜行で名古屋に戻り、睡眠は列車の中でとって、朝からすぐ対策のための実験や図面の書き直し、といったことをしょっ中やっていた。

「おとなしい、決してカッとならない人」というのが、畠中の堀越評であり、この点では誰の評も一致している。また、この堀越と曽根を中心した設計課内の様子について、「仕事はきびしかったが、いいたいことが自由にいえる雰囲気があり、しかも仲よくまとまっていた」と、田中は往時を回想して語っているが、そのまとまりの良さこそが当時の超過密な仕事を、よくこなすことができた要因といえよう。

八月二十八日の十七試艦戦計画要求書についての官民合同研究会のあと、三菱戦闘機設計チームでは海軍側の要求にもとづいて、翼面荷重百三十（キログラム／平方メートル）とする第一案と、百五十（同）とする第二案についての計画図面の作成と性能計算をおこない、十月十二日の第二回合同研究会に臨んだ。

空技廠でのこの研究会には、会社側からは堀越、曽根に加えて動力係長の田中正太郎技師が出席したが、冒頭で軍令部の井上中佐の「今後二ヵ年くらいの先を考えると、敵の戦闘機は三百五十ノットていどの高速になると思うので、『烈風』には速度を主に要求すべきである」という発言があった。

これは設計側にとってうなずける意見だったが、出席していた実戦部隊側から、「速度偏重には不安があるから、零戦ていどの空戦性能がどうしても欲しい」という強い要求があり、前回同様、周防少佐や横須賀航空隊の花本少佐もこれを支持したため、大勢は翼面荷重百三十の第一案に傾いた。

この会議には七試艦上戦闘機いらい、堀越とはなじみの深い航空技術廠企画部の小林淑人中佐も出席していたが、小林中佐も第一案が今の時点ではもっとも実現の確実性がたかいとして賛成したため、まず第一案を本命として先に着手し、軍令部が要求した速度重視の第二案はできるだけ促進するという方針が決まった。

エンジン選定にせよ、翼面荷重にせよ、いずれも設計側の意に反する決定となったが、他の日に曽根が小林中佐の部屋を訪れたとき、小林は机のうしろの壁に張られた大きな太平洋地域の地図を指さして、しみじみとその胸のうちを語った。
「今、日本は圧倒的に優勢のように見えるけれども、これからは勝つということより
いかにして負けないようにするかを考えなくてはならない。そのためには、『烈風』
を絶対に敵に負けない強い戦闘機につくり上げる必要があり、ぜひそうしてもらいた
い」
その地図上の南の島々には、広範囲に日の丸の小旗が押ピンで止めてあり、日本軍
の進出がそこまで及んでいることを示していた。
主力航空母艦四隻を一挙に失ったミッドウェーの大敗はひた隠しにされて知らされ
ず、ガダルカナル島の争奪をめぐる攻防戦についても、まだそれほど深刻に受けとめ
られてはいなかったので、曽根には小林中佐のいっていることが十分には理解できな
かったが、「烈風」を強い戦闘機に仕上げ、これまで零戦によって保ってきた空の優
位を、将来にわたって持続したいとする熱意は、痛いほどに伝わった。

第五章――重大な局面

1

Ａ６の戦訓改修、Ｊ２の試験飛行とそれに伴う改修、それにＡ７の新設計が加わって、三菱戦闘機設計チームは大変な重荷を負うことになった。

当時の曽根の作業日誌を見ると、Ｊ２、Ａ７、Ａ６Ｍ３に関する記述が入りまじっており、設計チームの繁忙ぶりがうかがえる。

たとえば第一回の十七試艦戦計画要求書についての官民合同研究会の前日、八月二十七日には、仮称零式二号艦戦（三二型と二二型を総称してそう名づけられた）実験促進会議が開かれている。このあとしばらくはA6M3のことが続き、一ヵ月も経たない九月十九日には、3120号による試験飛行となっている。

第二回十七試艦戦合同研究会の四日前にあたる十月八日には、改修を終えたJ2M1一号機および四号機の領収飛行が実施されたが、日誌は空技廠飛行実験部の周防、帆足両大尉、横須賀航空隊の花本少佐らから報告された多くの不具合が書きつらねてある。

しかし、この時点では設計側も海軍側も、J2M1よりは、出力向上によって速度や上昇性能の改善が見込まれるJ2M2に関心が移っていたから、さしたる問題ではなかったが、J2はこれまでにあまりにも時間を食いすぎていた。

十月九日の曽根の作業日誌によれば、J2M2は十月二十日の二号機にはじまって、十一月下旬には五号機が完成予定となっているが、設計開始からすでに二年以上も経っていながらこの状態では、遅すぎる感はいなめない。

事実、この頃になると、J2のライバルともいうべき川西飛行機で開発中の局地戦闘機N1K1-J（のちの「紫電」）の情報が伝わり、曽根の日誌にもN1K1-Jのベースとなった水上戦闘機「強風」（N1K1）とともに、簡単な諸元がのっている。

もともとこの「紫電」は、海軍の命令で試作した十五試水上戦闘機「強風」を川西で自主的に陸上戦闘機に直した、応急改造的な機体だったが、Ｊ２の試作が長引いている間に、急ピッチで試作が進められていた。

「紫電」のもとになった水上戦闘機「強風」は、十五試の記号が示すように、Ｊ２より一年遅い昭和十五年度の計画に属する機体だが、設計能力に余裕があった川西では作業が順調に進み、試作一号機がＪ２に遅れることわずか一ヵ月半の昭和十七年五月六日に初飛行した。

水上戦闘機は、戦争になった場合、基地航空兵力や航空母艦を使えない局面での上陸作戦の掩護用にと考えられたものだが、川西では会社の経営上の見地から、水上戦闘機よりは多量の受注が見込める陸上戦闘機の開発を企画し、まだ「強風」の試作機も完成していない昭和十七年初頭から、「強風」をベースとした陸上戦闘機の計画を開始した。

おおよその企画がまとまると、設計課長の菊原静男技師が海軍航空本部を訪れ、技術部長多田力三少将に頼んで開発許可を取りつけてしまった。

「強風」はＪ２と同じ「火星」エンジンをつんでいたが、「紫電」ではより新しくて強力な中島の「誉（ほまれ）」にのせかえることにより、最高速度は三百五十ノット（時速六百五十キロ）に達すると見込まれた。これは直径がより大きい三菱「火星」をつんだＪ

２の最高速度より約二十五ノット（時速約五十キロ）も速いことになり、これよりあとに計画された十七試艦上戦闘機に対する要求性能三百四十五ノット以上を、わずかではあるが上まわっている。

仮称一号局地戦闘機とよばれた「紫電」の試作は急ピッチで進められ、Ｊ２の性能向上型Ｍ２の試作一号機が初飛行した二ヵ月後の昭和十七年十二月二十七日に、同じく一号機が初飛行している。計画からわずか一年足らずの驚異的な作業のピッチは、「強風」という母体があったとはいえ、賞賛に値いしよう。

しかもこのあと、Ｊ２の試験および審査が長引いたことから、局地戦闘機不在の穴を埋めるため「紫電」が先に量産に移され、さらに改良型の「紫電改」へとつながり、戦闘機の老舗（しにせ）としての三菱をゆるがしかねない事態となったのである。

Ｊ２Ｍ１からＭ２に試験の重点が移ったのは十月に入ってからだったが、エンジンの調子が悪く、ひどく黒煙が出るのと、エンジン本体からと思われる振動が、まず問題になった。

エンジン不調と黒煙を吐くトラブルは、水メタノール噴射装置の改良などで収まったが、振動については、その解決は容易でないと予想された。

もともと、プロペラの延長軸や冷却ファンの採用は、三菱でも初めてのこころみであったため、その採用にあたっては、あらかじめ慎重な台上テストが行なわれた。

それでわかったのは、エンジン全体が目に見えるほどの不安定な振動を起こしていることで、軸を延長したため、冷却ファンやプロペラを含めたエンジンの重心が、ほかの機体よりかなり前に移動したのが原因と考えられた。

長い軸の先に重いものがついてまわっているのだから当然、という推定だが、この振動現象を明らかにするため、J2の試作にかかる前に、「金星」エンジンに延長軸をつけたものをつくって空中実験をやってみた。

この実験には、会社にあった九七式二号艦上攻撃機（M5M1）の試作機が使われた。この飛行機は十試艦攻として中島飛行機との競争試作の結果、引込脚を採用した中島機（B5N1）の補助として採用された機体で、脚は固定式の、これより二年あとに制式採用となった九九式艦上爆撃機によく似たかたちをしていた。

2

延長軸つきエンジンの台上テストで発生した振動現象を解明するため、会社所有の九七式二号艦上攻撃機に、延長軸に改造した「金星」エンジンを装備して空中実験をやることになった。

この延長軸つき「金星」を実験の九七式二号艦攻に取り付けるについては、名古屋発動機製作所の動力艤装班が全面的に協力し、「非連成方式」とよばれる、今の自動車のエンジンマウントに使われているようなゴムの緩衝材を、発動機架（エンジンベッド）の機体側取り付け部に入れる構造を採用した。同時に外形的にも軸を延長したぶん、カウリング先端を絞ってJ2に似せてあった。

飛行試験の結果は、速度はわずか二ノットか三ノットふえたに過ぎなかったが、最大二百五ノット程度の九七艦攻のスピードでは機首形状による効果はあらわれにくく、J2のように三百ノットを越える高速機になれば、影響が大きくなるものと想像するほかはなかった。

速度の向上はともかく、懸念された振動の発生をたしかめるため、さまざまな飛行状態での実験が行なわれたが、とくに問題となるような現象は起きなかった。

エンジンの冷却についても、強制冷却ファンが有効にはたらくことが確認されたが、J2では、カウリング（エンジン覆いの部分）の先端をさらに絞る形状だったので、冷却空気量が不足にならないよう、ファンの回転数をエンジンの二倍に増速することにした。

この問題については、名古屋発動機製作所の山室宗忠、浅井重太両技師がそれぞれまとめに当たり、J2による飛行試験にこぎつけたが、皮肉なことに、J2M1試作機で問題になったのは、視界不良とともにエンジンの出力不足であり、もっとも懸念されていた振動については、とくに指摘はなかった。

ただし、もともと出力不足だったのに加えて、エンジンがその予定性能すら出ないために、速度は計画値を十二ノットも下まわり、上昇性能については計画値との差がさらに大きかったので、エンジンを出力の大きい「火星」二三型にのせかえ、J2M2として試験飛行したところでの振動の発生であった。

M2では、エンジン換装とともに、ふえたパワーに対応してプロペラのブレード（羽根）を三枚から四枚に変えてあった。そこで、前のM1では振動がほとんど問題にならなかったことからして、当然、変えたエンジンかプロペラに原因があるのではないかと考えられた。

エンジンについてみると、「火星」二三型はJ2M1に装備された「火星」一三型にくらべ、アンチノック性を向上させる水、もしくは水とメタノール混合液を噴射することによりブースト圧を高め、減速比も〇・六八四から〇・五四に減らしてエンジ

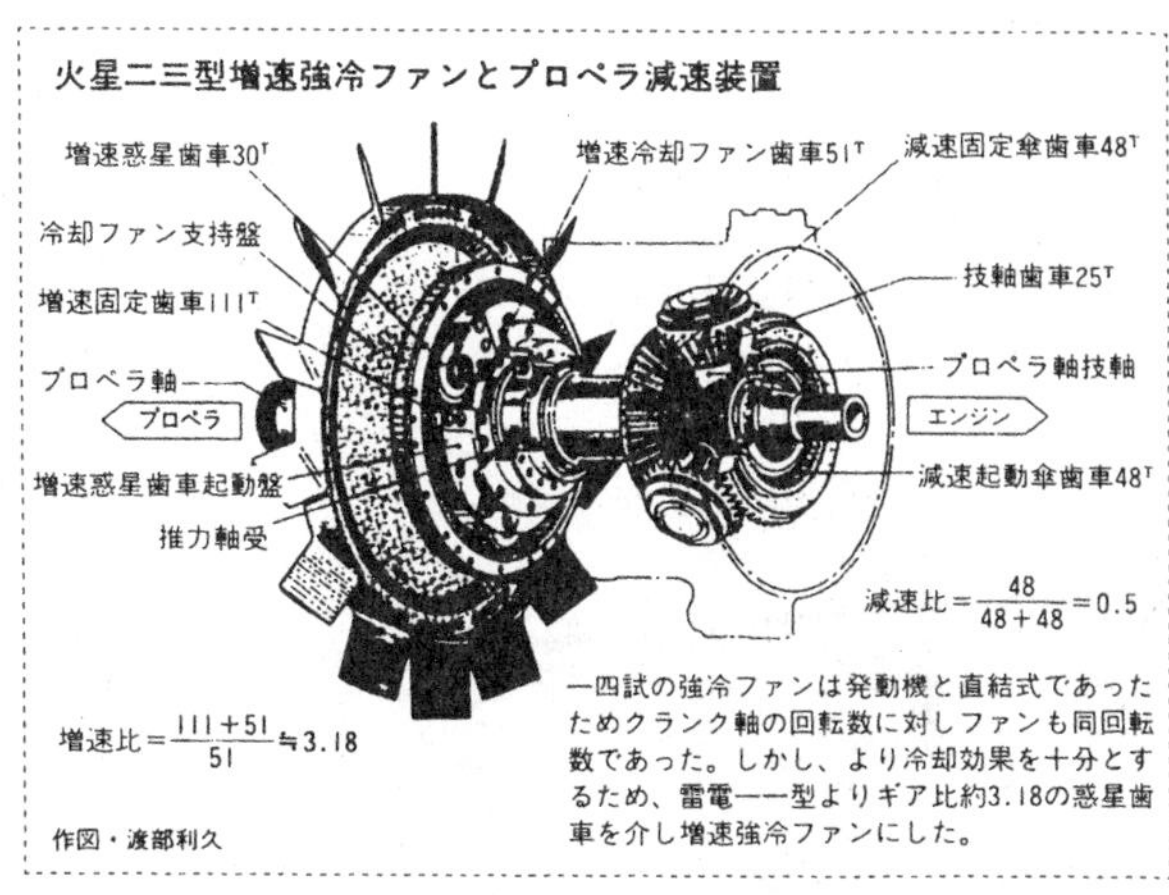

一四試の強冷ファンは発動機と直結式であったためクランク軸の回転数に対しファンも同回転数であった。しかし、より冷却効果を十分とするため、雷電一一型よりギア比約3.18の惑星歯車を介し増速強冷ファンにした。

作図・渡部利久

ン回転の増大をはかり、出力の大幅な向上をねらっていた。

昭和十七年十月二十五日の曽根の日誌によると、離昇時の最大出力で一三型の千五百三十馬力に対して千九百馬力（ブースト四百五十ミリ／二千六百回転）、スーパーチャージャー第一速作動で千四百馬力（ブースト百八十ミリ／二千三百五十回転／高度二千七百メートル）に対し、千七百二十馬力（ブースト三百ミリ／二千五百回転／二千百メートル）となり、四十パーセント以上も向上している。

第二速でも、千二百六十馬力（高度六千百メートル）に対して千五百八十馬力（高度五千七百メートル）であり、これで振動さえなければいうことなしであった。では、九七式二号艦上攻撃機に延長軸つき「金星」エンジンを装備した実験機や、J2M1では出なかった振動が、なぜ起きたのか？

この問題を重視した三菱では、その原因究明と対策にあたらせるため、名古屋発動機製作所技術部から山室宗忠、佐野朗技師らを試験飛行が行なわれている鈴鹿飛行場に派遣し、常駐させることにした。

山室らが逗留することになったのは、今の鈴鹿市白子町の鼓ヶ浦海岸近くにある西野屋という、町には二軒しかない旅館のうちの一軒だった。この西野屋は、南方のテニアン基地から一式陸上攻撃機の空輪のため内地に帰ってきた下士官搭乗員たちが、呼び寄せた妻子と最初の夜を過ごす宿舎であり、横須賀から出張してくる海軍のテストパイロットたちの定宿ともなっていた。いわば海軍御用達の旅館だった。

佐野にいわせると、「一泊二食で二円五十銭、夕食には伊勢湾の新鮮な魚介類が食膳を賑わし、海の珍味類が食べ切れないほどつき、お代わり無制限の銀メシ（当時は貴重になっていた白米の御飯をそういった）など、すでに物資の出まわりが悪くなっていた名古屋暮らしからすれば、食欲旺盛の私たちには魅力的な出張者のオアシスであった」が、冬の鈴鹿おろしの寒さも格別であった。

山室、佐野たちの振動解析の作業は、その寒い十二月に開始された。

振動がどんな性質のものか、そして、どこから出てくるのかを判定することは難しい。とくに単座戦闘機の場合は測定員をのせられないし、計測器をのせるのも容易ではない。いきおいガタガタとかビリビリ、あるいは大きいとか少しとか、きわめて抽象的なパイロットの言葉による表現から推定するほかはなかった。

それでは振動を特定しにくく、有効な手が打てないところから、山室たちはとにかくこの振動を科学的に捉えようと、苦心してＪ２の機体内にオッシログラフとよばれる計測器をのせることにした。

そうして飛んでもらい、オッシログラフに現われた振動の記録を解析してみると、意外なことがわかった。

Ｊ２のプロペラ後流が、エンジンの一回転ごとに機体を叩く四（プロペラの羽根が四枚）×〇・五四（エンジンの減速比）＝二・一六次の振動と、どのエンジンでも一回転に二回発生する二次振動との連成振動であることが明らかになった。

なおこの振動は、エンジンが毎分二千四百回転のとき、三百八十四回の低い振動だったので、パイロットがいっていたゴツゴツ振動の原因がこれではないかと推定された。そこで連成振動の原因となる一方の位相を変えるため、エンジンの減速比を〇・五四から〇・五にする（プロペラ回転数は速くなる）こととし、海軍側に提案して承認されたが、この一件を報告のため帰社した山室に、三菱エンジン技術の最高責任者である常務の深尾淳二がいった。

「山室君、もし君が自動車に乗って登り道にかかり、馬力を上げたとき激しい振動を感じたとしたらどうする？　エンジンを変えるのかね。いや、そんなことはすまい。まずやわらかいクッションを敷くとか、他の方法を考えるだろう。

　大量生産の不便もわきまえずにエンジンの減速比を変えるなど、まともな技術者のやることではない」

　生産をあずかる深尾の立場からすれば、Ｊ２のためだけに特別のギアボックスをつくるのは生産上不利、というところからの叱責であったが、とにかく目前の振動を何とかしなければＪ２はモノにならないという、切羽つまった山室の立場もつらいものがあったのである。

　この非常対策にもかかわらず、振動はその後もなかなか収まらず、海軍側テストパイロットの帆足工大尉がテスト中に殉職する（後述）などの不幸な出来事などもあって、一年近くも空費することとなった。

3

エンジン屋による振動問題解決への本格的な取り組みが始まった頃、機体設計の幹部たちは、海軍側との打ち合わせのため、ひんぱんな横須賀出張を余儀なくされていた。

十月二十六日にはＪ２Ｍ２の兵装強化研究会があり、翌二十七日も居続けて午前Ａ７の視界研究会、午後Ａ７に装備予定の「誉」エンジン（九月十八日に正式採用となった）研究会、さらに二十八日もＡ７の木型出図予定打ち合わせと続いた。

二日置いて十月三十一日には、航空技術廠飛行機部長の杉本修大佐も出席してＪ２Ｍ２の兵装強化研究会が再度開かれ、次のような決定がなされた。

一、Ｊ２Ｍ２第四号機以降、現在の二十ミリ一号機銃を電気発射の二号銃に換装する。第三号機に対しては部品完成次第すみやかに換装するものとす。

二、今後の兵装強化に関して、試製給弾装置実験成果を待って（約一ヵ月後）改めて打ち合わせのうえ決定することとし、十三ミリ固定機銃の実用的翼内装備に関し研究し置くものとする。

二号銃は同じ二十ミリ機銃でも、一号銃より銃身が二十センチ以上も長くなり、初速が一号銃の毎秒六百メートルに対して七百五十メートルとなり、そのぶん弾道の直進性がよくなって、一号銃より遠くから射っても当たるようになったので、終戦まで海軍航空部隊の主力として使われた機銃だ。

南方の戦場で対戦したアメリカ軍の十三ミリ機銃の弾道直進性の良いことから、第一線部隊の要望で実現したものだが、携行弾数が少ないという欠点があり、零戦で六十発から百発、さらには百二十発へと改良が加えられていた。

しかし、円形容器のカセット式弾倉では重くなり、空戦中にかかる大きなGによって機銃がねじれて発射不能となる故障が起き、そうした欠点がなく、携行弾数もふやせるベルト給弾式への改善が望まれていた。

この開発は機銃の神様といわれた日本特殊鋼の河村正弥博士の指導で進められ、昭和十七年九月に試作が終わったばかりで、昭和十八年一月からの空中実験にそなえて地上での実験が進行中だった。

地上試験が終わったのはこの年の十二月で、空中実験の結果がわかるのはこれからだったが、このことが知られると、まだ試験中であるにもかかわらず、Ａ６Ｍ３をはじめ多くの飛行機に採用が決まった。Ｊ２やＡ７「烈風」も採用を計画したが、航空用機銃の難しさは、とくに戦闘機などで顕著なように、激しいＧが機銃にも弾丸にも機体にもかかることで、予想もしない事故が続出した。

「そのたびに改造し、地上試験や空中試験をくり返し、途中あまりの難しさに何度も開発を放棄しようと思ったが、すでに各種の機体に採用が決定していることを思うとそれもならず、実施部隊からの切実な要望を耳にしながら苦しい数ヵ月を過ごした」

機銃および二十ミリ用ベルト給弾装置の開発にあたって、海軍側担当者だった川上陽平技術少佐（のち中佐）の述懐であるが、Ｊ２もＡ７も採用を決定はしたものの、試作機は円形弾倉で進められていた。


Ｊ２は機体に関していえば、空力的に素性のいい飛行機に仕上がっており、視界の点を除けば、ほとんど問題はなかった。この点では、堀越設計チームの実力はすばらしいものがあった。そして外観もほっそりした零戦を見なれた目にはいささか奇異に感じられたが、よく見れば堀越流の洗練されたラインと手法で構成され、それなりに美しいかたちをしていた。

だから、エンジンとプロペラさえしっかりしていれば、もっと早く制式採用になってもおかしくない機体だった。

十一月十五日、J2M2一号機および二号機のエンジンを降ろして試作工場で分解したところ、水系統の耐蝕性が不十分、使用メタノールの性能不良、ガソリンのみでも各シリンダーへの燃料分配不均一などの欠陥のあることがわかった。

このため、一、二号機のエンジン総点検を行ない、今までの状況を確認した上でそれぞれ対策を実施し、さらに水系統の流量計と、できるだけ出力低下のないような吸気加熱装置を装備することになった。これらに関連して、設計と試作を担当する大江工場の第一工作部とのJ2M2改造工事打ち合わせが十一月二十日に行なわれ、さらに十日後の十一月三十日にも、横須賀航空隊での実用実験中の故障個所の報告とともに対策が協議された。

要するにこの時期、J2はM1、M2を通じ試作機の約半数は改造工事、残りの半数は飛行実験というやりくりをしていたように見受けられるが、三十日の打ち合わせの結論で、「戦時の生産を遅延せざる目的にて、工事予定および工数と電気点熔接の信頼性および耐久性に関する資料、性能向上の見込みに関する資料の提出」を求められたのは、はかばかしくないJ2の進捗に対する周囲のいら立ちを示すものといっていいだろう。

興味深いのはＪ２Ｍ２になって、試験的に点熔接や層流翼が採用されていることで、十一月三十日の時点でＭ２の第六、七号機が在来の翼型でリベット組み立て、八号機が同じく在来翼型で点熔接、九号機が層流翼で点熔接、十号機が層流翼でリベット組み立てと、翼型や組み立て手段のいろいろな組み合わせについて実験が行なわれた様子がうかがえる。

4

Ｊ２の試験がさまざまな事情で遅れている間に、南のソロモン群島での戦闘は重大な局面を迎えようとしていた。

八月七日に上陸したアメリカ軍を駆逐しようと、ガダルカナル日本陸軍部隊は、海軍航空部隊および水上艦艇の協力のもとに、再三にわたって敵が占領した飛行場地区に対して総攻撃をこころみたが、八月二十一日からの第一回、十月二十四日夜からの第二回、そして十一月に決行された第三次総攻撃のいずれも失敗した。

この間、零戦隊を中心とした海軍航空部隊は困難な出撃をくり返し、大きな損耗を強いられた。

海上を飛ぶことに不慣れな陸軍航空部隊は頼りにならず、空中の他の飛行機にとっても、海上の艦船にとっても、零戦は唯一の頼みの綱であり、それへの期待から、いきおい戦訓にともなう第一線部隊からの切実な性能向上や改修の要望があいついだ。

海軍としても三菱としても、陸上と海上、そして長距離進攻に邀撃と、ひとり重荷を負う零戦の、せめて邀撃任務だけでも早くJ2に肩代わりさせたいという気持でいっぱいだったが、そのイライラがつのって、時には海軍の士官パイロットが、民間人である三菱や住友金属の関係者をなぐるということもしばしば起きた。

そうでなくても、食糧をはじめとする物資は極度に不足し、一切の娯楽もなくなって朝から晩まで仕事づけの会社の人たちにとっては、いかにせっぱつまったとはいえ、こうした仕打ちはやり切れないことだった。

そんな状況の中にあって、設計チームには暮れも正月もなかった。

十二月三十一日午前九時ごろからA7計画一般審査の下打ち合わせ。さすがに元日は休んだが、一月二日は午前十時からJ2の尾翼改良についての打ち合わせ。そして三日は、A7計画一般審査の本番があった。

海軍側は航空技術廠長和田操中将以下、飛行機部長、発動機部長、飛行実験部長、それに高級部員らが出席し、三菱からは河野文彦技術部長、堀越第二設計課長、曽根課長付および平山試作工場長が出席したが、まる一日を費やしたこの日の計画一般審査で、次のようなことが決まった。

　決議事項

一、本機（翼面荷重百三十kg／㎡程度のもの）の計画はおおむね適当にして、後述指示事項を実施の上爾後の計画を進めて差し支えなきものと認む。

　指示事項

一、主翼上反角の付与方法および胴体外形に関しては、さらに詳細風洞試験の上決定するを要す。

二、空戦フラップ作動様式に関しては官と連絡し、これが作動機構の完成には極力努力するを要す。

三、翼内装備二十ミリ機銃のベルト式給弾（試製給弾器各銃二百発）計画を直ちに着手するを要す（本件に関しては別に計画要求書訂正所見提出す）。

四、風防ガラス、半造付け（つくりつ）燃料槽の工作法に関しては特に重点を置き研究するを要す。

五、翼面荷重百五十kg／㎡程度のものの計画を促進するを要す。

六、離昇性能、最高速度の計画要求を満足せざるおそれあるをもって、とくに留意の要あり（プロペラ離昇性能向上、自重の軽減ならびに発動機離昇回転数増大の研究等）。

これらの中で、ふしぎに思われるのは、やはり翼面荷重の数字へのこだわりだろう。決議事項として百三十で進めてよいとしながら、指示事項の中では百五十での計画も進めるといっているのは矛盾しており、これなら最初から設計側に自由にやらせた方がよかったのではないか。

主翼上反角の与え方については、A6と同じ低翼で機体中心から一様な上反角とする方法、中翼とし、水平の中央翼の外側で上反角をつける方法、これを低翼にして実施する方法の三通りが考えられていた。これを胴体の形状とともに風洞試験で決定した方がいいというアドバイスだが、これも設計側がみずから決めればいいことであり、余計なお世話だといいたくなる。

もっとも、海軍航空技術廠はすぐれた技術者と研究施設を持ち、いろいろ進んだ研究をやっていて、民間会社の仕事の指導あるいは援助をしようという気分を多分に持っていたから、それが出すぎて、つい干渉しすぎる傾向があったようだ。

たとえば、J2の外観上の最大の特徴となった延長軸をつかって機首を細く絞った形状については、「延長軸発動機覆の研究」と題する昭和十四年十二月の空技廠研究実験報告第二六三六号を参考にしたものだし、機体や風防の形状などについても、空技廠が廠内の風洞を使って実験に協力している。しかし、それはあくまでも協力であり、脇役が主役を掣肘（せいちゅう）するようではまずい。

おかしいといえば、最後の項目六も引っかかる。離昇性能や最高速度が計画要求を満足できないおそれがあるから注意しろ、というのだが、自重の軽減はともかく、プロペラやエンジンの性能向上については機体設計側にはどうにもならないことだ。とくにエンジンについては、設計側が望んだ三菱ＭＫ９Ｂは却下されて、より出力の小さい中島「誉」に指定されていた。もし要求性能に達しないのなら、出力の大きいエンジンに変えるのがもっとも手っ取り早い。

設計側にとってはきわめて後味の悪い計画一般審査の結果だったが、それから二週間たった一月十六日、今度はＪ２の事故が発生して、ふたたび堀越や曽根を憂鬱にさせた。

その晩、夜行で横須賀の空技廠に向かった曽根は、十七日朝一番に飛行機部の鈴木順二郎技術少佐に会って事情を聞いたところ、次のようなことがわかった。

事故を起こしたのは、海軍に領収され、横須賀で実験中のＪ２Ｍ１第三号機だった。

パイロットの岡崎正喜一等飛行兵曹は有名な坂井三郎中尉と同じ操練（操縦練習生）三十八期の出身、ソロモンの最前線から帰って間もない歴戦の強者（つわもの）だった。

もちろん零戦が長く、J2に乗るのは三度目で、この日初めてスタント（特殊飛行）を行なった。

燃料満載で全重量は三千キロ以上。高度二千五百から三千メートルでスタントに入った岡崎一飛曹は、二百十ノット（時速三百八十九キロ）と二百二十ノット（時速四百七キロ）でそれぞれ宙返りをやった。次いで百九十ノット（時速三百五十二キロ）でスローロール（緩横転）を打ったあと、今度は百六十ノット（時速二百九十六キロ）でクイックロール（急横転）をこころみた。

ここで零戦とJ2の違いが出て、岡崎を驚かせた。ロールのスピードが零戦にくらべて速く（岡崎の印象では一旋転を終えるのに約三秒だったのが、J2は二秒くらいだった）、当て舵をとってロールを止めるのが遅れ、四十度くらいまわり過ぎた。そのとき急に衝撃を感じ、機首が軽くなったように感じられたので、急いで修正タブを見たがゼロ位置にある。左水平尾翼を振り返ってみると、よくは分からないが異常はない様子。さらに右水平尾翼に目をやったが、太陽光がまぶしくてよくわからない。

機首上がりの傾向にあるため、百三十ノット（時速二百四十キロ）で滑空し、そのスピードのまま着陸した。

　時速二百四十キロでの着陸など、ふつうのパイロットには到底できない。しかも空中での異常にもあわてず冷静に対処するなど、テストパイロットの経験もないのに、さすがは戦地帰りのベテランはりっぱだった。

　着陸して点検したところ、右水平安定板の胴体との取り付け金具のうち後桁の下の部分が割れ、昇降舵の左右をつなぐパイプの結合金具がはずれかかっていた。もう少しで右昇降舵が操舵不能となり、フラッターを起こして右水平尾翼全体が吹っ飛び、飛行機は墜落という危ういところだった。

　J2M1は、この年に入って一月四日に試作八号機、一月十三日に試作四号機がいずれも小破しており、このままでは以後の実験に差し支えるとあって、至急全機を改造することになった。

　改造個所は脚、風防、兵装、それに今回問題を起こした水平尾翼の補強などだが、急ぐため七機を目標に、四、五、七、八号の四機を三菱でやり、あと三機は航空技術廠および木更津の第二航空廠が引き受けた。

　これでしばらくの間、J2M1の飛べる飛行機はなくなり、M2に期待がかけられたが、その頼みのJ2M2にしても、エンジンからと思われる振動への対策で足踏みを余儀なくされていた。

そんな状況の中で、二月十二日に陸軍の立川飛行場で、J2の当面の対戦相手と想定されるアメリカ陸軍のボーイングB17E「空の要塞」の見学会があった。これはすでに一年前の開戦二、三ヵ月後にD型とともに南方で鹵獲されたもので、戦闘機による対大型機攻撃の訓練用に使われていた。

昭和九年に計画されて翌十年（一九三五年）に初飛行した古い機体だが、案内した陸軍の技術将校の説明によると、高空性能と武装がとくにすぐれているという。

陸軍でテストした結果によると、D型が高度八千二百メートルで時速五百三十キロ、武装を強化したE型で四百九十キロという高空性能の良さもさることながら、装備されているノルテン照準器の精度がきわめて高く、「六千メートルより投下した爆弾七発のうち、五発が直径八メートルの円内に当たり、方向性（飛行機の）がきわめてよい」という陸軍将校の言葉が、この日の曽根の日誌に見られる。

このE型はさらに武装を強化したF型とともに、ヨーロッパ戦線のドイツ空爆で活躍していたが、この頃すでにアメリカは、B17よりさらに大型で強力なB29の試作機を完成させている。そして二年足らずのうちに、日本はその恐るべき爆撃の精度と威力を、イヤというほど見せつけられるようになるのだが、この日、B17Eを見学した曽根が担当しているJ2は、まだ前述したような状況にあり、ライバルの川西N1K1-J「紫電」は、やっと試作一号機が飛びはじめたばかりだった。

しかし、こうした開発の遅れは別として、局地戦闘機のような陸上基地を前提とした邀撃専門の戦闘機を、なぜ海上を戦闘の主舞台とする海軍が用意しなければならないのかという点に、より大きな疑問が感じられよう。陸上基地や都市などの防空は、本来、陸軍が受け持つべき分野であり、その辺りの任務分担が明確でないままに、陸海軍がまったく別個に新型機の計画をしていたというのが当時の実情だった。

それは機種についてだけでなく、飛行機の生産や資材の配分にまで及び、その弊害に気づいて、この年の十一月になってやっと軍需省が創設されたが、遅すぎた。個々の技術者の能力や努力だけではどうにもならない、技術行政のまずさであった。

第六章——技術者魂

1

昭和十七年九月十五日の技術部の組織改正については前述したが、技術部内には第一から第五までの設計課、第一から第三までの研究課、それに資料課と動力課があり、設計課は各課四十名から五十名の編成でざっと二百五十名、研究課が三課合わせて約百名で、これに資料課と動力課を合わせると、庶務や補助の女性を抜きにしても総勢四百名を越える大世帯となった。

技術部長は戦後三菱重工の会長になった河野文彦で、大木喬之助、本庄季郎、堀越二郎（第二設計課長兼務）の三人が部長付。このうち大木技師は研究課全般の、そして本庄技師は海軍機設計担当の第一、第二、第三設計課の仕事について部長を補佐することになっていた。

陸軍機の第四および第五設計課にはない本庄部長付のこうした任務は、第二設計課長の堀越がからだが弱く激務に耐えないことから、それをカバーすることと、第三設計課長の佐野栄太郎技師が経験で叩き上げた人だけに、彼に欠けている理論的な観点からのチェックやアドバイスが必要だったからだ。

J2に関していえば、「戦闘機グループの主務者が病弱で、飛行実験の際、飛行場に出かけて飛行場駐在の会社の飛行主任と打ち合わせを行なうことができないというので、雷電（J2）や零戦の飛行試験の際には、しばしば私が直接飛行主任を代行させられた」として、本庄は『海鷲の航跡』（原書房）の中で、次のように述べている。

この日もちょうど白子の飛行場（鈴鹿）で、私が飛行主任として「雷電」の飛行振動試験に立ち会っている。そのとき、名古屋の会社から電話があり、急用があるからできるだけ早く工場に戻れといってきた。

ちょうど飛行振動試験の予定の項目を終え、飛行機から降りてきた帆足大尉がこれ

を聞いて、

「俺は今から隊へ帰るから、本庄技師を名古屋空港まで送ろう」

と申し出てくれた。

それで私は、帆足大尉が隊から乗ってきた零戦の操縦席後方の床に取りつけられたバッテリーの上に腰をかけ、大尉の操縦で白子飛行場を離陸した。名古屋空港に着くと、帆足大尉は私を降ろして、すぐ横須賀に向けて飛び去った。

会社の会議室に私が顔を出すと、集まっていた人々は、どうしてこんなに早く帰ってこられたのかと私にたずねた。

私は大得意で答えた。

「零戦に乗ってきたんだ！」

本庄と、帆足大尉のほほ笑ましいエピソードだが、本庄が帆足の姿を見たのはこれが最後となった。なぜなら、帆足はこのあとしばらくして、鈴鹿でＪ２の振動実験のため離陸した際、思わぬアクシデントで墜落、殉職してしまったからだ。

このことについては後述するが、からだは小さいけれども馬力のあった本庄は、このほかにも彼みずから開拓した陸上攻撃機担当の第一設計課の作業にも大きくかかわっていた。

ここでは高橋己治郎技師のもとで、日本海軍航空部隊攻撃陣の主力であるG４一式陸上攻撃機の戦訓改修および性能向上と、次期陸攻となるM60の設計が進められていたが、M60では海軍側と意見が衝突して、その基礎型が定まらずに難航していた。のちに本庄は、木製化を推進するため新設された「計画室」の室長も兼務することになるが、本庄は技術部でもっとも忙しい男であった。

M60は昭和十六年はじめ、一式陸攻に代わる双発陸上攻撃機として三菱が研究を命ぜられた十六試陸攻「泰山（たいざん）」（G７M１）だが、十七年九月に第一次木型審査にこぎつけたものの、海軍側の要求と設計側の意見が噛み合わず、再三にわたる計画変更の末、十九年六月に試作中止となった。

本庄の指導のもとにM60の研究計画にあたった第一設計課計算係長の疋田徹郎技師は、「官側の要求が戦地帰りの興奮した士官より無統制に出され、それが苛酷をきわめたものだったので、飛行機としてついに成り立たなくなった」といっているが、似たようなことは戦闘機の第二設計課にも発生していて、設計者たちを悩ませつづけた。

もとより第一線で敵と直面して戦っている部隊からの要求は切実で、その内容はできるものとできないもの、すぐには無理だが時間をかければできるものなどいろいろだったが、戦地帰りのパイロットたちの要求は、たいていが「今すぐ！」であった。

しかし、零戦はすでに限界に達しており、応急の改良程度では前線に出現しはじめたP38、F4Uなどの敵新鋭戦闘機に対抗し得ないのは明らかだった。いきおい次期戦闘機のA7に期待がかけられ、何かにつけてその開発が急がれた。


A7「烈風」の計画一般審査の下打ち合わせが開かれた昭和十七年の大晦日、横須賀から五百キロ離れた大阪の伊丹飛行場では、川西が全力をあげて試作を進めていた局地戦闘機「紫電」（N1K1-J）一号機の初飛行が行なわれた。

この日、まず会社側のテストパイロットが飛ぶことになっていたのを、鈴鹿から来ていた帆足大尉が、地上滑走だけでも先にやらせてくれといって乗り込み、そのまま飛び上がってしまった。

全員があっけに取られて見まもる中を、脚を出したまま悠然と飛んで降りてきた帆足は、「これはいい」といってほめ、明日の元旦には脚を引っ込めて飛んでみたいといい出し、川西の関係者たちをあわてさせた。

やっと試作を年内に間に合わせたものの、脚カバーの開閉テストなどはまだやっていなかったので、さっそくその晩、徹夜でそれをすませ、元旦の試験飛行を無事終えた。

さいわい、のちに続出することになる「誉」エンジンや、長い脚柱を出し入れの際に縮めたり伸ばしたりする脚のトラブルもこのときは出なかったため、帆足大尉は上機嫌で帰って行った。

この頃、三菱のＪ２は振動問題その他で行きづまり、海軍側の主担当として焦りを感じていた帆足にとって、Ｊ２より強力なエンジンをつんだ「紫電」に強い望みを抱いたとしても無理はなかった。しかしその後、本格的な社内テストがはじまると、水上戦闘機の設計を転用した無理や試作を急いだための不具合が続出しただけでなく、「火星」から変えた「誉」の不調などで、へたをするとＪ２の二の舞となる恐れがあった。

そこで川西は「紫電」を中翼から低翼に変え、胴体も再設計することによって機体の不具合を一挙に解決することを海軍に提案し、仮称一号局戦改（Ｎ１Ｋ２－Ｊ）として試作することを認めさせてしまった。

昭和十八年三月十五日、「紫電」が飛んでわずか三ヵ月そこそこのことで、まんまとＪ２実験停滞の間隙を衝いた川西の作戦勝ちであった。もちろん、試作機ができ上がる頃にはエンジンの不具合も解決するだろうという前提ではあったが、いずれにしても川西の「紫電」および「紫電改」の出現は、J2の前途をいよいよ不透明なものにしてしまった。

2

こうした川西側の動きに対して、昭和十八年二月十四日の時点での三菱J2の進行状況は次のような、きわめてパッとしないものだった。すなわち、

J2M2一号機㊮　工場へ返送中（エンジンは横空）。

同二号機㊮　十五日、機体（エンジン減速比〇・五）鈴鹿着の予定。

同四号機　発動機架の防振ゴム改修実験中。

同五号機㊮　鈴鹿で飛行実験中。

J2M1改二号機㊮　十八日完成予定、ただしプロペラなし。

《註、この中で㊮とあるのは、三菱のエンジン研究陣が各気筩への燃料配分を均一にするために開発した燃料噴射装置のことで、A7「烈風」のエンジン選びで中島の「誉」に敗れた三菱MK9A（社内呼称A20）エンジンで開発されたものを、「火星」にも適用したことを示している》

これらの機体の改修で最大のポイントは振動対策で、発動機架取付用の防振ゴムについて、現状のままで一ミリ増し締めする、あるいは別に二案を試作し、それぞれについて四号機で飛んで比較検討することになっている。

このほか、二号機と五号機を使ったエンジンおよび空戦フラップ実験、五号機による尾部〇起防止板実験、摺動（しゅうどう）式カウルフラップ実験など、試作機ごとに違った改修をほどこして平均的に問題点の解決をはかろうとしていた。

このほか、振動対策として、せっかくエンジンを「火星」二三型に変えた際に四枚羽根としたプロペラを、ふたたび三枚羽根とする案も検討された。さすがにこの案は、防振ゴム改良の結果を見るまで据置きとなったが、実際問題として、それは簡単にやれることではなかった。なぜなら、「火星」二三型は馬力がふえたため、プロペラ軸が一三型より一まわり太くなっていたからで、もし両エンジンの軸の太さが同じでプロペラを容易に取りかえることができたなら、振動の最大の原因がプロペラにあることがもっと早くわかり、振動問題にそれほど手古（てこ）ずることもなかったと思われる。

それにしても、単座戦闘機の振動問題での最大の悩みは、技術者が実際に飛行する機上でそれを体験できないことだった。そこで一計を案じた名古屋発動機製作所の山室技師が、「雷電」の胴体タンクをはずし、操縦席の後方にしゃがんで同乗することにした。

先に本庄技師が帆足大尉の操縦する零戦の操縦席のうしろにもぐり込んで、鈴鹿から名古屋まで飛んだことがあったが、日本人の平均より小柄だった本庄なら、零戦の狭い後部胴体でもがまんできたと思われるし、実戦部隊でも急速な部隊移動の際などには、しばしば整備員を乗せて飛ぶこともあったらしい。

その点、「雷電」は胴体が太く内部が広かったので好都合だったが、それにしても外が見えない戦闘機の後部胴体内で、激しい上下や左右動にともなうGと、寒さに耐えながら振動を実際に体感して、その原因をつきとめようという技術者魂（だましい）はすさまじいものだった。

一般的にいって、阪神大震災のような場合は別として、振動に対する感じ方は人によってかなり違う。とくに飛行機の場合は、振動がときに重大な空中事故に発展しかねないだけに、それがいちじるしい。

零戦にしても、初期の段階ではかなり振動があって、その対策に苦労したらしいが、パイロットの中でもとりわけ振動に対して神経質だったのは、最初の零戦実戦部隊となった第十二航空隊の指揮官だった進藤（しんどう）三郎大尉で、わずかな振動でも気にして飛びたがらなかったことから、整備員たちは陰で〝振動〟大尉と呼んでいたという。

だから振動の評価と、その感じ方や表現もさまざまだが、J2テストパイロットの帆足大尉によれば、J2M2の振動には大きく分けて「ゴツゴツ」振動と「ビービー」振動の二種類があった。このうち、「ゴツゴツ」振動は毎分三百くらいの比較的遅いものだったが、「ビービー」振動はエンジンが高回転になったときに感じる、電気あんま器にかけられたような速い振動で、とくに方向舵を操作するフットバーの足に、それが感じられた。

「雷電」の後部胴体にもぐり込んで振動を体感した山室技師は、この「ビービー」振動について、「エンジンの二・五次振動と、〇・五次または一次振動の二種類がある」と判断した。

「ゴツゴツ」振動の退治に効果あると期待され、とくに減速歯車を傘歯車にしなければならないという生産上の不利をしのんで減速比を〇・五に変えた「火星」二三型装備のJ2M2二号機の完成をまって、その最初の飛行試験が昭和十八年二月二十一日に行なわれた。

　試験は会社の柴山操縦士によって行なわれたが、上昇中あるいは水平飛行中も振動が感じられず、減速比を変えた効果によるものとして大いに期待が持たれたが、まずいことに、ただ一回の飛行でエンジンのケルメット軸受が焼きついて壊れてしまったため、継続して試験することができなくなった。

　新たに減速比〇・五の「火星」二三型が用意されるまでの間、減速比を一三型なみの〇・六八四とした四号機による試験を行なったが、この結果もあまりかんばしいものではなかった。

　この時点では、設計側も海軍の担当者たちも、振動の原因が主としてプロペラにあることに気づかず、調子の良くないエンジンやエンジンベッド取付部のゴムブッシュにばかり疑いの目が向けられていた。だから四月十二日に空技廠で開かれたＪ２Ｍ２実験促進会議の席上、空技廠発動機部の松崎敏彦技術少佐は、振動の三分の二が減速装置、そして三分の一がエンジンの不調に原因があると発言している。

　空技廠でのこの会議は、廠長の和田操中将以下関係者全員が出席するというもののしさで、戦況の逼迫（ひっぱく）からその完成が急がれているにもかかわらず、遅々として進まないＪ２の振動問題の解決への焦りを、それは表わしていた。

　会社からもエンジン関係が井口、山室、泉の三技師、機体関係が曽根、広部、高田の三技師、合わせて六名が出席し、プロペラの住友からの出席者とともにエンジン、機体、プロペラのそれぞれについて空技廠側からの説明や要望を聞いた。

　もとよりこの中で最も重要な課題は振動問題で、担当テストパイロットの帆足大尉はわかりやすいよう点数による評価をこころみた。

それによると、ベストの成績は減速比〇・六八四の「火星」一三型を装備した（プロペラは三枚羽根）J2M1で九十点から九十二点。これに対して減速比〇・五四の二三型装備のJ2M2一号機は最低の五十五点。いろいろ改善を加えた第五号機が七十五〜七十八点で、辛うじて実験ができる程度。実用化可能な最低の点数を八十五点とすると、J2M2はまだまだ改善が必要ということになる。

同時に要望された数多くの解決すべき課題とともに、会社側出席者たちにとっては、折から春の真っ盛りとあって、咲き誇る桜もうつろにしか見えないほどに、何とも気の重い評価であった。

二台目の〇・五減速機つきエンジンが用意され、試験飛行が再開されたのは四月二十四日で、まず会社の柴山操縦士が乗り、次に海軍の帆足大尉も乗ったが、「予期に反して振動は相当ある」というのが二人の一致した評価だった。

「〇・五四減速のときのゴッゴッ振動は消えたが、速いビービー振動は消えていない」

振動計測のデータを見ると、エンジンの〇・五次振動が、一台目の〇・五減速機つきのときにくらべて非常にふえていた。同じ減速機を装備しているのに、この違いは何故か、いろいろ検討した結果、先の二号機のときはエンジンの〇・五次の位相と、減速比が〇・五であるためエンジンと同じ周波数となったプロペラの一次の位相がたまたま逆だったため、振動が打ち消されたのではないか。そして今度の場合は、それが一致して同調傾向となり、振動がふえたものと推定された。

二つの振動がある場合、位相が逆なら互いに打ち消し合い、位相が同方向なら振動を増幅する性質があるからだが、これではせっかく量産性を犠牲にして減速比を〇・五にした意味がなくなる。しかもオッシログラフの記録をよくしらべてみると、エンジンの別の振動もふえていることがわかった。

ここでエンジンの対策によって振動問題を解決する見通しが立たなくなったが、このほかにもエンジンのケルメット軸受の焼損問題や、羽根（ブレード）のピッチ変更用油圧モーターの容量不足によるプロペラの過回転問題など、機体とまったく関係のないトラブルで実験がしばしば中断された。

この頃、戦力が一段と充実した敵の攻勢が激しくなり、周防大尉が転出していったソロモンの最前線では、長距離進攻に基地防空にと、零戦が二役をこなさざるを得ない状況にあり、来襲する敵大型機邀撃のため、Ｊ２の一日も早い前線進出の要望は切実なものがあった。

Ｊ２の早い制式化にそなえ、海軍の指示によって三菱の大江工場ではすでに零戦の生産を減らし、代わってＪ２の量産準備に取りかかっていた。ところが、Ｊ２Ｍ２の不調で量産化に不安があるところから、とりあえずエンジンも安定し、振動問題も少ないＪ２Ｍ１で生産をスタートしてはという意見も出た。だが、この時期となってはできない相談だった。

すでに三菱のエンジン、住友のプロペラともにＭ２用として量産準備に入っており、どんなことがあっても問題を解決して、Ｍ２で量産化するほかはない状況にあった。

ここでエンジン系だけでは振動問題の解決は難しいと判断されたところから、プロペラも含めた振動系として考え直そうということになり、エンジンの振動を打ち消すような位相をつくり出すため、プロペラにアンバランスな錘(おも)りをつけて試験をやってみることになった。

振動がもっとも小さくなる位相を見つけるには、人工的にプロペラの羽根（翼）にアンバランスな錘りをつけ、その大きさをいろいろ変え、それをプロペラの各羽根に対して順番に試験を行なう。もちろんそのつど飛び上がり、上昇、水平飛行、エンジンのブースト、回転数など条件を変えてデータを記録し、それぞれに対して評価するという、根気のいる作業である。

振動の問題は専門家でもむずかしい。まして技術者でもない戦闘機パイロットの帆足大尉にとって、わかりにくい振動問題の実験に延々とつき合わされるのは、それが任務とはいえ、かなりのストレスとなる。ときに帆足はかんしゃくを起こし、三菱の技術者に乱暴なふるまいがあったとしても、あながち責められない。

「私、帆足さんになぐられたことがあった。

試験飛行をして降りて来ると、いろいろ具合の悪いところを指摘して、明日飛んでみるから今晩中に直せという。明日までにというのは無理だと答えると、それは寝たり食事したりするからで、寝食を忘れてやればできるじゃないかといって聞き入れない。一生懸命やるけれども明日まではできないと重ねて答えたところ、『たるんどる』といってピシャッとやられた。でも、その場かぎりであとはカラッとして、なかなか気持のいい人だった」

曽根が語る帆足とのエピソードだが、前年末、飛行隊長としてソロモンの前線に転出した周防元成少佐に代わり、飛行実験部に着任した帆足の一期上の志賀淑雄大尉も、「竹を割ったような素直な性格の好青年」と評している。

名古屋に戻る本庄を、ついでだからと自分の零戦の胴体に乗せて送る気さくさからも、その率直な人柄がうかがえるが、そのうえ、帆足はまちがいなく仕事熱心であった。だからそれから間もなく、思いがけない事故によってかけがえのない帆足を失うことになろうとは、運命はどこまでもＪ２につれなかった。

帆足の死に触れる前に、その最後の舞台となった鈴鹿の海軍飛行場一帯の様子を紹介しておきたい。

そこは現在の鈴鹿市の一部で、当時は三重県河芸郡玉垣村といっていたあたりだったが、最初は昭和十三年十月一日、偵察練習生の教育を担当する練習航空隊の飛行場として開設された。その後、この飛行場の北に千八百メートルの滑走路を持つ第二飛行場ができ、主として陸上攻撃機用の基地となった。この二つの飛行場に挟まれるようにして海軍補給廠と、三菱の鈴鹿海軍整備工場があった。

そもそも三菱は、名古屋の臨海地帯に飛行機工場をつくったとき、工場に隣接した広い空地を飛行場として確保していた。ところが、飛行機が複葉羽布張りから単葉全金属製へと近代化し、性能が向上するにつれて手狭となり、九六式艦上戦闘機や同陸上攻撃機の時代になると使えなくなってしまった。

仕方がないので、工場で完成した飛行機は陸路か特殊運搬船で名古屋飛行場に運び、整備したあと各務原の陸軍飛行場に空輸して試験飛行を行なう方法がとられた。陸路の運搬は、道路が悪いためスピードのあるトレーラーでは機体を傷めるとあって、零戦などに足の遅い牛車が使われた話は有名だ。

　試験飛行に合格した飛行機が三、四機たまると、横須賀や鹿屋の部隊から引き取りにくるという、海軍機の領収を陸軍の飛行場で行なう変則的な方法がとられていた。

　三菱の鈴鹿海軍整備工場の開設はそうしたやり方を改め、海軍機は海軍の飛行場で領収するようにしたもので、当初は格納庫二棟と二階建て事務所だけだったのが、二年後に格納庫二棟が増設され、練習航空隊の飛行場に面してスリーダイヤのマークがついた格納庫が四棟並ぶことになった。

　人員も最初は現地採用も含めて七十名くらいだったのが年とともにふえ、終戦時には職員だけで五十名、パイロット七名に工員五百名以上という大世帯になっていた。

　この鈴鹿整備工場が本格的に作業をはじめたのは、零戦および一式陸上攻撃機の時代になってからで、いったん名古屋飛行場に運ばれて整備された飛行機は、地上運転に合格すると会社の手で鈴鹿まで空輸されたが、当時鈴鹿整備工場でこの仕事にかかわっていた亀山英技師は、

「十八年、十九年頃は、毎日のように空輸が行なわれましたが、自信のある整備がしてあるとはいえ初の離陸であるため、千メートルくらい上昇してやっと緊張もほぐれ、

ホッとしたものです。

鈴鹿での試験飛行は、状態のよい機体の場合は四千五百メートルくらいまで上昇し、一周して飛行場に着陸するだけで一時間くらいかかり、不具合があって試験の続行不可能な機体でも四十分くらいは飛んでいました。

機体、パイロットが優秀だったのと、整備が完全に行なわれていたため終戦まで事故はなく、各航空隊から高い信頼を寄せられていました」と語る。

ちなみに、この亀山技師も十三年間飛行機の整備に従事し、終戦までに二千八百時間も同乗飛行を経験したが、無事に終戦の日を迎えている。

3

振動問題解決の最後の決め手になると期待されたプロペラのアンバランス（不平衡）の最適位相を見つけるための飛行振動試験は、これといった成果もあがらないまま辛抱強く続けられていた。

飛行試験は項目も多く、時間もかかることから担当部員だけでなく、下士官からあがった老練な特務士官も加わって作業を分担して試験を促進するようにしていたが、不幸な事故はたまたま帆足大尉が乗ったその日に発生した。

その日とは昭和十八年六月十六日で、よく晴れた日だったという。

場所は三重県鈴鹿海軍航空隊。試験機体は「火星」二三型エンジン装備の十四試局地戦闘機二型（J2M2）二号機。操縦者海軍大尉帆足工（たくみ）。三菱側担当者は機体松浦技師（名古屋航空機製作所）、エンジン本田技師（名古屋発動機製作所）、振動佐野技師（同上）、整備木佐貫技師（鈴鹿製作所）。

これが当日のデータであるが、振動担当の佐野朗技師はこう回想している。

「寒い鈴鹿おろしの吹きすさぶ十二月に振動試験が開始され、すでに半年を経過して花の四月もとっくに過ぎた頃、私は今の鈴鹿市白子町の鼓（つづみ）ヶ浦海岸近くにある西野屋旅館から、鈴鹿海軍航空隊に隣接する三菱重工の鈴鹿整備工場へ、バスの車窓から麦秋を眺めながら疲れた体で、その日も出勤していた」

佐野たちが逗留していた西野屋という旅館は、当時白子町に二軒しかなかったうちの一軒で、南方のテニアン基地などから一式陸上攻撃機を空輸するため内地に帰ってきた妻子持ちの搭乗員たちが、待ちこがれた家族と最初の夜を過ごす宿であり、横須賀から出張してきた海軍士官たちの定宿にもなっていた。

当時の金で一泊二食つきの宿泊費が二円五十銭はまずまずであり、夕食には伊勢湾でとれる新鮮な魚介類が並び、そのうえ二の膳つきで白米の御飯のお代わり自由という、すでに物資の不足が目立ちはじめて食糧も乏しくなっていた名古屋の暮らしからすれば、食べ盛りの若い出張者たちにとってはオアシスのようなところだった。

この日は振動試験だけで、一回飛べば前年十二月以来の長期にわたった飛行試験が一段落となり、機体側の総点検に入る予定だった。そうなればひさし振りに名古屋に帰れるとあって、誰もが何となく浮き浮きした気分に浸っていたが、間もなくその期待は裏切られることになった。

飛行機から降りてきた帆足大尉が、「振動対策の効果があまり表われていないようだから、対策を強化してもう一度飛んでみたい」といい出したからだ。

海軍側の担当パイロットがそこまで熱心にいってくれるのなら、こちらもそれに応えなければならない。振動担当の佐野技師は急いで昼食をすませると、さっそく準備にかかった。

プロペラのつけ根に二千五百グラム・センチのアンバランスのバンドを取りつけ、操縦席後方の胴体内にセットした電磁オッシログラフに新しい記録用紙を装塡（そうてん）し、エンジン減速機ボックス、操縦席床面、フットバーなどに取り付けた振動計の較正を終えた。

時を同じくして、機体の木佐貫技師からも整備完了の報告があったので、監督官に準備が終わったことを告げると、折り返し飛行の許可が下りた。

午前の飛行を終え、昼食後横になってしばしの休息をとっていた帆足大尉は、飛行準備が終わったことを告げられるとすぐ起き上がり、洗面所で顔を洗って眠気をさますと、いつものように気軽に飛行機に乗り込んだ。

やがてJ2二号機はエプロンに向けて動き出し、それを見送った佐野は事務所に戻り、二階の会議室で午前中のオッシログラフの記録をしらべはじめた。

異変が起きたのは、その直後だった。戸が荒々しく開かれる音とともに、いつも聞きなれている某兵曹長の悲痛な叫びが、事務所いっぱいに響き渡った。

「J2が墜(お)ちた！」

思わずオッシログラフを手にしたまま立ち上がった佐野は、一瞬呆然(ぼうぜん)としたが、すぐわれに返ってことの重大性に気づくと、転がるように階段を駆け降りた。

無事飛んでいるいつもなら、機影は見えなくても、爆音とともに強制冷却ファンが発するJ2独得のカン高い金属的な音が聞こえるはずなのが、無気味なほどに静まりかえっている。

下ではすでに救助活動が始まっていた。

佐野は折よく車庫から引き出された給油車に、消火器を持った人々たちと一緒に飛び乗った。

飛行機が墜ちたと思われる方向に車を飛ばすと、ひろがる麦畠の向こうに一条の黒煙が立ちのぼっているのが目に入った。

それは飛行場の端にある下士官集会所のすぐ向こうで、今度は火炎が立ちのぼるのが見えたと思う間もなく、ドカンという爆発音が聞こえた。

もどかしい思いで墜落現場に着いた佐野は自動車から飛び降り、消火器を持った人たちと現場に駆けつけたが、すでに機体は炎に包まれて主翼、尾翼の位置も定かでなく、火勢はいよいよ強まるかのようだった。

消火器のほか、土砂をスコップでかけたり、それもない者は素手で土砂をつかんで投げたりと、先に消火活動に入っていた下士官集会所にいた人たちと一緒になっての懸命な消火活動の結果、さしもの猛火もやがて下火になった。

だが、なおもくすぶり続ける煙を通して佐野たちが見たのは、焼け焦げたパイロットの悲惨な殉職の姿であった。

くすぶり続ける煙の中からすぐに遺体が運び出されたが、後で佐野が聞いたところによると、墜落の直後、背当てシートと共に腰かけたまま斜め前方に投げ出された帆足大尉は、人事不省のまま大きく苦しい呼吸をしていたという。すでに必死の救出が試みられていたが、火勢がひどくなり、一瞬の差で間に合わなかったのだ。

「J2墜落。操縦の帆足大尉殉職！」の悲報は、すぐ名古屋の三菱航空機に伝えられ、衝撃が事業所を走った。一方この日の夕刻、事故の詳細を海軍航空技術廠に伝えるべく戦闘機が一機、横須賀に向けて飛び立った。

その夜、帆足大尉の遺体は、三菱整備工場の事務所の南側にあった空輸員控室に安置された。そこは南方基地から完成した新しい一式陸上攻撃機を引き取りにくる空輸員たちの待機所で、比較的広いスペースがあったからだ。

部屋を中ほどで白幕によって区切り、急ごしらえの祭壇の上には遺品となった大尉の軍帽と短剣が飾られ、霊前のお供物にまじって供えられた煙草とトランプが、あらたな悲しみを誘った。人びとはそこに、煙草をくわえながら夜毎（よごと）ブリッジ（海軍軍人がとくに好んだトランプ遊びの一種）に熱をあげていた、昨日までの故人の姿を想像したからだ。

やがて三菱の名古屋航空機製作所や同発動機製作所の会社側幹部、駐在監督官室の官側代表が到着し、遅い夏の日暮れごろからお通夜がはじまった。僧侶のあげる読経の間、官側および会社側幹部につづいて、故人との接触が深かった若手技師から整備の工員たちにいたるまで、悲しみの焼香の列が続いた。

通夜が終わると、遺体は衛兵に守られて六月十七日の朝を迎えた。

この朝、昨夕の戦闘機の報告で事故の詳細を知った海軍航空技術廠からは、飛行実験部長ら関係部員約二十名が一式陸上攻撃機二機に分乗して到着し、告別式が行なわれた。あと霊柩車に移された遺体は、参列者多数の見送りの中を四日市の斎場に向かい、午後四時ごろに白木の箱に納まった遺骨となって飛行場に戻ってきたが、それから間もなく、飛行実験部長や海軍兵学校の同期生たちに守られて空路横須賀に帰った。

翌六月十八日は、帆足少佐（殉職により進級）の死を悼むかのように曇り空だった。事故調査本会議は、日を改めて横須賀の航空技術廠で行なわれることになったが、さし当たってこれまでの実験の成果と、今後の原因調査のもとになる事故状況の報告、ならびに質疑応答の会議が開かれた。

会議は格納庫側に面した三菱の事務所の二階で行なわれたが、爆音を遮るため窓を閉め切ったので、ただでさえ暑いところへ会議の熱気がそれに輪をかけた。ただ救いだったのは、司会役の志賀淑雄大尉はじめ海軍側出席者たちが、感情的になって一方的に会社側をなじるという態度をとらなかったことだった。

出席者は、三菱駐在の監督官長原大佐と監督官二名、海軍航空技術廠飛行実験部および同飛行機部の担当部員、民間会社側は三菱航空機および発動機、住友プロペラの各技師らで、実務に直接関係のある人びとに限られた。三菱の出席者は、名古屋航空機製作所から本庄、堀越、平山、田中、松浦、鏡淵の各技師、同発動機製作所から酒光参事と井口、山室、黒川、本田、泉、佐野の各技師だった。

会議は、司会の航空技術廠飛行実験部員志賀大尉の、次のような趣旨説明ではじまった。

「J2は、生前、帆足部員が非常な熱意をもってその玉成（りっぱに仕上げること）に努力したが、問題が解決しなかったばかりか、今回の事故発生によって殉職という最悪の事態を迎えてしまった。しかし、現在の戦局にあっては一日も早いJ2の戦力化が要望されており、いささかなりとも完成の努力をゆるがせにすることは許されない。

本日の会議は、昨日までに行なった飛行試験の経過を報告し、その成果を検討した上で、今後の試験の方針を協議することを目的とするものである」

このあと、まず堀越技師が機体関係の、次いで泉技師がエンジン関係の、そして山室技師が振動について、それぞれ試験の経過報告を行なったが、中でも振動問題はJ2M2の玉成を阻(はば)んでいる一番の問題点だったので、担当の山室技師の説明にはとくに関心が集中した。

前述のように、J2の振動には大きく分けて「ゴッゴッ」振動と「ビービー」振動があった。このうち、操縦席で感じられる「ゴッゴッ」振動については、「火星」二三型エンジンのプロペラ軸減速比を〇・五四から〇・五に変えることによってほぼ消すことができたが、なおフットバーから足に伝わる周波数の高い「ビービー」振動が残っていると、パイロットは伝えた。

これを軽減するため、プロペラ側にアンバランス（不平衡）を人為的につけ加えることが提案され、まず五百グラム・センチ、次いで千五百グラム・センチによるさまざまな飛行条件でのテストが行なわれたが、効果が今一つ思わしくないので、アンバランスを二千五百グラム・センチにふやしたところで、今度の事故が発生した。

この経過説明のあと、熱の入った質疑応答が交わされたが、事故の前後の様子からしてプロペラが原因とは考えられず、何が原因か結論が見出せないまま午前の会議が終わり、事故状況を主とした論議は午後に持ち込された。

午後一時に会議が再開されたとき、午前の黒板の文字は消され、代わって事故機の機体番号、飛行時間、エンジン番号、運転時間、プロペラ番号および運転時間、精密検査資料や事故当時の整備状況などが黒板いっぱいに書かれていた。

そのうえ、胴体の折れ具合、主翼の位置、エンジンの向き、シートごと投げ出されたパイロットの位置、墜落のときつき当たったという農具小屋など、当時の悲惨な状況が色分けのチョークでイラスト的に分かりやすく表示されていた。

まず説明に立った堀越技師は、かつての零戦の二度にわたる墜落事故に次ぐ三度目のこととあって、ただでさえ病弱の痩身は傷々（いたいた）しいばかりだった。それでも、技術者らしく黒板の文字を読み上げながら、冷静に事故当時の状況を説明した。

以下は振動担当だった名古屋発動機製作所の佐野朗技師の記述（『往時茫茫』）にもとづく、当日の堀越技術部次長の説明内容である。（原文は文語体であるが、わかり易いよう口語体に直してある）

一、地上運転

前回午前の飛行時に異状を認めず、地上運転時のエンジンの調子は良好だった。

二、離陸

飛行場監視所よりの目撃者談によると、離陸に至る間の滑走はふだんと変わりなく、ただ離陸角度がいつもよりやや小さいように思われ、脚が入った頃（後方から見て高度は五十メートル見当）、機体は急に降下姿勢に転じ、ほどなく下士官集会所付近の畠の中に墜落し、三、四分過ぎた頃に機体から火を発して黒煙および炎が上るのが見えた（注、航空隊で一式陸上攻撃機を整備していた整備兵の言葉によると、脚を引き込んだ頃エンジンの異常音が聞こえたという）。

三、墜落直後

下士官集会所（筆者注、墜落地点にもっとも近かった）より搭乗員救出に向かった霞ヶ浦航空隊某兵曹や集会所からの目撃によると、爆音をまぢかに聞いて気づいたときは、機体はすでに突っ込み姿勢にあったという。このとき聞きなれない爆音（冷却ファンのためと思われる）とともに、プロペラはりっぱに回転しているのが認められた。高度十メートルくらいになったと思われた直後、機体は前方にある農具小屋らしき建物につき当たり、土煙りとともに小屋を破壊した機は約二十メートルくらい前方の麦畠に墜落した。

墜落と同時に、エンジンは黒板に図示したように進行方向に飛散、胴体は操縦者背当ての後から二つに折れ、搭乗員は投げ出されたような姿勢で、激突のさいの衝撃で内出血を起こしたらしく、人事不省となっていた。近くにいた軍医長以下、四、五名で救出しようとしたが、そのすぐあとに右翼内燃料タンクが誘爆して機体に火がまわり、搭乗員の救出が困難になった。誘爆前、燃料の洩れるようなシューシューという音がわずかに聞こえたという。

四、墜落位置その他備考

飛行場東南方約一キロの麦畠、風向東南、墜落のさい、農具小屋にいた老母と子供は軽傷を負い、救出にあたった軍医長ほか一名は大火傷を負った。搭乗者帆足大尉は殉職。

「堀越さんの事故時の状況報告が終わったとき、悲痛な空気が会議室を覆い、しばらくは声を発する者もなかった。やがてそのしじまを破るかのように、ため息とも声ともつかぬざわめきが広がり、我に返った海軍の部員たちから思い思いの質問が発せられた」

佐野のつらい回想だが、航空技術廠側からの質問でもっとも多かったのは、エンジンの回転がどのくらいだったかということだった。

それは、離陸直後にエンジンの異常音を聞いたという目撃者の証言にもとづくもので、エンジンの異常に気づいたパイロットが、不時着を決意して回転を絞って滑空姿勢に入ったが、高度が足りなくて墜落したと考えられるからだ。

もう一つは、エンジンは最後まで異常なくまわっていたという、別の目撃者によるまったく異なった証言で、これからすると、離陸直後に操縦系統の異常に気づき、この修正をしようとしたが、高度不足のため墜落したとする推測が成り立つ。

このほかに、プロペラピッチの急な変更による推力不足の線も考えられたが、パイロットが殉職したこのケースでは、すぐに決め手となるような原因をつかむことは困難だった。

その後も論議を重ねた末、機体、エンジン、プロペラの三つに分けてそれぞれ工場に事故品を持ち帰り、専門の立場から分解点検して事故原因を調査することが決定され、まる一日にわたった疲れる会議は終わった。

「私はこの会議が終わってホッとした気持になり、久しぶりに名古屋の第一菱風寮（今の旭丘高校の前にあった）に帰り、夜遅く疲れた体をベッドに横たえてグッタリと寝た……が、その翌朝から高熱に襲われ、一週間ほどして病院で診察してもらったところ、右湿性肋膜炎と診断され、三菱発動機病院に入院することになった」

佐野の忘れ難い思い出であるが、J2M2二号機の事故原因はその後、各担当部門での綿密な調査にもかかわらずいぜんとしてつかめなかった。

墜落原因不明の重苦しい空気が破られたのは、ひょんなきっかけからだった。

帆足少佐の殉職から約三ヵ月たった九月十三日、会社の柴山操縦士がJ2M2十号機で離陸した直後に脚を引っ込めたところ、急に操縦桿が強い力で前に押されて、機首が下向きになった。ドキッとした柴山は操縦桿を強く引っぱって機首を起こそうとしたが、強大な力が下げ舵の方向にはたらき、ビクともしない。

〈帆足さんと同じ状況だ！〉

そんな思いが、柴山の頭をかすめた。

このままいけば、あのときと同じように地面と激突する。そう考えている間にも、地面が急速に近づいてくる。パラシュートで脱出しようにも、すでに高度はない。

そんな絶体絶命の中で、柴山は無意識に脚出しの操作をしていた。せめて脚でも出しておけば、地面に激突する際の衝撃が、いくらかでも緩和されるだろうと本能的にそうしたのか、あるいは「異常が起きたら元の状態に戻せ」という身についたテストパイロットの鉄則が、この土壇場で、そのような操作を行なわせたのかも知れない。

脚出しの操作をしたとたん、急に舵が軽くなり、磐石のような下げ舵から解放されて、辛くも大地との激突をまぬかれ、機はふたたび上昇に転ずることができた。

死の一歩手前からの生還であったが、着陸してさっそくこの機体を調べたところ、意外なことが判明した。

尾輪を支える油圧緩衝式のオレオ式脚柱が曲がっていて、脚を引っ込めた際に、それが左右昇降舵をつなぐ回転軸管を強く圧し、そのせいで下げ舵の方向にはたらいたものと推定された。

さっそく、大切に保管してあった帆足少佐の事故機を調べたところ、同じようにオレオ式脚柱が曲がっていた。そこでまず地上でＪ２Ｍ２十号機を台架に乗せ、離陸時と同じ操作をやってみたところ、やはり操縦桿が強く前に押されて動かなくなった。

次に空中で再現テストをすることになり、万谷操縦士が十分に高度をとってから脚上げ操作をやったところ、またしても同じ現象が出た。すでに原因がわかっていたので、脚を出して操縦桿の機能を回復させ、無事に降りた。これでやっと帆足機の事故原因が確定されたが、設計側にとっては何とも気の重い結末であった。

帆足大尉の殉職でＪ２の主務者がいなくなったので、その後任には一年前に帆足と交代してラバウルの前線に出て、この三月に内地に戻っていた小福田租少佐が急遽、任命された。

小福田はふたたび横須賀の航空技術廠飛行実験部に着任すると、ほとんど毎日のようにJ2に乗って、いろいろな実験をこなしたが、原因不明のままになっていた帆足少佐殉職事故のことがつねに頭にあった。だから偶然とはいえ、柴山の機転によってその原因が明らかになったことで、精神的重圧から解放された。

「それにしても柴山操縦士があのとき、とっさに、いったん上げた脚をおろす操作をこころみなかったら、彼も百パーセント死んでいたであろう。いずれそのうちには、原因不明のまま、つぎは私の番になったかも知れない。思えば、この『雷電』（J2）をめぐる帆足、柴山、そして私の三人は、目に見えない運命の糸にあやつられ、人生の明暗をわけることになった」（小福田晧文著『零戦開発物語』光人社）

一方、テスト側の小福田に対して設計側の堀越は、その著書『零戦』（前出、奥宮と共著、日本出版協同）の中で、次のように述懐している。

「この事故は、引っ込めたときの尾脚オレオ支柱と昇降舵軸管との間隔が小さ過ぎた設計上の不注意と、オレオの油量もしくは空気圧を規定以上に高くした整備上の手落ちによるものであり、弁解の余地はまったくなかったが、設計あるいは整備責任者を責める人がまったくいなかったので、かえってわれわれは穴があれば入りたいような気がした。

私にとってこの事故はいつまでも忘れられず、戦後の昭和二十三年に同地方を旅行したときも、帆足少佐殉職の地に立ってその冥福を祈った」

第七章——わずかな救い

1

大本営発表（昭和十八年五月二十一日十五時）
連合艦隊司令長官海軍大将山本五十六は本年四月、前線において全般作戦指導中、敵と交戦、飛行機にて壮烈な戦死を遂げたり。
後任には海軍大将古賀峯一親補せられ、すでに連合艦隊の指揮を執り（と）つつあり。

突然のこのニュースは、日本中に大きな衝撃を与えたが、その悲劇は発表より一ヵ月と少し前の四月十八日に起きていた。

　ガダルカナル攻防戦の勝利で強力な足がかりを得た連合軍は、勢いを得てソロモン群島を西に攻めのぼるとともに、ニューギニアでも大攻勢を開始した。この敵の勢いを阻止するため、山本司令長官は機動部隊の艦上機をラバウルに進出させ、基地航空隊と合わせ三百五十機をもってする大規模な航空攻撃を実施した。

「い号作戦」と名づけられ、攻撃はガダルカナル、ニューギニアのポートモレスビー、ミルン湾などに対し四月十一、十二、十四日の三日間実施されたが、報告された戦果とは裏腹に敵に与えた損害は驚くほど少なかったようだ。

　このあと山本長官は前線の将兵を激励するため、四月十八日にブーゲンビル島南端のブイン基地周辺の視察を計画し、長官一行の視察日程が「作戦特別緊急電報」で現地部隊に詳しく打電された。

　予定どおり十八日の午前九時、山本長官は連合艦隊参謀長宇垣纏(まとめ)中将以下の幕僚と共に、二機の一式陸上攻撃機でブインに向かったが、ミッドウェー海戦のときと同様、暗号解読でそれを知ったアメリカ軍は、陸軍のＰ38戦闘機十六機で待ち伏せし、ブインの手前で二機とも撃墜してしまった。

　長官搭乗機がブイン北方のジャングルに、参謀長搭乗機が洋上にそれぞれ墜(お)ち、山本長官戦死、宇垣参謀長重傷、参謀のほとんどが戦死という大惨事になった。

陸軍の捜索隊がジャングルの墜落現場に到達したとき、破損した飛行機から投げ出され、日本刀をひざにはさんで端然と座席にすわったままの山本長官を発見した。それは一見生きているかのようであったが、遺体には頭と胸部に明らかな二発の銃弾のあとが見られた。

山本長官一行の搭乗機が襲撃された状況は、刻々と大本営でも受信され、ミッドウェー敗戦の悲報にもまさる驚きと失意に、誰もが言葉を失った。

このことは国民の士気にかかわるとあって、大本営もその取り扱いに苦しんだが、いつまでも事実を伏せてはおけないので、宮中の関係や長官交代の手続きなどが一段落ついたところで発表となったものだ。

山本長官は元帥に列せられ、六月五日に盛大な国葬が行なわれた。それは奇しくも九年前に亡くなった東郷平八郎元帥の国葬、そして一年前のミッドウェー海戦と同じ日だった。

帆足少佐の墜落事故が起きたのは山本元帥国葬の十一日後で、それはＪ２関係者にとって山本長官の死に劣らない、むしろ直接つながりがあっただけにそれ以上の打撃で、一時はＪ２の運命もこれまでかと思われたほどだった。

しかし、局地戦闘機の必要性は、Ｊ２の企画時より強まりこそすれ弱まることはなく、飛行試験と改良は、帆足少佐の事故直後に開かれた会議の冒頭に志賀大尉がいったように、少しの遅滞も許されなかった。

ソロモン、ニューギニア方面での「い号作戦」が終わった直後、その研究会がみずから作戦全般の指揮をとった山本長官の主催によりラバウルで開かれた。

この会議には連合艦隊、基地航空部隊、母艦航空部隊など直接作戦に参加した部隊だけでなく、軍令部、航空本部、横須賀航空隊、航空技術廠ほか海軍航空関係のほとんどすべての部門から参加した。

それは航空作戦からはじまって、飛行機の運用や要求される性能、製造技術など広い範囲にまたがる、開戦以来の戦訓の総括ともいうべき重要な会議だったが、その成果をもとに海軍航空本部でまとめた資料の中に「将来戦闘機計画上の参考資料」というのがあった。

これは現に展開されている航空戦の実相からして、今後の戦闘機に要求される性能や艤装などについての用兵側の見解をまとめたもので、主力戦闘機である零戦の経験をもとにした次期艦上戦闘機のほか、局地戦闘機や夜間戦闘機についても触れられていた。

次期艦戦に対する要求としては、火力や高空性能の向上に加え防弾の強化が要求され、それが開発中のA７（のちの「烈風」）だけでなく、現用の零戦の改良要求として三菱の戦闘機設計陣にはね返った。

この結果、ラバウルでの研究会から四ヵ月後の八月、零戦五二型（A６M５）が完成したが、新機種である局地戦闘機に対しては、新たに航続力の延長がつけ加えられていた。要約すると、

「局地戦闘機に対しては上昇力をもっとも重視する。零戦を局戦的に使った場合、最も不足されたのは上昇力だった。

また、来襲したB17爆撃機を撃墜するまでに、かなり長時間にわたって反復攻撃する必要があり、将来この種の飛行機の防御がもっと強化されると予想されるから、局地戦闘機にあっても、かなりの航続力がないと撃墜困難となるだろう。だから少なくとも零戦三二型程度の航続力が必要だ」

といった内容だが、零戦の上昇力不足に対する指摘については、さすがの堀越もカチンときたらしく、その著書『零戦』（前出）の中で、

「小馬力で軽快な操縦性、重兵装、大航続力をかね備えた艦戦に、さらに局戦的用途

を求めることは、神業を要求するようなもの」と皮肉っている。

局地戦闘機については、さらに、

「重武装その他さまざまな条件を満足させるには、大型あるいは双発となってもよい。艦戦と違って局戦は、その要求性能を満足さえすれば型は問題ではない」

という一項もあるが、目下開発中のJ２にとって新たに加えられた〝航続力〟を伸ばす要求は、計画要求書にあった性能要求順位の「速度、上昇力、運動性、航続力」と明らかに矛盾するもので、何もかもという従来からの悪癖が、少しも変わっていないことを物語っていた。

2

四月中旬、ラバウルで開かれた山本長官主催の「い号作戦」研究会の結果は、三菱戦闘機設計チームにこれまで以上の精神的な重圧を加えることになった。

零戦の息つく間もない改良の連続、遅れている次期艦上戦闘機A７の試作、そして振動問題で難航する局地戦闘機J２の玉成と、それにともなう制式化の遅れなど、どれをとっても緊急の課題ばかりだったからである。そんな中にあって、わずかな救いは、ふたたびJ2の実験担当となった小福田少佐の復帰だった。

第二〇四航空隊の飛行隊長として約一年前にラバウルの第一線に出た小福田は、それまでJ2M1の海軍側の主担当だった。

「第一号機が完成し、会社の社内飛行後に、私もこの第一号機の試乗を行なった。その時の印象として今でも憶えているのは、鈍重そうに見える機体に似合わず舵のききがよくて軽快だったことと、前下方の視界の悪さが気になったことだった。

おかしなもので、その後、試作機を横須賀に移して正規の飛行実験をつづけるうちに、この飛行機の欠点もあまり気にならなくなり、かえって愛着さえ感じるようになった。そして『雷電』(J2)の悪口をいわれると、なんだか腹が立った。身びいきというか、あるいは手塩にかけた飛行機への愛着というようなものだったかも知れない……」

戦後、小福田はそう語っているが、J2への思い入れが激しかっただけに、思わしくないその改善ぶりには、その難しさに理解を示しながらも、かなり焦々していたようだ。

J2の実験の一方では、零戦の改良実験も小福田の担当だったので、あるとき鈴鹿に来ていた三菱の曽根技師らと前線部隊からの戦訓にもとづく零戦の改良要求について打ち合わせをした。

　いずれも緊急を要するとあって、対策と同時にその実施時期が問題となったが、軍側の要求する日時に無理があったので、「そんなに早くはできない」といったところ、小福田が怒り出し、「貴様らは国賊だ」といって、いきなり曽根と、脚担当の森武芳、動力担当の田中正太郎技師の三人をなぐった。

　おさまらないのは田中だった。

「一列に並ばされてなぐられた。しかし、課長付の曽根さんは一応責任者として来てはいたものの、ほとんどA7（のちの「烈風」）にかかり切りであり、なぐられる理由はない。そう思ったから、あとで小福田さんの部屋に行き、『悪いのは自分で、曽根さんまでなぐったのは納得できない』と抗議したら、『すまん』といって素直に謝ってくれた」

　小福田にしても、日程的な無理は当然わかっていた。しかし、数ヵ月前までは前線で身をもって苦しい戦いをしてきた身にしてみれば、部隊からの要求はできるだけかなえてやりたい。

　そんな板ばさみによる焦燥感からの衝動的な行動を、冷静になってすぐ反省したに違いない。小福田もまた、つらい立場に立たされていたのである。

帆足少佐の墜落事故から約一ヵ月たった七月十三日、鈴鹿でＪ２Ｍ２の研究会があり、海軍側から小福田少佐、志賀大尉、白根斐夫大尉らが出席した。白根大尉は志賀大尉同様、ずっと第一線航空部隊勤務を経験し、昭和十七年秋にソロモンの前線から帰って横須賀航空隊付となったバリバリの実戦派戦闘機パイロットだった。

この日の研究会で、主催した小福田少佐は会社側に対し、次のように要望した。

一、実験飛行に支障のないよう、飛行機の整備についてさらに万全を期すること。

二、実験促進のため、とくにオイルモーターの入手に関し、官側（海軍）で関係の向きを督促する。

三、これらの対策により、実験は少なくとも三機以上を揃え、各種の解決を要する事項を平行して実験ができるようにすること。

四、実験の成果についてはそのつど連絡し、かつ官側飛行の必要があるときは、事前にその準備連絡を確実にすること。

この中で二番目にあるオイルモーターというのは、振動やエンジンのケルメット軸受焼損問題とともに、飛行実験を推進する上の大きな支障となっていたプロペラピッチ変節機構の不具合による過回転を防ぐのに必要なものだが、基礎産業が脆弱だった当時の日本にあっては、適当なオイルモーターの入手すら思うにまかせなかった。

3

帆足少佐のＪ２Ｍ２二号機による墜落事故の後の、鈴鹿で開かれた実験促進の会議では、エンジンの軸受焼損やプロペラ過回転問題もふくめて、各種の不具合対策のために、飛行実験が思うように進まないことが取り上げられた。

そして、実験は少なくとも三機以上を揃え、各種の問題点解決のための実験を平行してやれるようにという三番目の要望となった。

Ｊ２は試作機として記録上はすでにＭ１が九機、Ｍ２が十機も完成したことになっていた。しかし、Ｍ１は二機が不時着事故の破損などで使えず、Ｍ２は二号機が墜落して全焼したほか、その少し前に六号機も追風による着陸事故でプロペラおよび胴体下面を破損したため、しばらくは使えない状態にあった。その他の機体も実験のつど生じた不具合改善のため、工場に戻されているか、もしくは鈴鹿で整備中のものがほとんどだったことから、これだけ試作機がありながら、三機以上を揃えて実験を平行してやることができなかったのだ。

エンジンの軸受が焼き付く問題も、振動およびプロペラ過回転とともに、J2のすみやかな実験の進展を妨げる大きな要因だった。これは「火星」一三型装備のJ2M1にはなかった問題で、二三型になってエンジンのパワーがふえたM2で新たに発生した。

「金星」に限らないが、この頃の国産星型エンジンの多くは、主連接桿（ピストンのコネクチングロッド）の大端部（クランク軸側）の平軸受にケルメットという合金を使っていた。

ケルメットは銅と鉛を主成分とした合金で、これを低炭素鋼の裏金にライニングし、高荷重用軸受として今でも自動車エンジンのクランク軸受などに広く使われているものだが、当時の技術では合金の組成が均一にいかず、軸受が高荷重に耐え切れずに焼け付く事故が多発して、エンジン技術者たちの悩みのタネだった。

この解決には、軸受部へのオイル循環量を増すようオイル圧を上げるとともに、主接合棒などの設計変更を行ない、放熱量の増大に対応してオイルクーラーの容量を四十パーセントもふやした。この結果、大きくなったオイルクーラーの一部がカウリングの外にはみ出したため、整流覆いが取りつけられ、M1との外観上の大きな相違点

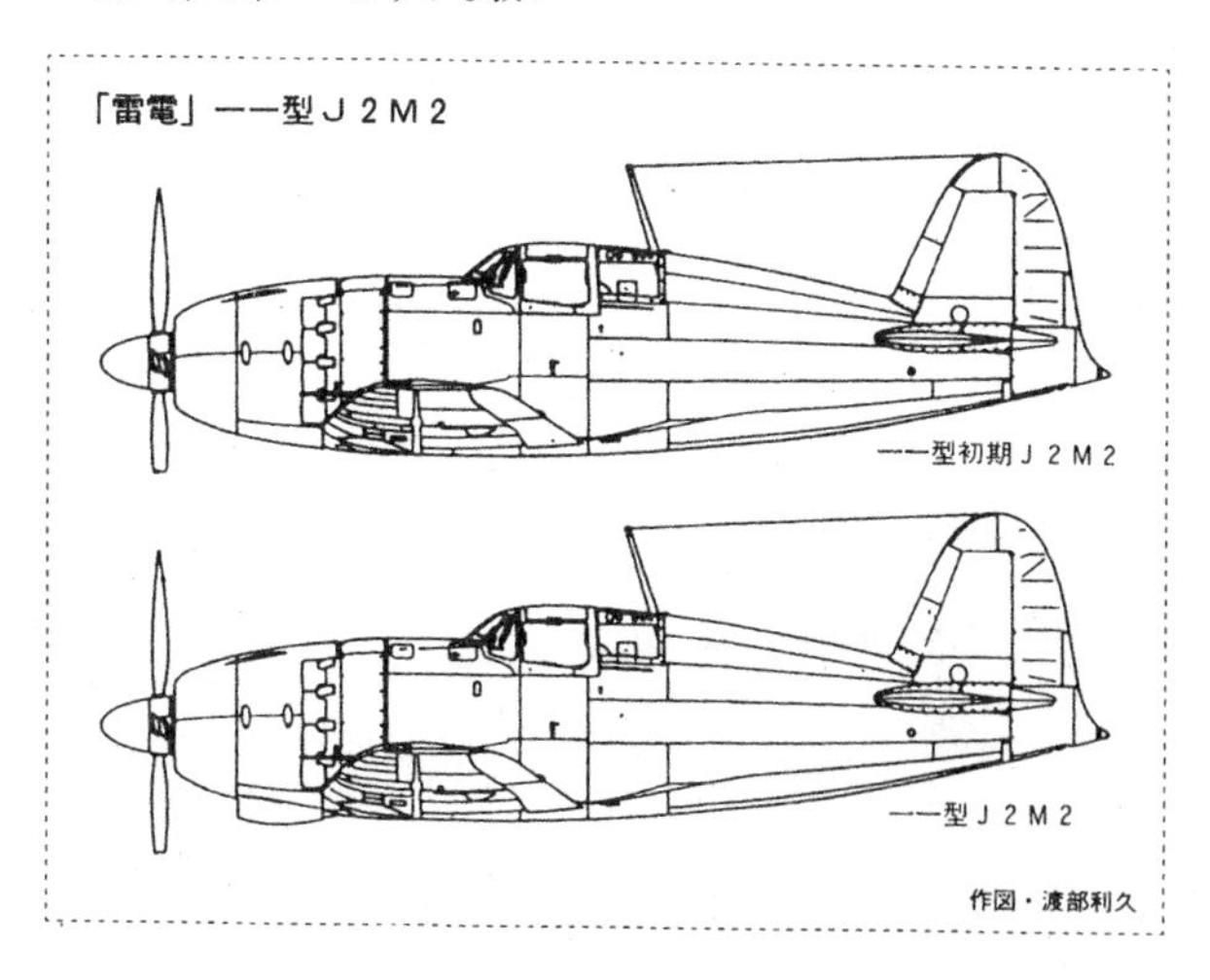

となった。

J2実用化の最大の焦点となっていた振動問題については、エンジン取付架の防振ゴムの改善を中心に研究が進められていたが、この頃になってやっとプロペラ翼の剛性不足――やわなことが最大の原因らしいと推定されるようになり、一気に解決に向かった。

エンジンの一次振動源は、主としてエンジンの捩り方向にあり、これがプロペラ軸を通してプロペラ翼の曲げ振動を増幅する力としてはたらく。すると四枚のプロペラ翼が、あたかも傘を開いたりすぼめたりするのに似た振動をはじめ、それが機体の前後方向の振動として伝わる。そこでプロペラ翼の剛性を高くしてやると、振動の発生はより高い回転域に移行するので、通常のエンジン回転数の範囲内なら、この振動は発生しない理屈となる。

プロペラ翼断面のかたちはプロペラ効率の面から決められるもので、単に剛性を上げる理由で断面を厚くすると効率の低下を招く。

さっそく、何種類もの断面の違ったプロペラが試作されて比較実験が行なわれ、効率低下のもっとも少ないプロペラが決定されたが、J2M2試作一号機が飛んでからおよそ一年の間、悩みに悩まされた振動問題は、こうして急転直下解決された。しかもこの間に、六月に起きた帆足少佐機の事故原因も、三菱の柴山操縦士の機転の処置によって明らかになったことから、にわかにJ2の前途が開けた。

十月、J2M2は少し前あたりから陸海軍機につけられるようになったニックネームも「雷電（らいでん）」と決まり、「雷電一一型」として晴れて制式採用となった。

海軍から十四試局地戦闘機として試作の内示を受けてからまる四年のことで、まずは一段落ではあったが、病弱の身にむち打っての激務に加え、六月の帆足少佐が殉職したJ2墜落事故の心労が重なってか、主務者で第二設計課長の堀越が九月末からふたたび休養を余儀なくされた。

本来なら堀越の業務は課長付の曽根が代わってやるべきだが、曽根は次期艦上戦闘機のＡ７で手いっぱいだったので、Ｊ２のお守りは第一設計課に移され、同課の胴体係長杉野茂技師が担当することになった。

それ以前もそうだったが、設計部長付の本庄技師もしばしば助っ人をつとめてくれたのが有難かった。長身の堀越とは対照的に小柄な本庄はマメで、曽根の作業日誌の七月二十四日、小福田少佐とのＪ２Ｍ２に関する打ち合わせの項には、曽根と一緒に本庄の名があるし、帆足少佐が殉職する前にもしばしば飛行実験の立ち会いに来ていた。

本庄が技術部長付として、とくに海軍機関係の第一、第二、第三設計課の業務について河野文彦部長を補佐することになっていたから当然だが、その上さらに、技術部内に新設された「計画室」の室長も兼務するとあっては、いかにタフな本庄といえども身がもたないので、計画室の主務は第一設計課計算係長の疋田徹郎技師が兼務することになった。

疋田はまめに戦時中も日記をつけていたが、彼が計画室主務兼務となった昭和十八年を回顧して、日記にこう書いている。

『戦時下多忙の一年。朝五時半に起き六時に家を出て、自転車にて名鉄神宮前駅まで行き電車に乗る。夜は六時半に帰る。休みは月に二〜三回。休日は文字通り休養のみ。

スキーも登山も考えず。すべては戦後！　かえって気が落着く。またよき生活なり。タバコ一日「光」十五本。酒は時々』

これが当時のサラリーマンのごく一般的な生活だったが、疋田はこの年のはじめに結婚した。二十九歳と六ヵ月で、結婚式は名古屋市内の観光ホテル、新婚旅行はごく近い三河湾に面した蒲郡（がまごおり）ホテル。戦時下とあって、これが精いっぱいの新生活の門出であった。

九月二日には遅まきながら支那事変の論功行賞があり、会社で賞賜物件伝達式が行なわれた。この日、賞賜物件を受けたのは、名古屋航空機製作所が後藤直太所長以下五十九名、同発動機製作所が深尾淳二所長以下五十一名で、この日ばかりはふだんの国防色の服を脱ぎ、受賞者全員モーニング着用という晴れやかさだった。もっとも、受賞とはいっても、疋田がもらったのは、賞状とそれを入れる三号額のみというささやかなものではあったが。

4

日本を代表する大規模かつ近代的な生産工場だった三菱の名古屋航空機および発動

機工場は、軍の第一級機密工場だったため出入りは厳重をきわめ、警察官であっても許可なしに工場内に立ち入ることはできなかった。しかしＶＩＰともなれば別で、皇族方や大臣、陸海軍の中・大将クラス、大東亜共栄圏とよばれた東南アジア諸国からの国賓などの、激励が少なくなかった。

戦争が三年目に入った昭和十八年はとくに多く、二月に海軍航空本部長塚原二四三中将、三月に陸軍参謀総長杉山元大将、四月に賀陽宮、五月に天皇から御差遣の侍従武官中村俊久中将、六月に梨本宮守正王、八月に内閣総理大臣東條英機大将と、ほとんど毎月のようにＶＩＰの工場視察があった。

これらのＶＩＰたちの来訪目的はさまざまだったが、六月七日の梨本宮守正王のときには、少し変わったことがあった。ＶＩＰに対しては、陸海軍監督官長立ち会いで、製作所長が情況報告をするが、当然のことながら、あまり悪いことには触れない紋切り型の口上がふつうだった。ところが、この日は様子がいつもとは違った。

「私が御報告する際、殿下は両監督官長とお附武官を退出するようお命じになり、『自分たち皇族はほとんど真相を知らされていないが、それらについて非常な疑いを持っているので、本当のことを知らせてほしい』とおっしゃって、いろいろ御下問があった。

私は何事も包まずに率直に申し上げたところ、やはりそうであったかとうなずいておられた。御心情をお察し申し上げ、恐縮したことであった」

当時名古屋発動機製作所長だった深尾淳二の回想であるが、天皇をはじめ皇族方には極力悪い話は聞かせず、知らせるにしてもオブラートに包んで苦味を消すような報告をしていた様子がうかがえる。そんな時代、たとえ人払いしたとはいえ、真相を率直に話すのはかなり勇気のいることであったが、三菱の幹部たちには自分たちが国を守るんだという気概があって、官憲に対しても屈しないところがあったようだ。

このあと八月に行なわれた東條英機首相の視察では、連絡の手違いからちょっとしたトラブルが起きた。

〝カミソリ東條〟の異名があった東條首相の視察には、どこでもピリピリしていたが、三菱名古屋の航空機、発動機両工場の優秀な増産成績をすでに知っていた首相は機嫌よく来所した。ところが、最初の航空機製作所での現況報告の段になって雲行きがおかしくなった。

東京の三菱本店から、東條首相は兼務していた陸軍大臣の資格で視察するとの連絡を受けていたので、所長の説明はもっぱら陸軍関係について行なわれ、壁にかかげた施設や生産の図表も、それに応じたものに限定されていた。そこで自分では総理大臣の資格で来ているつもりだったのに、会社側の説明が陸軍のことばかりでおかしいと思った東條首相は、「海軍関係はどうか」とたずねたところ、前記の事情が判明した。

三菱側としてはいわれたとおりに準備したまでで、首相副官の思い違いが原因であることがわかり、激昂した首相が大声で副官を叱責するという一幕があった。列席していた郷古社長以下、三菱の会社首脳も大いに困惑したが、すぐにつぎに視察予定の発動機製作所に対して、総理大臣として迎えるよう指示がなされた。

東條首相は現況報告を受けたあと、課長待遇以上の会社幹部を引見し、さらに職員全員の前で訓示と激励をしたが、そのとき冒頭で、「私は、本日は内閣総理大臣として諸君に申し上げる」といったという。一国の総理大臣として視察に来たのに、部内の手ちがいから陸軍大臣扱いを受けたことが、誇り高い東條大将の心にひっかかっていたのであろうか。

『その反面、東條さんは私的には非常に丁重であったようで、たしかその夜宿舎からみずから会社に電話されて、当時設計におられた令息の東條輝雄さん（戦後ＹＳ11の設計リーダー、三菱自動車工業社長）の在否をたずねられた。輝雄さんはすでに帰ったあとだったが、残業していた電話を受けた人の話では、首相は非常に丁重で、物柔らかくたずねられ、また人一倍ていねいに御礼をいわれたそうで、その人は感激していた』(『往時茫茫』)

航空機製作所での東條首相の幹部引見に際し、課長代理として出席した昭和十二年入社の調査課員山口茂治の思い出だが、翌月の藤原査察使の来所は五日間にわたる大変なものだった。

5

昭和十八年二月、それまでの非合理的な陸海軍の生産工場や資財の割当をめぐる対立を解消し、軍需生産の計画や統制を一元化する目的で、商工省と企画院を統合して軍需省が生まれた。

航空機関係の企業は軍需産業の花形だけに、きびしい統制経済のなかにあって手厚い保護を受け、とくに大企業は拡張につぐ拡張をつづけていたが、それだけに経営管理のずさんな企業が多く、非能率的で貴重な資材が十分に生かされないうらみがあった。

そこで軍需省の創設を機に、主要企業の査察を行なって生産効率を高める指導をするための査察団がつくられた。団長に実務にくわしい財界人の藤原銀次郎が内閣顧問の資格で起用されたところから、藤原査察使とよばれたが、その行政査察使一行が三菱名古屋の航空機、発動機両製作所にやってきたのは、東條首相の視察から約一ヵ月たった九月二十三日のことだった。

藤原査察使の目的は、工場の非能率なところや不具合を指摘して改善を示唆することで、工場に駐在している監督官たちにしてみれば、その指摘は自分たちの監督不行届きと取られかねないという恐れから、会社の幹部に対して、「藤原さんは天皇御名代のような資格だから、説明や論議は慎重にやるように」と、率直な発言をひかえるようほのめかした。

この行政査察は、生産や企業経営について経験の深い藤原のアドバイスによって生産の能率を上げるというより、同行した軍の担当者たちが会社側から増産可能の言質を取ろうという思惑に利用されたようだが、当時の政府の審議会がみずからの実行力はなく、単に立案だけに止まっていたのに対し、藤原査察使は実行力を持つ強味があった。

資材不足その他の生産上の隘路（あいろ）の中で、三菱名古屋航空機製作所が一番苦労したのが、完成した飛行機の輸送だった。名古屋製作所には隣接する飛行場がないためで、それでも海軍機部門は大江工場の対岸にあった名古屋空港ができたのを期に、三菱が滑走路の延長を行ない、大江工場のスリップから、この飛行場岸壁まで団平船（荷物運搬専用の曳き船）で運んで陸揚げするようになって改善された。Ｊ２もこの方法で名古屋空港まで運ばれ、空港内の格納庫で整備されたあと鈴鹿の海軍飛行場に空輸されたが、陸軍機の方は従来どおり、牛や馬が曳く荷車につんで四十キロ先の各務原陸軍飛行場に運んでいた。といっても、大きな機体そのままでは名古屋市内を通れないので分解して運ぶのだが、増産にともなって輸送量が増し、連日、牛馬車二十五両から三十両が長い行列を連ねるようになった。

輸送は機密保持の上からも一般の交通が途絶えた夜間がもっぱらだったが、空襲にそなえて燈火管制が行なわれているため輸送コースは真っ暗で、そんな中を懐中電灯の光を頼りに、悪路で機体を傷めないように気をつけながら輸送に従事しなければならなかった。

彼らは毎晩のような残業のあと、電灯に黒いカバーをかけた薄暗い社内の食堂で、半分以上芋のまじった丼飯を食べてから出発した。

輸送の番に当たらないものは、たとえ遅くとも家に帰ることができたが、作業ズボンのままふとんにもぐり込むとあっては安眠もかなわず、夜明けとともに会社に飛んでゆく毎日であった。

戦争が長引くにつれて物資の窮乏がひどくなり、輸送従事者に必要な地下足袋や懐中電灯はおろか、ローソクすら姿を消し、靴もすり減ってついに草鞋（わらじ）ばきの姿に変わったが、一番困ったのは食糧の不足だった。

輸送作業は重労働なので腹ごしらえが何より必要で、政府の配給だけでは足りないところからどこでもやっていたことだが、会社でも非合法の、いわゆるヤミ食糧を調達していた。ところが、食糧の統制強化から輸送途中で丼飯もとれない事態となり、仕方がないので道中の農家に頼み込んでヤミ米、さつま芋、じゃがいも、かぼちゃなどを手に入れたりした。

人間だけでなく、飛行機を曳く牛や馬の食糧にもこと欠き、エサに芋づるをまぜるなど、人も家畜も働く者に一番大切な食糧に苦しんだのである。

こうした各務原飛行場向けの陸軍機輸送は、昭和十八年後半になっていよいよ深刻な事態に陥（おちい）っていたため、藤原査察使一行の重要なテーマとして取り上げられた。

五日間にわたって、工場内の構内移動物件から飛行機の積み出し状況、各務原飛行場までの道路の実地調査などが行なわれ、その結果、「全国の重要軍需工場を巡視したうち、とくに輸送問題が隘路になっている会社は、八幡製鉄と名航（三菱名古屋航空機製作所）であり、真剣な打開の手を打ち協力する」という確約を得た。

藤原査察使は口先だけでなく、実行力があった。数日後、「熱田陸軍兵器廠から軍用トレーラー二十両と所要ガソリンを支給する。なお、鉄道省から大型長尺用の無蓋貨車十五両を各務原向け専用車として貸与する」という通知があり、やがてそれが実現した。

それまで苦労つづきであっただけに、輸送関係者たちは涙を流さんばかりに喜んだが、いざやってみたところ、たちまちダメなことがわかった。

トレーラーによる自動車輸送はたしかにスピードは速いものの、各務原格納庫に到着して点検したところ、胴体の底部骨組みに細かい亀裂が発見されて大問題となり、その日のうちに中止となった。主要道路すら舗装もなく、凹凸のひどい日本の悪路のせいであった。

その点、鉄道輸送の方が安全だったが、戦地への兵器輸送が第一という軍優先の方針から、少しの間利用されただけで使えなくなってしまった。

むかし、宮廷で使われたみやびやかな「御所車（ごしょぐるま）」の理屈で、もっとも静かでおとなしい牛に曳かせるのが、のろいけれども飛行機の陸路輸送には最適ということになり、ふたたび元に戻って担当者たちは難行苦行の毎日となった。

「それでも、少しも辛さや不平を口に出したことはなかった。たしかに気合いがかかっていたに違いない。いまも名航、名自〈名古屋自動車製作所、かつての航空機製作所が航空機と自動車の工場に分かれた〉の門を見るにつけ、完成機体を運び出し、〈さあ、一日も早く戦線で活躍してくれ〉と心に念じた当時の緊迫感を思い出す」

大正十一年、三菱航空機がまだ三菱内燃機といっていた時代に入社した田村誠一郎の回想であるが、通信連絡の不便さとともに、輸送手段については最後まで困り抜いた日本の戦争遂行上の弱点だった。

世界一の自動車生産国となった今と違って、お話にならないほど自動車産業が貧弱だった当時の日本にあっては、車両の数の不足も深刻だったが、それ以上に燃料事情の悪さが輸送力をさらに低下させた。ガソリンは航空機および軍用車優先のため、民間にはほとんどまわらなかったから、自動車の多くはトラックもふくめて、いわゆる「木炭車」だった。

木炭車は、トラックの荷台に装備されたガス発生炉に短く切った薪か木炭を入れ、燃焼させて発生した一酸化炭素でエンジンを動かす。今のLPガスと同じ理屈だが、ガソリンにくらべてパワーがずっと低いので、山越えが一苦労だった。

なかでも大変だったのは、部品輸送に使われた一級国道鈴鹿山脈の峠越えだった。ここは民謡で知られた鈴鹿馬子歌発祥の地で、むかしは箱根の険とともに天下の難所といわれていただけに、とくに木炭車にはきつい場所だったから、ここにさしかかると、運転手はじめ荷卸しのための上乗りたちは〈無事にこの峠を越えさせ給え〉と祈りながら、エンジン音に聞き耳を立てる。

峠の頂上に近づくにつれカーブはきつくなり、坂の勾配が増し、トラックは息も絶え絶えにのろのろと登ってゆく。あと少しで頂上というところでエンジン音が異常となり、これ以上は無理と判断されると、上乗りたちが荷台から飛び降り、車を後押しする。

だがそんな苦労はまだいい方で、薪や木炭の不完全燃焼による一酸化炭素中毒で、運転手が危うく命をおとしかけたというような事故もしばしば起きた。

はげしい肉体労働をともなう生産現場や飛行機輸送などの仕事に対して、頭を使う設計もまたきびしい状況に置かれていた。

「仕事が忙しく、主人はずっと朝早く家を出て夜おそく帰ってくるのがふつうでしたから、子供の寝顔しか見ることがなく、一緒に遊んでやるというようなこともほとんどありませんでした。だから、お父さんにお風呂に入れてもらったのは、終戦の年に生まれた子が初めてで、それも戦後になってからでした。

家では会社での話は一切しませんでした。明日朝早く横須賀に出張だといって書類を持ち帰り、海軍との重要な会議に使うのだから、これをなくしたら大変なんだよと、聞かされたことがありましたが、それ以上は何を聞いても答えてくれませんでした。そんな様子でしたから、戦後になって柳田さんの御本（注、柳田邦男著『零式戦闘機』文藝春秋）を読んだりして、やっとあの子が生まれたのはこの年だから、その頃、主人はこういう仕事をしていたんだな、と知ったような始末でした」

曽根夫人の回想だが、曽根の職場だった設計室は紳士の集まりだったと、曽根（係長兼務）の下で胴体の設計をやった楢原敏彦は語る。

「堀越、曽根、井上（伝一郎、第一設計課動力係長）、畠中（福泉、第二設計課艤装係長）の皆さん、誰もタバコ喫わなかった。先輩各位が喫わないので、ボクも喫わなかった。タバコを喫うと頭のはたらきが鈍くなる。いつもベストコンディションで仕事をしたいという考えがあったからで、五十人ほどいた第二設計課で喫ったのは三、四人だった。それも設計室では禁煙で、お茶も飲めなかった。

廊下にテーブルがあり、午前と午後の十分から十五分くらいの休憩時間に、お茶は大きなやかんから自分で茶碗についで飲み、そこに灰皿もあってタバコが喫えた。たまに酒を飲む機会はあっても、二日酔いになるほど飲む人はいなかった。

とくにきびしく管理されていたわけでもないのに、ズル休みや早退する者もいないし、上役にゴマをするようなのもいない。そんなことをしたら軽蔑されるだけ。純粋というか素直というか。そんなふうだったから、戦後商売をやって失敗した人が少なくない」

先方から請求されるとすぐ払うが、自分の方のぶんは向こうから持ってくるのを待っている。それで資金ぐりにいきづまってしまったのだが、そういう人たちの集まりだったので、とかくギスギスしがちな戦時下にあっても、比較的明るい雰囲気と秩序が保てたのであった。

第八章——前線からの要望

1

J2M2が「雷電一一型」として制式採用となった昭和十八年十月、三菱は海軍航空本部の要求にもとづいて、昭和十九年度の大増産計画を立案して提出した。

その中には一式陸上攻撃機、「雷電」、零戦、A7(「烈風」)などが含まれるが、「雷電」と零戦について見ると、昭和十八年十一月は「雷電」二十四機、零戦百五機(いずれも月産)だが、「雷電」の生産をふやすにつれて零戦の生産を絞り、昭和十九年五月には「雷電」百九機に対して零戦九十機と逆転し、零戦は昭和十九年十月に生産を打ち切ることになっていた。

ちなみに「雷電」は十九年度から改良型の二一型に移行し、三菱の名古屋および鈴鹿工場と、日本建鉄とを合わせて年度末にあたる十九年三月には月産五百三十五機に達する予定だったが、これには裏があった。

先に藤原査察使の工場査察のことを書いたが、三菱をはじめ主要航空機メーカーの査察を行なった実業家藤原銀次郎を長とする査察使は、その総括として、「陸海軍のむだな対立と競争をやめ、資材を能率的に活用すれば、年間生産高を五倍以上の五万三千機にふやせる」と指摘した。

実際に太平洋戦争がはじまった昭和十六年の飛行機生産数が五千機、翌十七年が八千九百機、十八年が一万七千機だったから、もし査察使の指摘が事実なら、かならずしも不可能な数字ではないはずだった。そこで三菱の大増産計画には、多分に藤原査察使が指摘した数字に合わせたようなところがあり、それには資材の他に工場面積や工作機械、作業員——それも質の良い——などの大幅な増強が可能ならばという条件がつけられていた。

これらの条件は、どれをとっても当時の状況からして実現は無理であり、計画そのものが明らかに無謀であったが、そのことは誰も口に出して言えなかった。もし言えば、「国賊」呼ばわりされるのは目に見えていたからだ。

会社が国および軍の要求に応じて提出した、いわば「辻つま合わせ」の計画とは別に、新鋭戦闘機「雷電」の生産が急がれたが、長引いた振動問題の解決と、代わってクローズアップされてきた視界不良の問題などで工場の生産ラインはもたつき、生産機がなかなか工場から出なかった。

その一方では「雷電」の戦力化が急を要するとあって、新鋭機の実用実験を担当する横須賀航空隊では、すでに白根斐夫大尉を指揮官とする「雷電」グループを戦闘機隊の中に発足させ、東山市郎少尉、羽切松雄飛行兵曹長、大石英男上等飛行兵曹といった超ベテラン搭乗員たちによる慣熟飛行が始まっていた。

生産機の領収が遅れていたので、飛行訓練はオレンジ色に塗られた試作機Ｊ２Ｍ１で行なわれたが、その姿態にも似て、すべてがスムーズな零戦にくらべると、「粗(あら)くて乗りにくい」というのが彼らの共通した印象だった。その反面、上昇力と降下性能の良さは認められ、ベテランたちは零戦との大きな違いに戸惑いながらも、その特性を生かした用法をつかもうと懸命だった。

その後も「雷電」部隊編成要員として優秀な搭乗員たちが横須賀に集められたが、第一線の逼迫した状況は、部隊の基幹となるベテラン搭乗員を必要としたため、東山少尉、羽切飛行兵曹長らがつぎつぎに実戦部隊に転出して行った。

東山の転出先は鹿児島基地で編成されたばかりの第二六一航空隊で、当分内地で若い搭乗員の練成に当たることになったが、羽切の行き先は激戦のラバウルにいた第二〇四航空隊だった。

そこでは、毎日のように日米両軍機による激しい空中戦が展開されていたが、半年前までは無敵を誇った零戦もようやく劣勢が目立ちはじめ、ロッキードP38「ライトニング」、チャンスボートF4U「コルセア」などの高速戦闘機や、重装甲で墜ちにくいボーイングB17、ノースアメリカンB25爆撃機などに苦戦を強いられていた。

〈もはや零戦の時代は終わった!〉

それが内地からやってきた羽切たちのいつわらざる印象であり、一日も早い新鋭戦闘機「雷電」の進出を望む前線からの要望は切実なものがあった。

続々とくり出される敵の新鋭機群に対して苦戦する零戦の穴を埋めるべく、前線への「雷電」部隊進出がいそがれたが、ことは簡単に進まなかった。

昭和十八年十月一日付で、最初の「雷電」部隊となる第三八一航空隊が館山(たてやま)基地で開隊した。司令は飛行艇操縦の神様といわれた近藤勝治大佐、飛行隊長はJ2M2の事故で殉職した帆足少佐と海軍兵学校同期の黒沢丈夫大尉だったのも、何かの因縁かも知れない。

さて開隊はしたものの、三八一航空隊の装備機となる「雷電」の数が揃わず、訓練が思うようにできないという事態となった。この時点でJ2は、M1とM2を合わせると一応二十機以上がつくられていたが、いずれもエンジン不調やさまざまな改良工事のため領収が大幅に遅れていて、訓練に使える機体は、オレンジ色の試作機も含めて数機しかなかった。しかも、振動問題の解決が長引いている間に、「雷電」の生産を絞って零戦の量産に切りかえてしまったため、すぐには量産機が出にくい事情があった。

開隊した館山基地はさして広くなく、着陸速度が速く滑走距離も長い「雷電」には不向きだったので、陸上攻撃機用の基地として使われていた広大な豊橋基地に移って、本格的な訓練が開始された。

第三八一航空隊の開隊から約一ヵ月後の十一月はじめ、二番目の「雷電」部隊となる第三〇一航空隊が横須賀基地で開隊した。この頃になって、三菱の大江工場からようやく「雷電」の量産機が出はじめたが、優先的に第三八一航空隊にまわされたので、オレンジ色のわずかな試作機と、あとは「雷電」の代わりに配備された零戦を使って訓練するよりほかはなかった。

ごく少数の例外を除けば、零戦になれたパイロットたちは、降下率が大きく着陸速度も速い「雷電」をいやがり、すぐれた上昇力や急降下のダッシュの良さを利点として認めるまでに至らない者が多かった。それに加えて、新しい機種の常ではあったが、エンジンの不調や脚の不具合の多さも、パイロットたちに「雷電」を使いにくい飛行機という悪い印象を与えてしまった。

2

J2の制式採用は、とにかくこの飛行機を戦力化しなければという、戦局の要請からくる妥協の措置であった。

実用化をはばんでいた最大の原因である振動問題については、プロペラ剛性を高めることによって、何とかがまんできる範囲に到達することができた。しかし、プロペラ翼の剛性を高めるため断面を厚くしたので、プロペラ効率の低下をがまんしなければならなかった。

三ヵ月も不明だった帆足少佐機の事故原因も、九月十三日の柴山操縦士の機転で解明されたが、その原因となった尾脚の改修については、全てが終わるのは十一月末の予定だった。

潤滑オイルの温度が上がり過ぎる問題についても同様で、オイルクーラーをより大型のものに変え、それにともなって空気取入口をエンジン覆いの下部に出す改修も、十月以降に完成する二十一号機から実施予定となっていた。

そんな折りも折り、J2M2の改良型であるJ2M3の試作一号機が完成した。J2としては、早くも二度目のマイナーチェンジとなるが、この改良は機体についていえば、M1からM2に変わったときより変化が大きい。

太平洋戦争が始まったとき、日本海軍の主力戦闘機である零戦の武装は、胴体前部の七・七ミリと主翼内の二十ミリ機銃各二梃で、二十ミリの威力で大いに戦果は上がったが、せっかくの二十ミリも弾倉の関係で携行弾数が少なく、もっと弾丸をふやして欲しいという要望は開戦直後からあった。

開戦前に計画された十四試局地戦闘機J2M1も、当然ながら零戦と同じ機銃装備で計画されていた。

最初、日本海軍で使われていた二十ミリ機銃用の弾倉は、円筒形をしたドラム状で六十発の弾丸を収容できた。それでは少ないという現地部隊からの要望で、ドラム式弾倉ながら弾丸を百発まで収容できるよう改良されたが、携行弾数増大の要求はそれに満足しなかった。しかし、ドラム式で弾数をふやそうとすると、弾倉の直径が大きくなり過ぎ、薄い戦闘機の翼に収まり切れなくなるし、構造的にも無理が生じる。

実際に百発入りと平行して、百二十発入りのドラム式弾倉も試作されたが、途中で実験が打ち切られ、代わってベルト給弾方式の研究が開始された。

ベルト給弾方式というのは、細長い箱状の弾倉に弾丸をベルト状につないで収容する方法で、これだとドラム式のように弾倉の大きさに制約を受けないので、携行弾数を大幅にふやすことができる。

開戦直前の昭和十六年秋に始まったこの研究は、海軍と民間会社の日本特殊鋼との協力により、一年足らずの驚異的な短期間で完成し、空中実験に移された。すでに太平洋戦争も始まって携行弾数増加の要求がいよいよ強まる中で、実験は昼夜兼行で進められ、機体と機銃の双方から改良を重ねた結果、昭和十八年五月にようやく実用可能にこぎつけた。

この間の苦労について、海軍側の主務として開発指導にあたった川上陽平技術少佐は、

「苛酷な空中実験では予想もしなかったいろいろな事故が起き、そのたびに改造して

地上と空中での実験をくり返し、あまりの難しさに途中で何度も投げ出そうと思ったりしたが、すでにいろいろな飛行機が採用を前提として設計進行中だったのでそれもならず、戦局がいよいよ悪化する中にあって苦しい数ヵ月であった」と語っている。
（『航空技術の全貌・下』原書房）

話をJ2に戻すと、昭和十七年三月に初飛行したJ2M1の性能が思ったほどでなかったことから、すぐにエンジンを水メタノール噴射の採用によってパワーアップしたM2をつくった。

そのM2も、上昇力を除けば零戦にくらべて期待したほどの性能向上が見られず、爆撃機の攻撃を主目的とする局地戦闘機としては、武装をもっと強化しなければ存在価値はないではないか、という意見が強かったことから、J2M3は大型機攻撃にはほとんど効果ない胴体内七・七ミリ機銃をやめ、主翼内に九九式二十ミリ機銃を四梃装備することになった。

ベルト給弾式二十ミリ機銃は、銃身の長い二号銃が豊川海軍工廠で、旧型の一号銃が大日本兵器幸田工場で量産に入ったが、材料の手配その他が思うようにいかず、豊川工廠製二号銃の量産品が出始めたのは十八年十月、つまりJ2M3の試作一号機の完成とほぼ同じ時期だった。

二号銃は一号銃にくらべて銃身の長さが二倍近くなり、初速も六百メートル／秒から七百五十メートル／秒となったため、弾道の直進性が向上したが、弾丸も機銃も重くなったのと生産量が限られていたため、性能の劣る一号銃とそれぞれ二梃ずつの併用となった。

弾倉をドラム型からベルト給弾式に変えたことにより、一銃あたりの携行弾数が百発から二百発にふえ、さらに機銃の数が二梃から四梃にふえたことにより、弾数は一挙に四倍の八百発になった。

こうした火力の強化は望ましいことではあったが、主翼についてかなり大きな設計変更を必要とした。なぜなら、ベルト給弾方式は主翼内に横方向に細長い箱を入れることになるし、新たに追加装備する九九式二十ミリ二号銃を入れるための縦方向のスペースも加わるからだ。

これらの装備に対して、点検や整備のための開口部も必要で、それは一本桁のJ2主桁の後ろの、脚取付部より外側のかなりの面積となるが、これらの蓋は簡単に着脱でき、しかもそのために主翼が弱くなったり、空気抵抗がふえたりしてはならない。

もっともこうした設計変更は、設計者たちにしてみれば、むしろ腕の見せどころで、かれらは主桁をはさんで縦横にできた大きな開口部のつく主翼の設計変更を、巧妙にやってのけた。

この設計変更にともなって昭和十八年三月に木型審査を受け、実機の製作にかかって夏の荷重試験に持ち込んだが、第一回目は荷重をふやすにつれて蓋が浮き上がり、はずれる傾向が見られた。やむを得ず試験を一時中止して構造を強化したところ、二回目の試験は安全率一・八五で無事通過した。

なお曽根の作業日誌には、この年の十二月二十三日に主翼強度試験とあり、破壊部のリベット位置や機銃蓋の止金具位置変更などの記述が見られるところから、この時点でもなお強度不足で、設計変更があったことがうかがえる。

J2M3でのもう一つの大きな改造点は、防弾性強化のため、胴体内燃料タンクの外側をゴムで覆うようにしたことだ。太平洋戦争の初期に鹵獲した米軍の戦闘機や爆撃機には、すでに内側にゴムを中心とした幾層もの防弾被膜を内蔵した燃料タンクが採用されていたのにくらべると、防弾に対する考え方や技術上の遅れはあまりにも大きかった。ちなみに、このころ開発途上にあった海軍のN1K2-J（のちの「紫電改」）や陸軍のキ84（のちの四式戦闘機「疾風（はやて）」）は、防弾タンクの装備が最初から計画に入っていた。

J2M3の第一回試験飛行は十月十二日に行なわれ、その後もM2と平行して試験が進められた。最高速度が八ノットほど向上したほかは性能的にほとんど変わらなかったが、火力の増大は魅力であり、しかも二百キロ近い自重の増加にもかかわらず、フラッター制限速度を四百ノットに維持できたことから、海軍はこのＪ２Ｍ３を「雷電」の決定版と考え、生産をできるだけ早くＭ２からＭ３に切り替えることにして、大増産計画を決めた。

このまま順調にいけば「雷電」にとって万々歳だったが、残念なことにそうはいかなかった。

新しい機種ともなれば仕方のないことではあったが、整備の不慣れに加えて脚やフラップ、オイルクーラーなどに故障が多く、三菱側の対策が後手後手にまわったことも、この飛行機に対する部隊側の評価を落とした。そんなところへ、さらに追い打ちをかけるような事故が発生した。

3

Ｊ２制式化と同時に開隊した第三八一、その約一ヵ月後に開隊した第三〇一両航空隊の目的は、風雲急を告げる南方戦線の重要拠点基地の防空にあった。第三八一がボルネオの石油産出地帯の、第三〇一がラバウルのそれぞれ防空を担当することになっていたが、「雷電」の飛行実験が長引いて制式化が遅れたために生産ラインが混乱し、機体の供給が思うように進まなかったので、両航空隊とも試作機を含む少数機で訓練を実施するほかはなかった。

そんな状況の折りも折り、年が明けた昭和十九年一月五日、豊橋基地で射撃訓練中の第三八一航空隊山内三千人二等飛行兵曹操縦の「雷電一一型」が空中分解を起こして墜落してしまったのである。

さっそく航空技術廠、航空本部、製造メーカーである三菱航空機および発動機から関係者が集まって、事故原因探求のため対策研究会が開かれたが、操縦者が殉職し、しかも機体が海没してしまったので、事故原因の推定は困難をきわめた。

事故機は、帆足少佐が殉職したときに乗っていたＪ２Ｍ２十号機と違って、まだ領収されてから数時間しか飛んでいない新品の三十号機であり、機体の疲労が原因とは考えられなかった。

事故から四日たった一月九日、この事故を重視した会社からは服部譲次、河野文彦（技術部長）両参事も加わって二回目の研究会にのぞんだ。この研究では事故原因がエンジン脱落に絞られ、エンジンベッド（発動機架）根元の機体への取り付けボルト孔の耳金（座の部分）の直径を三十二ミリから四十六ミリ、すなわち断面積で約一倍半にふやすことと、エンジンそのものの搭載法を研究することなどが決定された。

このほか、以前に四百ノットでの急降下試験の際、エンジン覆いが異常にふくらむという現象が見られたことから、エンジンベッド取り外し覆いの一部がはずれて飛んだか、あるいは空戦フラップが飛散したかして、それが尾翼の重要な部分に衝突して、機体の空中分解をひき起こしたとも考えられた。

このためエンジン覆いの取り付けも強化され、その後こうした事故は二度と起きなくなったが、対策が実施されるまでの間は、大きなGがかからないよう速度を制限しなければならなかったので、ただでさえ遅れていた部隊の訓練が、いよいよ窮屈になってしまい、「雷電」の前線進出はさらにおぼつかなくなった。

とはいっても、南方石油産出地帯の防空は緊急を要するとあって、第三八一航空隊では昭和十八年暮れに第一陣を、続いて十九年二月にも第二陣を、同三月には第三陣をそれぞれ「雷電」に代えた零戦で、ボルネオのバリックパパンに進出させた。

もう一つの「雷電」部隊である第三〇一航空隊は、司令八木勝利中佐、飛行隊長藤田怡与蔵大尉のもとで、横須賀基地で訓練を続け、「雷電」の機数もしだいにふえて訓練の成果が上がりつつあったが、その進出先に予定されていたラバウルに異変が起きた。

昭和十八年四月、暗号傍受による待ち伏せで山本連合艦隊司令長官を討ち取った連合軍は、それを契機にソロモンおよびニューギニア方面での攻勢を強めたが、秋になると中部太平洋のマーシャル群島を強力な機動部隊に掩護された上陸軍で襲い、日本軍守備隊を壊滅させてつぎつぎに島を占領した。そして得意の機械力を駆使して、艦隊および航空機用の基地を建設し、すぐに次期作戦に向けて活発な行動を開始した。

二つの「雷電」部隊が結成され、少数機ながら訓練がはじまった昭和十八年の秋ごろ、激しい敵の空襲にさらされていたラバウルの航空兵力を補うため、十一月十四日から十七日にかけて新しい兵力が増強された。

北東方面の第二十四航空戦隊から第二八一航空隊の零戦十六機、第五三一航空隊の「天山」艦上攻撃機十二機、マーシャル方面から撤退の九九式艦上爆撃機二十五機がそれで、これによってこの方面の実働兵力は、戦闘機六十六機、艦上爆撃機三十七機、艦上攻撃機二十二機、陸上攻撃機三十機、夜間戦闘機「月光」二機、ほかに陸上偵察機が二機に水上偵察機十五機の、合わせて百七十四機となった。

これはニューギニア、ソロモン方面に展開した連合軍航空兵力の一割程度に過ぎず、いかに精鋭のラバウル航空隊といえども、これでは勝負にならなかった。だからもし、定数三十六機の新鋭「雷電」部隊である第三〇一航空隊が進出すれば、一大戦力となるはずだったが、前述のような理由で遅れていた。

昭和十八年中にマーシャル群島を制した連合軍は、十九年に入るとにわかにラバウル空襲を強化した。もちろん南東方面最大の日本軍基地であるラバウルの航空兵力をつぶすのが目的であったが、二月十七日、突如としてトラック島を第五十八機動部隊艦載機のべ四百五十機が襲い、所在の航空兵力百六十三機、つまり前年秋のラバウル所在兵力に相当する飛行機を撃破してしまった。

この攻撃は十八、十九の両日もくり返して行なわれ、多数の艦船や基地施設が徹底的に破壊されたので、連合艦隊司令部機能が常駐していたトラック基地の防備力を至急回復するため、ラバウルの飛行機をすべてトラック島に移すことになった。

この結果、ラバウルには少数の水上機のほかは、航空兵力はまったくなくなってしまった。（航空部隊の撤退後、放置された多数の機体の中から、残存航空廠員たちの手によって零戦や艦上攻撃機など十機以上が修復され、アドミラルティの敵基地ほかの偵察や攻撃に終戦まで活躍したことについては、拙著『最後のゼロファイター』［光人社］を参照されたい）

こうした事情で、幸か不幸かラバウル進出の機会を失った第三〇一航空隊は、その後零戦四十八機と「雷電」四十八機の二個飛行隊編成となったが、六月以降の硫黄島およびマリアナ戦では性能上に不安のあった「雷電」は使われず、零戦だけで戦った。

その結果は惨憺たるもので、飛行機はほぼ全機が失われ、開隊後約八ヵ月で部隊は解隊となった。

4

薄幸で、しかも短命の第三〇一航空隊ではあったが、その存在は「雷電」の運命に大きな影響を及ぼしている。

横須賀で開隊された第三〇一航空隊は最初、狭い追浜（おっぱま）飛行場で飛行訓練を行なったが、この飛行場は狭いだけでなく、そのわりに飛行機が混み合っていたので離着陸の際の事故が多く、これが大問題となった。

協議のため昭和十九年三月三日、航空技術廠で会議が開かれたが、冒頭第三〇一航空隊をあずかる横須賀航空隊から、次のような強硬意見が出された。

「最近の新設部隊は搭乗員の練度が低いため、『雷電』による離着陸はいちじるしく困難であり、練度の向上ぶりは零戦にくらべて三ヵ月以上も遅い。このままでは緊迫した現在の戦局にはとても間に合いそうもなく、機体として使用価値がないから製造を中止した方がいい」

離着陸の困難な理由について、さらにつきつめたところ、飛行場の狭さや機体の操縦性、安定性などよりも、視界の悪さが最大の原因との結論に達した。

離着陸に問題となるだけでなく、視界不良は空戦時にも具合の悪いことが指摘された。

B17やB24などの敵大型機に対する攻撃法は、以前は敵の後上方から接近しつつ射撃を加えるのがオーソドックスな方法とされていたが、それだと強力な敵爆撃機の編隊火網にさらされる時間が長くなり、自機がやられる可能性がたかまる。そこで、敵機の前方にまわり込んで反転する前上方からの攻撃法などが試みられたが、今度は相対速度が速くなって射撃時間が短くなり、しかも敵爆撃機のスピードも向上したところから、この攻撃法もあまり効果が望めなくなった。

こちらの射撃時間を長く、しかも敵から射たれにくい攻撃法はないものかといろいろ研究しているうちに、敵機の真上から垂直降下する方法が有効であることがわかり、現地部隊で次第にこの攻撃法がひろまった。

第三〇一航空隊でもこの方法で訓練をやってみたところ、上方から垂直に近い背面姿勢で接近して射撃をすると、マイナスのGがかかるために、弾道が狙った敵機の中心より尾部側にはずれてしまうことがわかった。そこで降下角を増して修正しようとすると、長い機首が邪魔をして敵機が見えなくなる。

そんなこともあって、「雷電」の生産中止論はいよいよ説得力を増したが、もし生産をやめれば、すぐに間に合う代わりの局地戦闘機がない。川西の「紫電」はすでに部隊編成をして訓練に入っていたが、「雷電」同様いろいろな故障や不具合が多く、改良型の「紫電改」には大いに期待がかけられたものの、まだ試作機が一機だけとあっては、今すぐには戦力化できない。とすれば、不満はあっても、何とか改良して「雷電」を使うしかない。

会社にしても、ここで「雷電」をキャンセルされては、大いに困る事情があった。なぜなら、当時名古屋航空機製作所の現場の責任者だった由比直一技師（設計の堀越技師と大学同期）の記録によると、昭和十八年十月二十九日現在の昭和十九年度機体生産計画では、昭和十九年四月から二十年三月までの「雷電」の生産数は、二一型だけでも名古屋製作所が二千四百十二機、鈴鹿製作所が五百五十機、日本建鉄という会社が四百五十機の、合わせて三千四百十二機にのぼり、年度の最終月にあたる昭和十九年三月には月産五百三十五機に達することになっていた。

　このために三菱では、工場内の零戦の生産を縮小して「雷電」の大量産準備を始めていたところであり、これを中止すれば大混乱を生じる。そこで万難を排して視界の改善をはかるとともに、応急策として全機に対し機銃の取付角度を、機軸に対して約四度上向きにする改修を実施した。

　同時に防弾ガラス、自動消火装置、救命筏（いかだ）を装備するなどの改修も急いで行なわれたが、視界の改善に関しては、設計側と工場側との間で意見が衝突した。

　前々から「雷電」のガンである視界問題を根本的に解決するには、特徴である太い胴体を再設計して前部を細くすべきであると考えていた設計では、この機会にそれを実施することを提案した。

　これに対して、改造が大きくなり過ぎるのを嫌った工場側はいい顔をせず、逆に現状のままで千五百機を生産する計画を立てたが、当然ながら海軍はウンといわなかった。結局、ベストではないが次善の策として、風防を五十ミリ高くし、そのぶん幅が八十ミリひろがるけれども、発動機架覆いの上部両側を削って前方がいくらか見やすいようにするという折衷案に落ちついた。

　当時部隊編成が進んでいた川西の「紫電」も、直径の大きい火星エンジンをつんだ水上戦闘機「強風」をベースにしていたため、「雷電」と同じように前方視界の悪さが問題となっていたが、その改良型である「紫電改」では、低翼にするとともに胴体を再設計して細くするという、設計の大変更をやってのけた。

このあたりが海軍の主力機種を一手に引き受けて責任の重い三菱と、飛行艇メーカーから転向した川西との違いだが、本来ならマイナーであるべきこの「紫電改」の存在が、「雷電」をおびやかす事態が起きた。

「雷電」は基本的には設計の手を離れたため、その改修設計は昭和十八年九月から第二設計課よりいくらか余裕のあった第一設計課に移し、同課杉野技師担当で行なわれていたが、昭和十九年一月五日の山内二等飛行兵曹の殉職事故で、ふたたび担当を第二設計課に戻し、第一設計課長の高橋己治郎技師が兼務で見るようになっていた。

一月十八日に開かれた山内機事故対策研究会には服部、河野両参事とともに、高橋もこの会議に出席している。その後、高橋技師のもとで事故対策や他の不具合についての改修が進められたが、三月三日の会議でふたたび大きな課題をつきつけられた。

このあと三月五日、九日と視界改善対策研究会が開かれたが、九日の研究会には高橋や曽根とともに、病（やまい）ようやくいえて復帰した堀越技師も出席した。

なお、この頃から、J2に代わって「雷電」という名称がさかんに使われるようになったのが注目されるが、それは海軍のこの飛行機に対する信頼の回復を示すものでは決してなかった。

なぜなら、三月三日の会議のあと、視界改善については再三の打ち合わせを行なったにもかかわらず、横須賀航空隊は「雷電」生産中止の意向を変えず、代わって「紫電改」を急速整備するよう軍需省に意見を提出したのである。

その際、J2M3(「雷電二一型」)とNIK2-J(「紫電改」)とをくらべた次のような資料が添えられていた。

▽最高速度
「雷電」=高度六千メートルで三百三十ノット。
「紫電改」=同三百三十五ノット。
▽上昇力
「雷電」=高度六千メートルまで五分五十秒。
「紫電改」=六分零秒。
▽対戦闘機

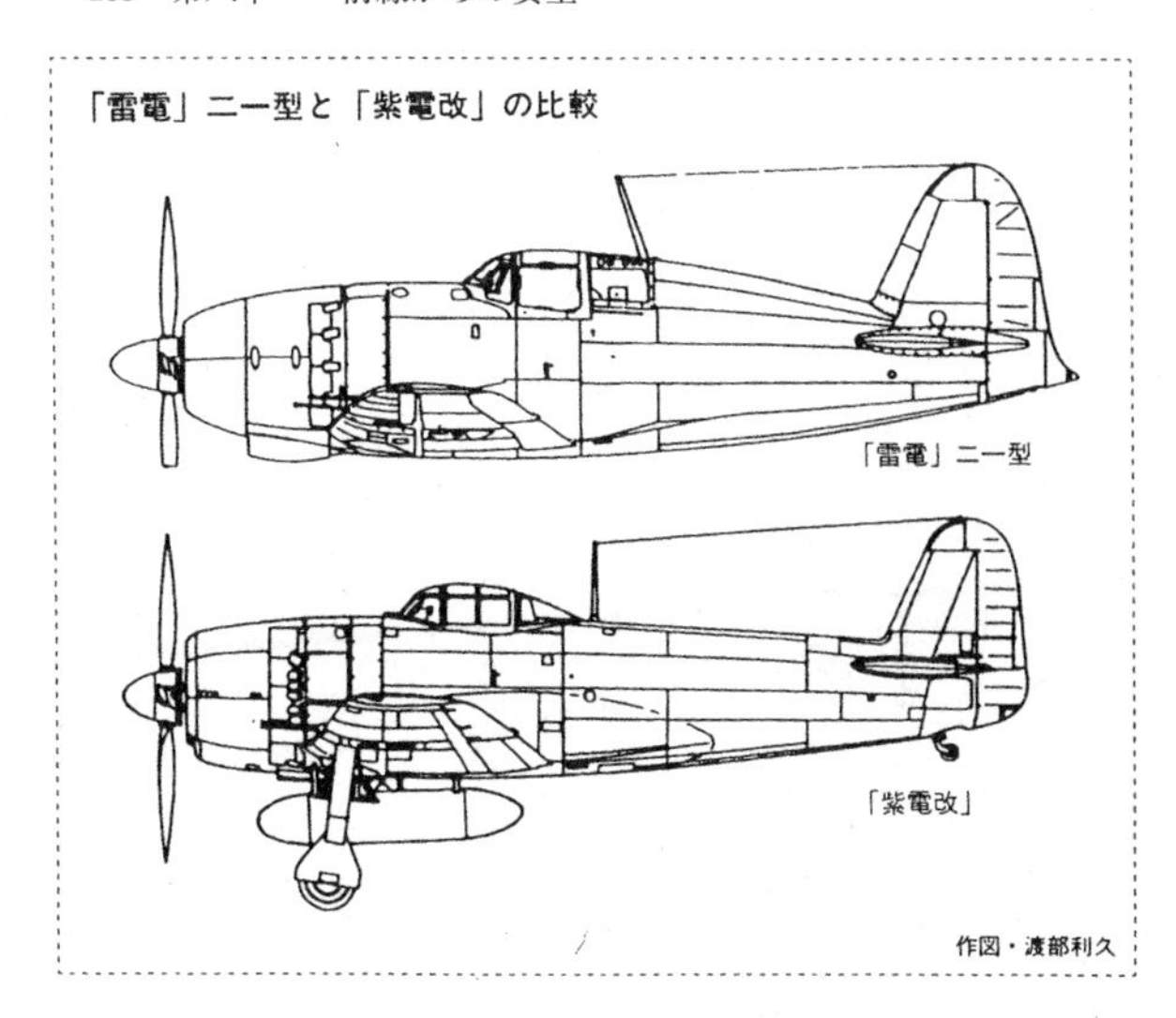

「雷電」＝一、A6に対して勝目なし。P38やP39に対してはやや有利だが、F6Fに対しては相当の苦戦を覚悟しなければならないだろう。二、「紫電改」に対してもA6に対するのとほぼ同じ結果になるものと思う。

「紫電改」＝速力および上昇力を利用することにより、A6に対し五分五分またはやや劣る程度と認められる。

▽対大型機

「雷電」＝一、A6に対し有利な点は、兵装強大、速力やや大、上昇力、防御力大、加速良好、制限速度大なること。二、不利な点は、航続力小、視界不良、整備に手数がかかること（A6の六十パーセントに低下）。

「紫電改」＝A6にくらべて兵装および防弾ともにはるかに強化されている。ただし整備にはやや手数を要する。
▽総合評価
「雷電」＝A6と組んで初めて威力を発揮するが、単独では敵機に戦闘機の掩護がある場合には不安が大きい。

A6、J2の力をそれぞれ五と考えた場合、J2だけでは三程度の力しかなく、J2プラスA6で十以上の力となる程度と認められる。

「紫電改」＝一、操縦が容易（着陸速度が小さく視界良好）で着艦可能と認められる。
二、防御をA7M1（「烈風」）程度に落とせば航続力を同じにすることができる。
三、A7M1は成功したとしても、本機以上のものとはならないだろうと思われる。
四、本機の発動機はほぼ熟成されたと考えられるが、あと補機および艤装関係に多少手入れをすれば完全に固まるだろ。その時期は六月頃と推定される。
▽結論
横須賀航空隊としての希望事項。一、なるべく早い時期に「紫電改」に統一する必要がある。二、「紫電改」が完全に固まるか、「雷電」が好評となるまで（期待薄）

は、A6の生産を現在程度に保つべきだ。

これは曽根作業日誌の昭和十九年四月一日のところに書かれた記録を、分かりやすく書き直したもので、A6はもちろん零戦であり、ここでは当時の主力となっていたA6M5（零戦五二型）を指している。

それにしても三菱の側から見れば何とも気色の悪いレポートで、このころ試作一号機の完成が急がれていた「烈風」ですら、あまり期待されていないとあっては、まさに踏んだり蹴ったりであった。

5

海軍航空の中心的存在である横須賀航空隊の意見は、全海軍の意見を代表するものといっていい。だから横須賀航空隊からのレポートを受け取った軍需省は、さっそくそれを実行に移すべく検討をはじめた。その結果、昭和十九年度に総計約三千四百機、年度末の月産五百機以上という「雷電」の大増産計画をくつがえして月産三十機程度に縮小し、代わりに三菱の工場で「紫電改」の生産を行なわせることなどが計画され、その実施をめぐって会社側と何度か折衝が重ねられた。

しかし、これでは大メーカーである三菱の面子をつぶし、士気にも影響するとあって実施に至らず、三菱には零戦の増産と、まだ試作機も完成していない「烈風」の早期生産計画が命じられた。

他社が設計した「紫電改」を生産させられるという屈辱はまぬかれたものの、海軍の方針が短い間に再三変わり、零戦と「雷電」の生産計画のたび重なる変更は、工場に大きな混乱をもたらした。

それもすべて「雷電」の完成の日途がはっきりしないせいで、海軍側の動揺を一概に責めることはできないが、零戦の増産要求はともかく、「烈風」の早期生産計画要求にはいささか無理があった。

「雷電」は別としても、日本海軍は視界に関して神経質すぎるところがあった。だから「烈風」の実大模型審査は、昭和十七年十月の視界審査以降十九年三月まで、約一年半の間に七回も行なわれている。しかも、工場に依頼した「烈風」の試作部品の発注も遅れがちだったから、海軍が早期生産計画を三菱に命じた時点で、やっと試作一号機が完成に近づきつつあるという状態だった。

それでは生産計画など立てようもないし、工場は再三の生産方針の変更に対応するだけで手いっぱいだった。

設計とて同様で、あい次ぐ零戦および「雷電」の改修と「烈風」の試作に大忙しで、誰もが目を血走らせて仕事をこなしていた。第二設計課ではないが、当時一式陸上攻撃機の構造簡易化および木製化を担当していた第一設計課計算係長の疋田徹郎技師の、昭和十九年はじめころのノートの記述には、苛酷な作業に追われる設計者たちの苦悩の様子がうかがえる。

19・1・20　福島技手応召壮行会
19・1・28　代休。一ヵ月目ノ休ミナリ。ヘトヘトニナル。食ッテ寝ルノミ。
19・1・31　敵マーシャル群島ニ上陸。
19・2・1　疲労ノタメ発熱。休ム。
19・2・21　敵トラックニ来襲。
19・2・25　クェゼリン、ルオット島六千五百人玉砕発表。
19・2・28　敵マリアナ・サイパンニ来襲。
19・3・2　疲労ノタメ発熱、休ム。
（以下略）

一ヵ月も休みがとれず、そのために疲労がたまって熱を出し、かえって休まなければならなかったほどの猛烈な仕事ぶりだったが、この記述にも見られるように、ひたひたと押し寄せる敵の重圧が、技術者たちをそこまで追いつめていたのだ。

第二設計課はといえば、大きな機体の設計変更をともなう。「雷電改」の視界改善対策を急ぐ一方では、最終段階を迎えた「試製烈風」の試作一号機の完成に向けて追い込みに入っていた。曽根の作業日誌を見ても、海軍航空技術廠との会議がひんぱんに開かれ、そのつど堀越、曽根らが出席しており、今と違ってスピードの遅いSL（蒸気機関車）の夜行での往復だから、その肉体的な疲労も相当なものだったに違いない。

それを苦労と思わず、何とかこなすことができたのは、彼らがまだ三十代の若さであったのと、モノをつくるという技術者の目的意識や、それが完成したときの期待や喜びがあったからであった。

「われわれは十九年四月になって、第一号機はぜひ五月五日の『端午（たんご）の節句（せっく）』に初飛行をやりたいと思い、それを目標に準備をすすめていた」

と曽根は語っているが、四月十四日の社内の打ち合わせで「烈風」第一号機の試験飛行日程が決まった。

　それによると、四月十九日の第二次構造審査にはじまり、地上運転、全体機能検査、完成検査と進み、十ほどの作業手順をふんで五月十一日地上運転、翌十二日飛行開始となっており、五月五日初飛行の目論見(もくろみ)はかなわなかったことになる。

　もうこの頃になると、第二設計課の主たる仕事は「烈風」であり、改良だけの「雷電」はマイナーな仕事として、多少の余力があった第一設計課にゆだねられていたが、「烈風」の戦力化がどうあがいてみても一年から二年先になることを考えると、即戦力としては、やはり「雷電」を何とか生かして使うほかはなかった。

　そこで「雷電」としては三度目の改良型にあたる、J2M4の計画が、兼務で「雷電」を担当していた第一設計課長の高橋己治郎技師や第一設計課動力係長の田中正太郎技師に、第三設計課から応援の櫛部四郎技師も加わって進められることになった。

6

　アメリカが日本本土爆撃用にボーイングB29、コンソリデーテッドB32などの超大型爆撃機を開発中という情報は比較的早くからキャッチされ、B29などはかなり正確な三面図が入手されて航空機メーカーに配られていた。

これに対応して陸海軍では、昭和十七年頃から高空性能を上げるため排気タービンをつけた重量級の高々度迎撃戦闘機の開発を数社に命じた。

三菱にも「烈風」と同じ十七試として局地戦闘機「閃電」（J4M1）が発注された。「閃電」は操縦席の後方に置いたエンジンで推進式プロペラを駆動し、主翼から伸びた二本の支持架によって尾翼を支える特異な形をした単座戦闘機だった。

戦闘機専門の第二設計課は「雷電」や「烈風」で手いっぱいだったので、水上機専門で仕事に比較的余裕のあった第三設計課の担当となり、課長の佐野栄太郎技師が主務として計画が進められた。

佐野技師は、どちらかといえばカンで設計をする三菱にはめずらしいタイプの設計者で、ゼロカンで知られた零式水上観測機（F1M1～2）を手がけた人だが、さすがにめずらしい形状をした「閃電」の設計には手を焼き、開発は遅れに遅れていた。

オーソドックスな機体型式を採用した他社のいくつかの高々度戦闘機開発も、主として排気タービン装着法の問題でつまずき、B29が来襲するようになると予想される昭和十九年の夏から秋ごろまでには、とうてい間に合いそうもない。

急場しのぎの手として、現用戦闘機に排気タービンをつける方法もあるが、どれも機体が小さくて取りつけるスペースがない。そこで、日本の戦闘機の中ではもっとも胴体の太い「雷電」に目がつけられた。

「雷電」排気タービン化計画の予備打ち合わせは、昭和十九年一月十四日、航空技術廠の田中技術少佐との間で行なわれたが、その時に明らかにされたB29の性能は、「高度一万二千メートルで三百二十ノット、爆弾三トン搭載の場合の航続距離四千六百五十キロ」というもので、これに対応するため高度一万三千メートルで攻撃行動をとれることを目標とする、操縦席背後に二十ミリ機銃二梃を斜め上向きに装備することなどで合意を見た。

そのほか、排気タービン付きで、とりあえず斜め銃は一挺として、J2M3を使った改造機の図面を二月二十五日までに書き上げ、四月中旬には実機を完成するという超特急のスケジュールなどが決まった。

このあと二月八日、場所を航空技術廠に移して研究会が開かれ、航空技術廠と三菱でそれぞれ別別に試作することが決まったが、三菱案による主な改修点は次のようなものだった。

一、発動機架は三百ミリ延長し、排気タービンは発動機架右側に装備する。

二、中間冷却器（インタークーラー）を装備しなければ予定の性能が得られないだけでなく、エンジン不調になるという発動機側の意見でこれを装備することになったが、単発戦闘機のため空間的に非常な無理がある。（すでに先行していた）航空技術廠の実験機は胴体タンクを削って、そこに中間冷却器を装備していたが、三菱の実験機は胴体には大きな改造を行なわず、防火壁前方に置くこととする。

三、発動機覆いの前縁部に滑油冷却器と滑油タンクを装備する。ただし、これは滑油冷却器の製作が難しいので、将来問題になるおそれがある。

四、冷却能力をふやすため、冷却ファンの直径七百五十ミリを八百五十ミリとする。

五、（略）

六、重量は約四千キロ近くになる予定なので、急降下引き起こし時の負荷倍数をとくに「6」とし、脚は規格の強度まで補強する。

ここで少し排気タービンについて触れておきたい。

空気は、高空に上がれば上がるほどうすくなる。空気抵抗を排して飛ぶ飛行機にとって、空気がうすくなれば空気抵抗は減るから、エンジンの出力が落ちなければ速度は速くなる。ところがエンジンは、燃料と空気中の酸素をまぜて燃やしてパワーを出しているから、空気がうすくなれば酸素の量も減ってパワーが落ちる。そのパワーの落ち方が、空気抵抗の減少による速度の向上ぶんを上まわるので、飛行機はある高度以上になると速度や上昇力が低下する。それを防ぎ、高空でも性能が落ちないようエンジンに空気（酸素）を余分に送り込んでやる装置が過給器（スーパーチャージャー）だ。

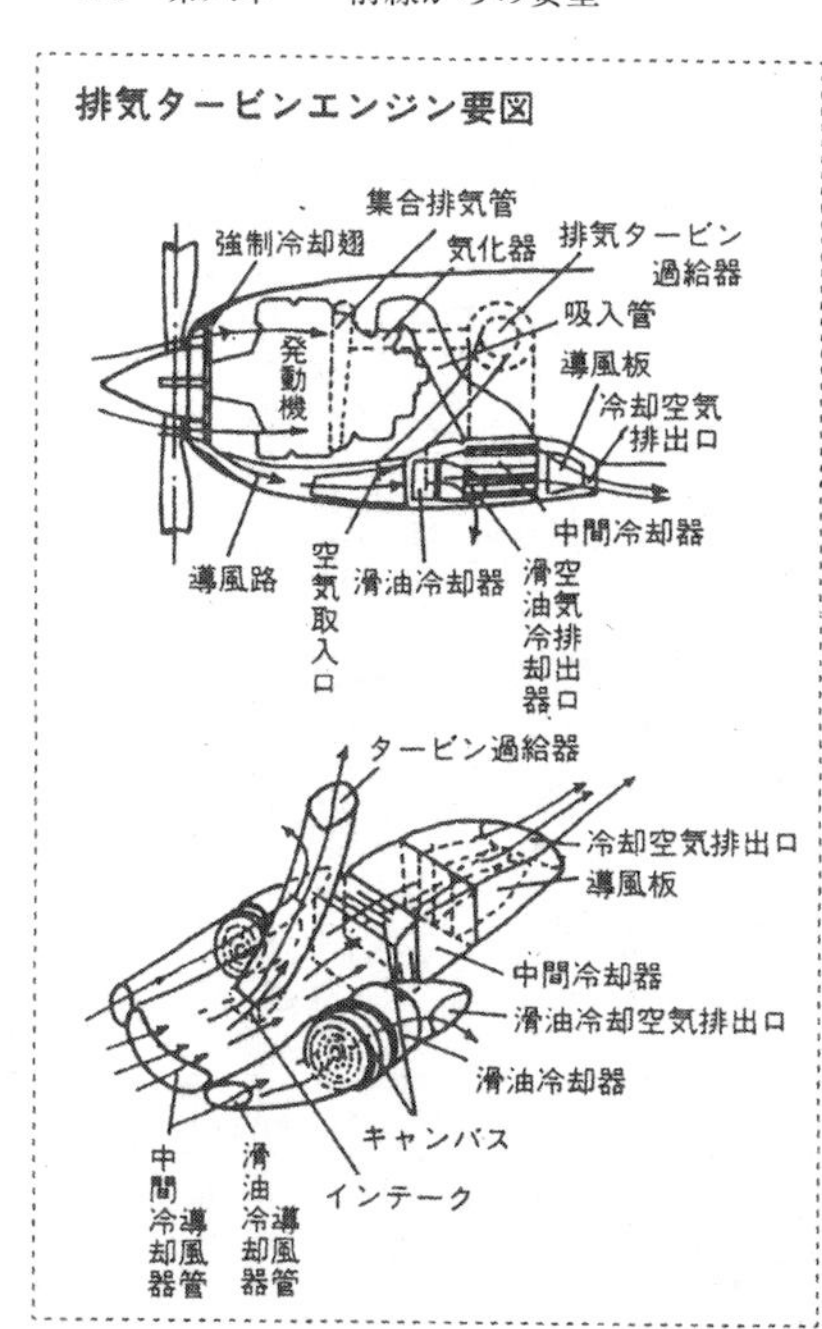

この過給器の駆動方法には、エンジンから直接動力をもらって駆動する機械式と、エンジンの排気エネルギーを利用した排気タービン式とがあり、日本はこの分野で、しかもとくに排気タービンの開発が遅れていた。

それでも輸入品を参考に、昭和十二年頃から海軍と民間各社とが協力して研究し、昭和十七年には日立製作所、三菱、石川島航空の各社が千馬力用の排気タービンの開発に成功し、翌十八年には三菱と石川島両社が千五百～二千馬力用を完成して生産に入っていた。

しかし、実際にこれを装着して成功した飛行機はまだなかった。

排気タービンは高圧縮のため、温度が上昇して給気が膨張し、エンジンのシリンダー内に送り込む空気量（すなわち酸素の量）が減少する、いわゆる充塡効率（じゅうてんこうりつ）の低下が起きる。

これを防ぐには、今の高性能自動車用ターボエンジンと同様に、圧縮された給気をエンジンに入れる前に冷やす中間冷却器（インタークーラー）を必要とするが、当時の日本の技術では、性能のいい小型高性能の中間冷却器ができなかった。しかも、これらの排気タービンシステムを飛行機に適用する際の艤装関係の研究がおくれていたため、せっかく排気タービンができていながら実用化が足踏みしていた。

それでも敵機の来襲する高度がそれほど高くないうちは、機械式の過給器を二段にすることで何とか対応していたが、B29のように高度一万メートルとなると、いや応なしに排気タービンを使わなければならなくなったというのが、「雷電」のターボ化が急がれた理由だった。

これまで散々な評価を受けていた「雷電」が、今度こそはB29迎撃の切り札になるかも知れないと、設計課員一同大張り切りで設計に着手したが、その矢先に「雷電」の視界不良問題が再燃した。

前述（一六五頁参照）の三月三日の実施部隊との協議から二日後の三月五日、「試製雷電改視界改善対策研究会」が、航空技術廠の鈴木、今中、高山部員らに実施部隊の代表者を加えて開かれた。「雷電」の将来にかかわる会議とあって、会社からは服部譲次参与、河野文彦技術部長らの幹部も出席した。もちろん設計担当責任者の高橋己治郎第一設計課長、曽根第二設計課長付、工作現場からは平山広次技師らも出席した。

最初に実施部隊側を代表して横須賀航空隊と第三〇一航空隊から要望事項があったが、それによると、中間練習機に四十時間程度しか乗っていない者をいきなり「雷電」に乗せるため、零戦にくらべて三ヵ月も訓練に余分な日数がかかり、しかもこの間の着陸事故が少なくないから、視界の改善は最優先の課題であるというものだった。

これに対して会社側からいくつかの案が提示され、四日置いて三月九日に開かれた拡大研究会で、風防を五十ミリ高くする、座席前方側方胴体外形を一部変更することを中心とした視界改善のための改造案が決まった。

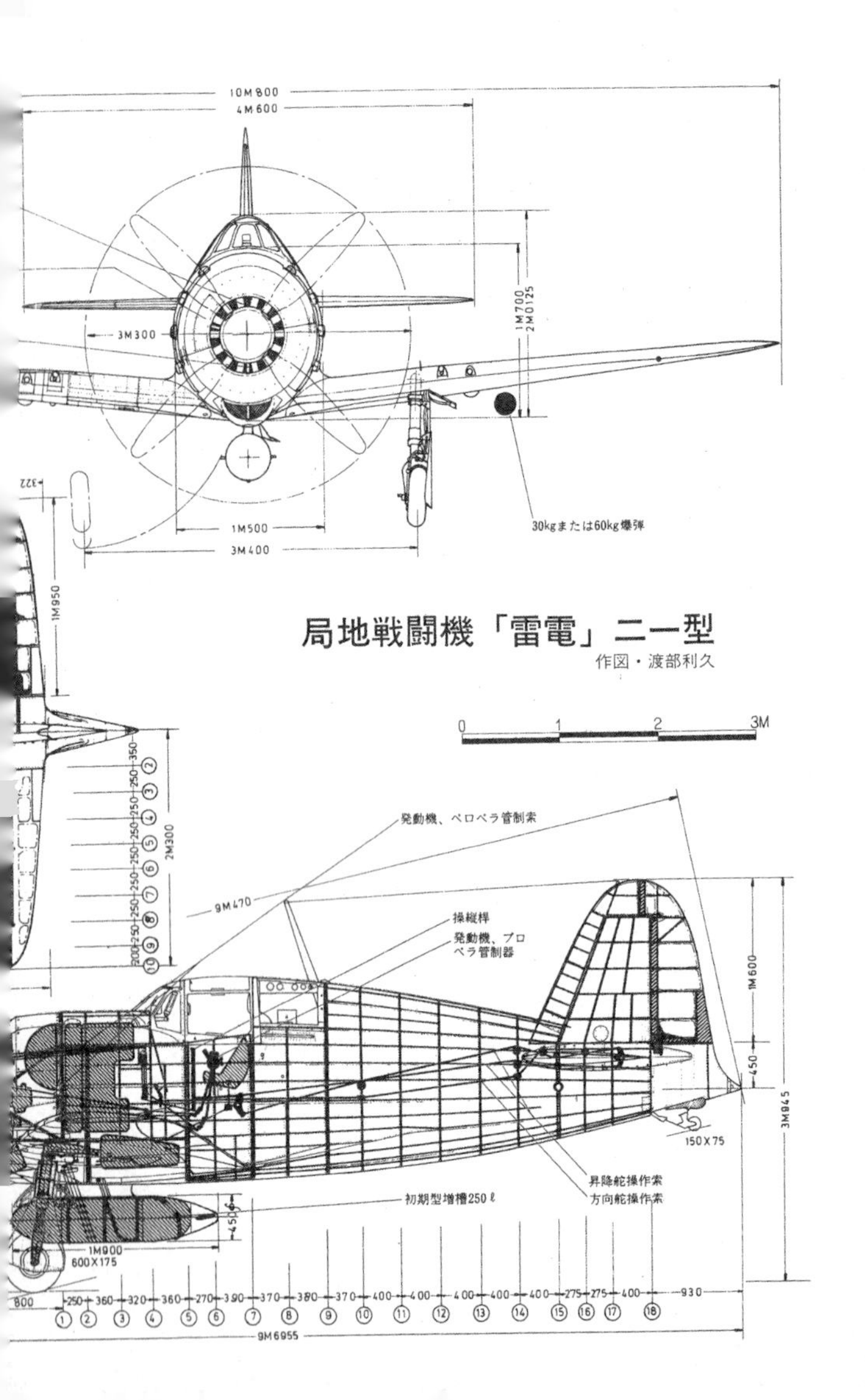

局地戦闘機「雷電」二一型
作図・渡部利久
10M800
4M600
3M300
1M700
2M0125
1M500
3M400
322
1M950
30kgまたは60kg爆弾
0
1
2
3M
発動機、ペロペラ管制索
9M470
操縦桿
発動機、プロ
ペラ管制器
2M300
1M600
450
3M945
150X75
昇降舵操作索
方向舵操作索
初期型増槽250 ℓ
450
1M900
600X175
800
250
360
320
360
270
390
370
380
370
400
400
400
400
400
275
275
400
930
9M6955

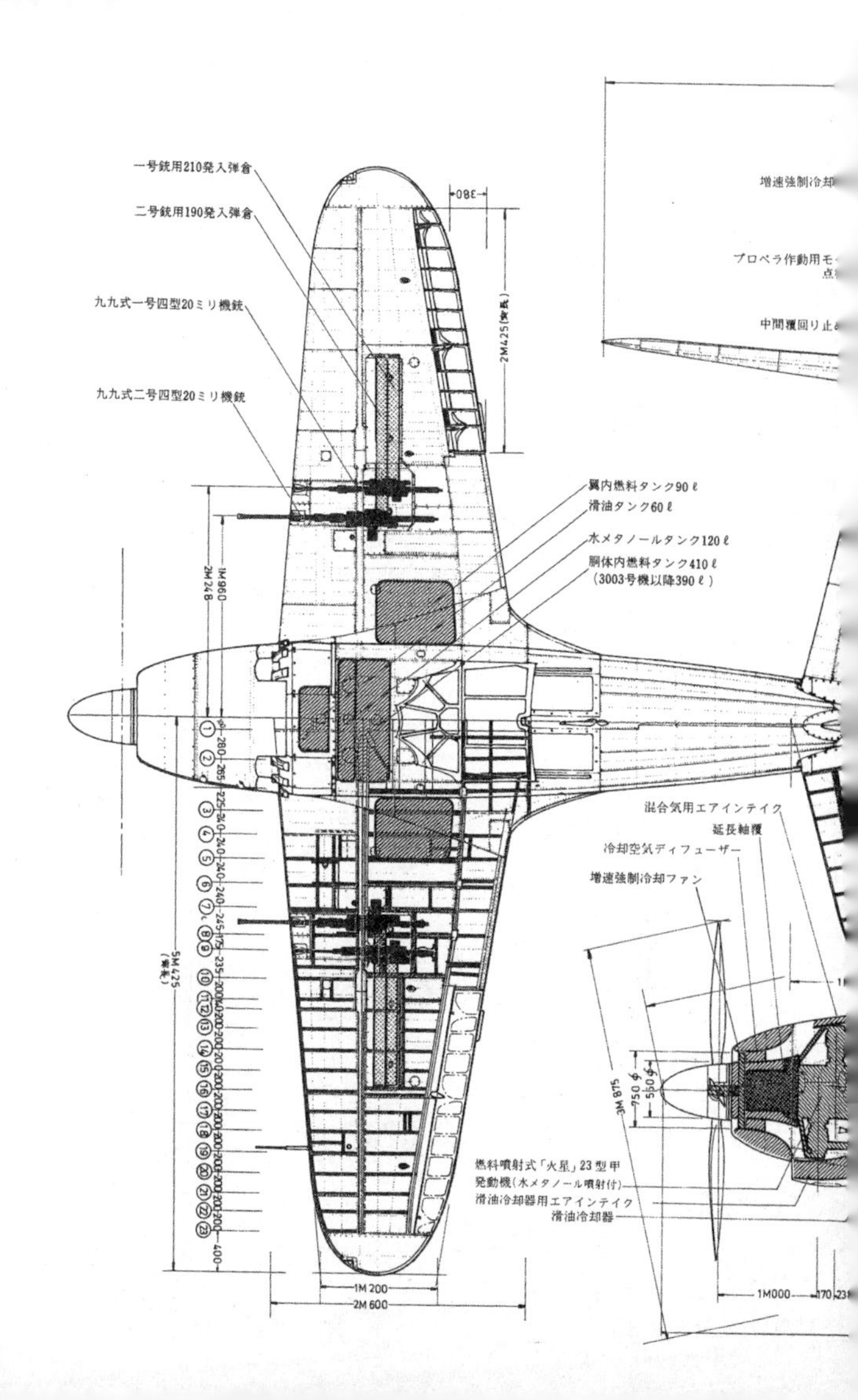

一号銃用210発入弾倉
二号銃用190発入弾倉
九九式一号四型20ミリ機銃
九九式二号四型20ミリ機銃
翼内燃料タンク90ℓ
滑油タンク60ℓ
水メタノールタンク120ℓ
胴体内燃料タンク410ℓ
(3003号機以降390ℓ)
混合気用エアインテイク
延長軸覆
冷却空気ディフューザー
増速強制冷却ファン
燃料噴射式「火星」23型甲
発動機(水メタノール噴射付)
滑油冷却器用エアインテイク
滑油冷却器
中間覆回り止め
1M960
2M248
2M425
5M425
1M200
2M600
1M000
3M875
750φ
550φ
380

局地戦闘機「雷電」二一型

作図・渡部利久

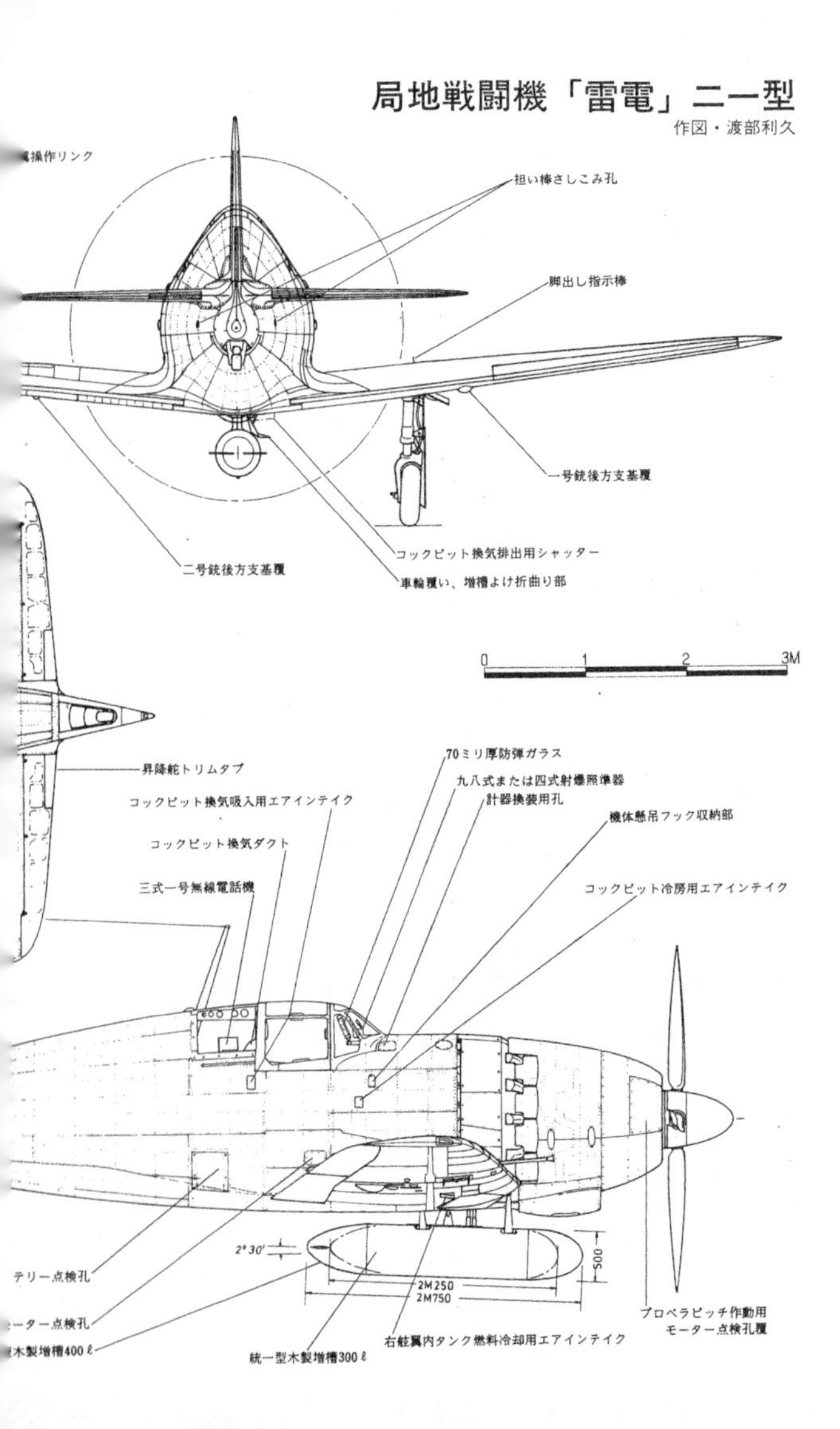

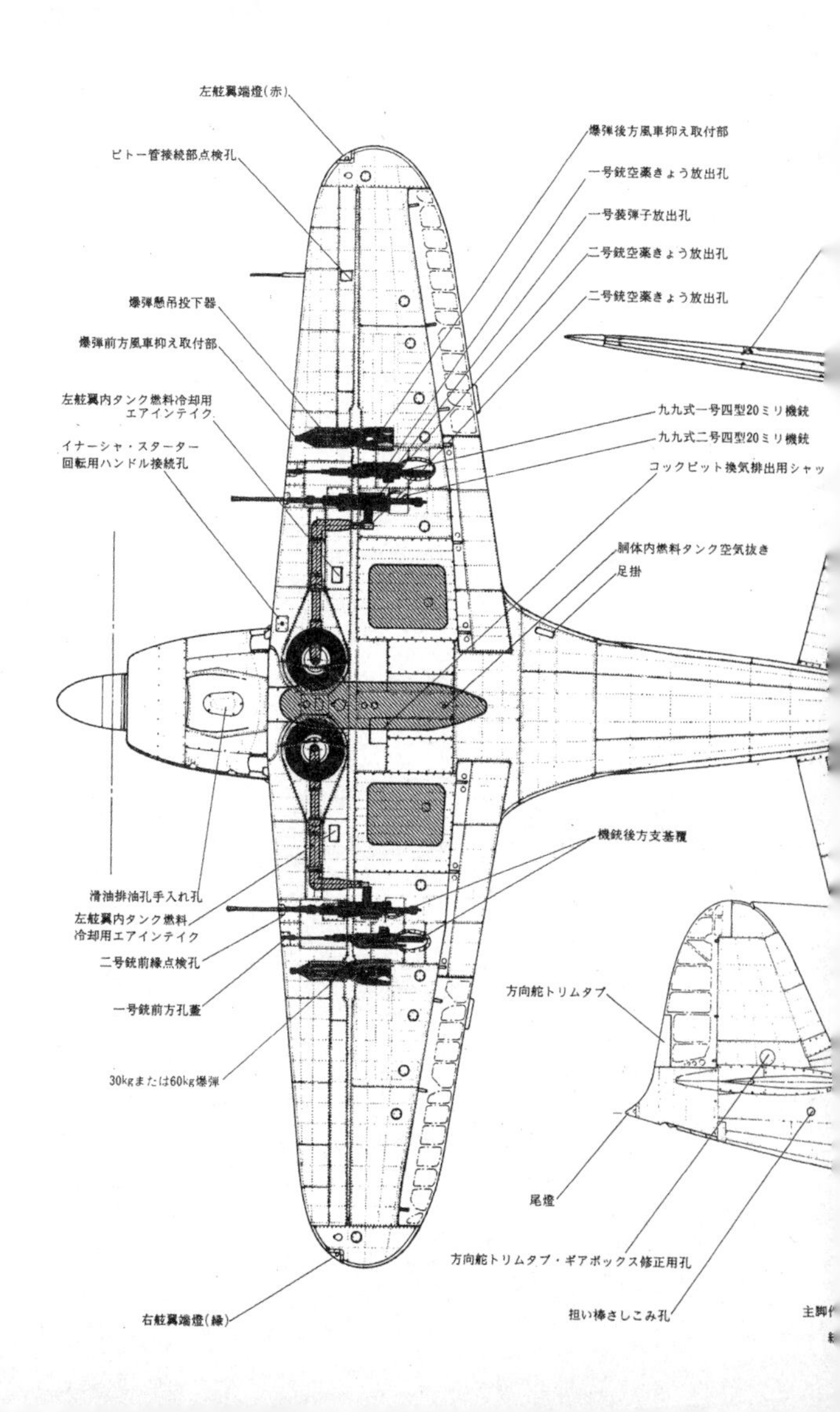

左舷翼端燈(赤)
ピトー管接続部点検孔
爆弾後方風車抑え取付部
一号銃空薬きょう放出孔
一号装弾子放出孔
二号銃空薬きょう放出孔
二号銃空薬きょう放出孔
爆弾懸吊投下器
爆弾前方風車抑え取付部
左舷翼内タンク燃料冷却用
エアインテイク
九九式一号四型20ミリ機銃
九九式二号四型20ミリ機銃
イナーシャ・スターター
回転用ハンドル接続孔
コックピット換気排出用シャッ
胴体内燃料タンク空気抜き
足掛
機銃後方支基覆
滑油排油孔手入れ孔
左舷翼内タンク燃料
冷却用エアインテイク
二号銃前縁点検孔
一号銃前方孔蓋
方向舵トリムタブ
30kgまたは60kg爆弾
尾燈
方向舵トリムタブ・ギアボックス修正用孔
右舷翼端燈(緑)
担い棒さしこみ孔
主脚

この決定にもとづいて、またしても出図四月三十日、第一号機完成六月十五日、八月より生産開始という強行日程が組まれたが、胴体線図の変更をともなうとあって、事(こと)は簡単ではない。

まず線図を書き、それにもとづいて模型をつくって風洞実験をやり、平行して視界検討用および艤装検討用の木型をつくる面倒な作業をともなう。しかも、「烈風」の試作一号機の完成を控えて、こちらも最後の追い込みに入っている段階とあっては、設計の手はいくらあっても足りない状況だった。

このため、零戦、「雷電」「烈風」に関する未解決事項は軒並み一ヵ月遅れとなり、J2M3の兵装強化と脚不具合の根本対策は、約半月遅れることになった。こうした設計の深刻な人手不足を解消するため、海軍からの応援は四月末あるいは五月半(なか)ば、日立航空機からの応援は八月中旬まで期間を延長することとし、ほかに短期現役の技術士官三、四人をなるべく早く応援によこすことなどの措置がとられた。

こうして人手不足を補いながら、J2M3および排気タービンつきのJ2M4の設計作業がスタートしたものの、前述したような川西「紫電」「紫電改」と「雷電」との優劣論にもとづく「雷電」の不要もしくは川西「紫電改」へのシフト案が海軍から出て、またしても設計陣の気勢をそいだ。

7

「雷電」のもたつきをよそに、今や第二設計課の仕事の本流となった「烈風」はようやく試作一号機が完成し、五月六日にはジャンプ飛行で調子を見るまでになった。

この結果、高圧油系統の油洩れ、メタノールタンクの空気抜き洩れ、満タン時の胴体燃料タンクの洩れ、脚ブレーキの効きが良くないなどの不具合が指摘され、これらを直したうえで五月十二日の初飛行にそなえた。

当日は五月晴れで、絶好の飛行日和だった。堀越、曽根ら関係者多数が見まもる中を、会社の柴山栄作操縦士が乗って軽々と離陸した「烈風」一号機は、空中で舵の効きその他のチェックを行なって着陸した。

試作機につきものの細かい不具合はいろいろあったものの、全体として見れば「素性のいい飛行機」というのが柴山操縦士の評価だった。

脚を出したままではあったが翌日も飛び、さらに小川操縦士も加わって十六日まで飛行が続けられた結果、「低速での操縦性、安定性にくせがなく、舵の釣合いや機体のすわりや視界は良好で、着陸操作は零戦以上に容易」という、着陸や視界の問題では苦労を強いられていた「雷電」関係者にはうらやましいような評価が与えられた。

その後、不具合個所を直して脚引き込みの高速試験も行ない、五月三十一日から六月三日にかけて海軍の志賀淑雄少佐による官試乗が行なわれたが、その評価も会社の操縦士とほぼ同じで、六月八日には「雷電」担当の小福田少佐も乗って同じ意見を述べた。

ただし、これは計器速度二百四十ノット以下での評価であり、高速では最高速度が三百ノットを割って計画値を大きく下まわるという、きわめて不本意な結果が出た。

「おかしい?」

「こんなはずはないのだが……」

曽根も、ずっと鈴鹿に駐在して試験飛行に立ち会っていた技術部の関田力技師も首をひねったが、のちにこれが「烈風」の運命に重大な影響をもたらすことになろうとは、まだ思い及ばなかった。

曽根は回想する。

「何回も風洞試験をかさねて、われわれが行なった性能計算の精度が、最高速度において一割以上も低く、狂いが生じたとはどうしても信じられない。

とはいうものの、当事者であるわれわれ機体側としては、実機のでき上がりが細かな点でかならずしも満足できるような、なめらかなできばえではないという負い目と、小さな突起物が意外な空気抵抗をつくり出しているかも知れないという疑いとから、あらゆる対策を講じることにした」

機体表面には神経質なまでに手が加えられてなめらかに仕上げられ、機銃口、無線アンテナ支柱、ピトー管、滑油(オイル)冷却器などについても細かく再チェックが加えられたが、その結果はわずかに速度が増しただけで、予想した最高速にはいぜんとして遠く及ばなかった。ここまで来ては、もはや機体に原因があるとは考えにくい。

〈エンジンの出力が額面どおりに出ていないのではないか?〉

かねてから抱いていた疑いが急速にひろがり、上昇力を実測したところ、六千メートルまで六、七分のはずが十分近くもかかることがわかった。

こうなっては、性能の出ない原因がエンジンの出力不足にあることは誰の目にも明らかだったが、海軍側はいぜんとしてそれを認めようとせず、なおも原因が機体の設計や工作上にあると主張した。

三菱は誇り高い会社であり、技術に対してはあくまでも忠実な社風が伝統だったから、海軍側の誤りを正そうとする努力を棄てなかった。

「計画を担当したわれわれは、機体側としてのさまざまな性能分析を行なって資料をつくり、意見をそえて七月末の官民合同会議に提出した。これにもとづいてエンジンの出力不足を公式に認めてもらおうと努力したが、それでも海軍側の態度は変わらなかった」

曽根の沈痛な思い出だが、そのあと八月四日、追い打ちをかけるように軍需省は、「A7M1は次期戦闘機としての見込みなし。三菱はその生産を中止して『紫電改』の生産を準備せよ」と通告してきた。

これまでにも、再三にわたりその名称があげられた「紫電改」だったが、この頃、「紫電改」の飛行実験は順調に、そして急ピッチで進んでいた。

「ある日、堀越課長のお供をして、追浜(横須賀市)の海軍航空技術廠に行きました。科学部の垂直風洞で『烈風』のスピン性能の実験をやっていたので、その結果や改善するポイントなどを聞いたあと、当時『紫電改』審査担当パイロットだった志賀淑雄少佐をたずねました。志賀少佐の部屋で『紫電改』の垂直降下飛行実験の話をうかがうためでした。

志賀少佐は、パイロット特有の淡々とした口調で、テストの状況を話してくれました。

『紫電改は加速があまりよくないので、ただ突っ込んで行ったんでは、なかなか十分な速度に達しない。そこで、全速から切り返すような形で背面から垂直降下に入った。段々と速度が上がって行く速度計を見ていると、突然ガタガタと操縦桿がゆれ、翼が壊れたような感じがした。ハッとして両手で操縦桿を力いっぱい押さえ、それからジワジワ引き起こした。

やっと水平に戻ったので、おそるおそる首を伸ばして左右を見るとエルロンの羽布が千切れて飛んでしまい、骨だけになっていた。操縦桿を左右にふってみると、いくらか操縦性が残っていたので、無事に帰ってくることができたが、ガタガタときたときは、〈やられた〉と思った』と、そんな内容でした。

突っ込み角度を深くして行く際の高度と速度などについても詳しい話があったあと、堀越課長が『限界速度近くになるとどんな様子ですか』とたずねると、志賀少佐は、『こまが速くまわっているとき、澄んで止まっているように見える、あのような感じですね』といわれたことなどが印象に残っています。

こうした経験を聞いたりしたものですから、補助翼、方向舵など『烈風』の操縦翼はすべて金属張りとなりました。金属外皮にしますと、それ自体が重くなるだけでなく、それにつれてバランスウエイトもふえて、さらに重くなります。どんな飛行機でも目方はできるだけ軽い方がいいわけで、とくに戦闘機は目方が重くなるのは困るのですが、必要な強度は持たせなければならないので、涙をのんで金属外皮にしたと思います」（関田力『往時茫茫』）

志賀少佐が経験したのは、どうやら機体の一部が音速の領域に達するほどの高速だったらしく、この強烈なターミナルダイブに耐えたことで、「紫電改」の評価はさらに高まった。しかもこの高速と機体の丈夫さに加え、採用されていた自動空戦フラップによる空戦性能の良さが、海軍の実験担当者たちに好印象を与えた。

長びいた「雷電」の不調に対するイライラが、その実力以上に「紫電改」への傾斜を増幅させたきらいもあるが、それが「烈風」にまで及んで海軍側の熱意をさまさせてしまったのではないか。

それにしても同じ千八百馬力の「誉（ほまれ）」エンジンをつんだ「紫電改」と「烈風」試作機のうち、「烈風」だけに性能低下が見られたのはなぜだろう。

あとの量産の段階になって「紫電改」にも「烈風」試作一号機と同じような傾向が現われたが、この頃になると出力低下はあらゆるエンジンに及び、飛行機の性能は落ちるのが当たり前になっていたから、あまり問題にならなくなった。

海軍の審査に使われる大事な試作機時代に、性能の低下したエンジンにあたったとすれば、「烈風」にはつきがなかったというほかはない。

この頃、名古屋航空機製作所の大江工場では、先に発せられた海軍の「烈風」急速生産計画に応じて部品の発注もはじまり、生産ラインには十機以上の「烈風」が半完成の状態ではあったが並んでいた。

海軍は、このうち八号機までで打ち切ることを通告してきたが、さすがに気の毒と思ったか、この年の二月頃から研究を進めていた重武装の高々度戦闘機「烈風改」（A7M2）の開発継続を認めてくれた。

第九章――失われた時間

1

「烈風」試作一号機が飛びはじめて間もない頃、戦争は東西の両戦線で重大な転機を迎えていた。

六月六日、ヨーロッパでは連合軍がドーバー海峡を押し渡ってフランス海岸のノルマンディーに上陸した。それはドイツ屈伏への歴史的な第一歩であった。

六月十五日、太平洋では米軍がサイパン島に上陸、マリアナ諸島の攻略を開始した。ここに巨大な航空基地を建設し、直接本土を爆撃することによって日本を壊滅させよとになる。
うという、アメリカの強い意志の表われだったが、事実ここから東京までは約二千三百キロ、関東から西の本州および四国、九州の全土がＢ29爆撃機の爆撃圏内に入ることになる。

これより先、アメリカはインドおよび中国奥地に基地を建設して続々とＢ29を展開していたが、サイパン島上陸の翌日、日本最大の製鉄所がある北九州地区に空襲をかけてきた。Ｂ29にやや小型のＢ24をまじえた約二十機に過ぎなかったが、昭和十七年四月十八日の「ドーリットル空襲」いらいの日本本土に対する空からの攻撃で、それはこれからはじまる大規模な日本空襲のはじまりを意味するものだった。

それから三週間後の七月八日、今度はさらに機数を増して九州西北部一帯を空襲したが、それは敵の基地整備とＢ29の集結が一段と進んでいることを示すものであった。三菱の飛行機工場がある名古屋地区でも午後一時警戒警報、つづいて午後三時には空襲警報が発令されたが、さいわい名古屋地方にはやってこなかったので、午後五時には警報解除となった。

このことから敵の空襲激化をおそれた政府は、小学校児童の疎開を決めるなど、にわかに対策に大童（おおわらわ）となった。

七月十七日にはサイパン島守備隊の全員戦死（当時、しきりに玉砕という言葉が使われた）が発表されたが、米軍はこのあとグアム、テニアン島をも占領し、マリアナ方面からのＢ29による空襲は日本にとって時間の問題となったにもかかわらず、高々度で来襲するＢ29を迎撃できる戦闘機は一機もないという現実が、軍当局をあわてさせた。

三万人以上の人員と、豊富な軍事費にものをいわせてつくられた巨大な施設を持った、日本最大の研究機関である海軍航空技術廠は、利益や採算の制約がある民間企業ではやれない基礎技術や先端技術の分野にも積極的に手を伸ばし、得られた成果を民間会社に公開していた。

「雷電」に採用された紡錘型の胴体の形も、最初に述べたように「延長軸発動機覆いの研究」という、昭和十四年十二月の航空技術廠研究実験報告第二六三六号にもとづいて設計されたものだが、高空でのエンジン出力低下を補う排気タービンについても民間企業とは別に研究を進めていたし、空中実験も配管その他の艤装が比較的楽な双発機を使って行ない、ある程度の成果を得ていた。

双発機を使ったのは、パイロットの他に実験データの記録や観測などのための要員を乗せられるからで、最初に排気タービンのテストに使われたのは、何と旧式な使い古しの九六式陸攻だった。

航空技術廠で排気タービンの空中実験を担当したのは関真治技術大尉（戦後、三菱自動車副社長）で、関はもともと三菱の社員だが、入社後すぐに海軍の技術士官となり、航空技術廠飛行機部に勤務していた。

2

兵役で海軍に入り、中国大陸の山東半島青島（チンタオ）で短期現役の技術士官として三ヵ月の速成士官教育を受けた関真治が、日本に戻って配属されたのは横須賀市追浜（おっぱま）の海軍航空技術廠発動機部二科だった。

戦争は日本に不利の一途をたどっていた。現に昭和十七年十月に関が青島に行くとき、玄海灘で早くも船団が敵潜水艦の襲撃を受けたし、行った先の青島には、ソロモンの海域で沈んだ戦艦「比叡」の砲術長をはじめ、乗るフネを失って帰った人たちが教官で来ていて、かれらの口から聞かされた言葉は、戦争が容易でない局面にあることを思い知らせてくれた。

「敵は電探（注、電波（でんぱ）探信儀（たんしんぎ）、日本はレーダーのことをこういっていた）を使いはじめた。

闇夜に鉄砲で、いきなり砲弾が飛んでくる。それが百発百中だ。こちらは人間の視力だけが頼り、ではもういかん。この戦争は勝てっこない。君たちは第三次大戦にしか役立たんよ」

「あまり大っぴらにはいえないが」と前置きして語られたこの言葉に、関は大きなショックを受けたが、教育を終えて戻った内地ではそれほど深刻な事態とは知らず、たとえ知ったとしても、誰もが目前の与えられた仕事を果たすのが精いっぱいだった。

航空技術廠も活気にあふれ、関が配属された発動機部第二科では、殿様の末裔(まつえい)である種子島時休(たねがしまときやす)大佐のもとで排気タービン、エンジン高空性能の向上、補機類の改良などについての研究が活発に行なわれていた。

種子島大佐は日本で最初にジェットエンジンを含む航空用ガスタービンの将来性に着目した人だが、研究二科ではジェットエンジンに先立ってガスタービンのもっとも手近な応用である、高空でのレシプロエンジン（従来型のピストンエンジン）の出力低下を防ぐ排気ガス駆動の過給器（スーパーチャージャー）の研究に着手し、三菱、日立、東芝、石川島など民間会社と協力して、その完成に力を注いでいた。

このプロジェクトでは、民間会社に開発の実務を担当させ、海軍はそれに対して助成、あるいは指導を行なうというかたちをとっていたので、その実験——とくに民間会社ではやりにくい空中実験なども、海軍で先行してやっていたのである。

その先行空中実験での様子を、関はこう語っている。

「九六式陸上攻撃機では、排気タービンはエンジンナセルの上面後方に取りつけられ、スペースに余裕があるところから艤装や配管がらくにでき、効率の低下が少なかったことから、乗っての印象は〈割合スピードが出るなあ〉というものだった」

このあと「月光」にも取りつけて空中実験が行なわれ、まずまずの成果が得られたが、操縦が戦闘機担当の小福田少佐だったので飛び方があらく、実験項目を終えると「降りるぞ」といって、いきなり急角度で降下をはじめるので、はげしいGがかかって関はキモを冷やしたことが何度もあった。

双発機による実験で一応排気タービンの効果が確認されたので、次の段階として単発戦闘機への排気タービン装備のノウハウを得るため、昭和十八年暮れからＪ２Ｍ３の一機を改造する作業を開始した。といっても、とにかく「雷電」に排気タービンをつけたらどんなことになるかを見ようという、応急的な改造だったから、三菱より先にでき上がって、昭和十九年春には小福田少佐の操縦によって初の飛行実験が行なわれた。

拙速主義をとって機体の改造を最小限にとどめ、狭いスペースに排気タービンとインタークーラー、そして配管類を押し込んだ改造試作機の初飛行の結果、さんざんだった。

最初の飛行のあと行なわれた講評の冒頭、テストを担当した飛行実験部戦闘機主務部員の小福田少佐は、講評の第一行に、「乗り心地はいなか道をガタ馬車で行くが如し」と書いた。

ふつう、テストパイロットはどんなに飛行の結果が悪くても、こういういい方はしない。まずいことをある程度いっておいて、しかしながらこの点は……というように多少やわらいだ表現の手法をとる。それを小福田がいきなりきつい表現から入ったのは、遠慮のいらない海軍の身内同士ということもあったが、とにかく悪いところをズバリ指摘して一刻も早く直さなければという、逼迫（ひっぱく）した戦局への焦りがそうさせたのだった。この時期、誰もが気が立っていて、ちょっとしたことがいさかいの原因になることが少なくなかった。

何回かの飛行実験のあとの五月はじめ、飛行機部、飛行実験部、発動機部による「雷電」排気タービン実験機に関する合同研究会が開かれた。

このとき、発動機部からは種子島大佐以下、少佐クラスの部員も大勢出席したが、飛行機部からは業務多忙ということで、五月一日に大尉に進級したばかりの河東桓（かわひがしたけし）、高橋楠正両部員しか出なかった。

これを見た種子島大佐が、「新前の大尉が二人しか来ていないのは、飛行機部がこのプロジェクトを軽(かろ)んじている証拠だ」といって怒り出したため、会議どころではなくなった。

困り果てた河東技術大尉が飛行機部に電話し、海軍機関学校卒で種子島大佐の後輩にあたり、東大聴講生の経験もある坂野中佐に来てもらってなだめ、ようやく会議が開かれるという一幕があった。

そんな状況だったから会議は荒れ、飛行機部は排気タービンやインタークーラーの機能が不完全であるといい、発動機部は艤装や搭載法が悪いといって互いに譲らなかった。非はどちらにもあったが、もとはといえば、元来が排気タービンの装着など考えて設計されていない「雷電」のような機体に、あとづけでそれをやろうとしたところに無理があった。

「発動機架は百ミリくらい伸ばしたと思うが、エンジンの集合排気管から胴体右側面に装着した排気タービンに送る配管、排気タービンで加圧された空気を中間冷却器を通してエンジンの本来の空気取入口につなぐ配管、中間冷却器に空気を送り込む配管などが、せまい空間にからみ合ったような状態で収容されていたため、せっかく排気タービンで加圧された空気が、曲がりくねった管の中を通るうちにエネルギーを減殺されてしまった」

失敗の原因を河東はそう分析しているが、のちに会社に戻って「烈風」の排気タービン装備をやった経験から、関は次のように語っている。

「『烈風』では『雷電』の経験からエンジンと排気タービンの間隔を大きくとり、アメリカのP47『サンダーボルト』がやったように、操縦席付近の胴体下面に装着した。これだと途中で排気温度が下がるので、排気タービンにとっては楽になるが、別の問題にぶつかった。

排気タービンはエンジンの集合排気管からもらう排気をエネルギー源として駆動されるが、震動するエンジン側の排気管と、胴体に固定された排気タービンとの間に、フレキシブルなジョイント（中間接手）を設ける必要がある。

この部分には耐熱性のたかいステンレス鋼のような高級材料を使わなければならないが、その頃は耐熱鋼のいいのがなくなり、代用材料を使わざるを得なかった。こうした材料の問題に加え、装備法を含めた枝葉末節のところまで完成させる力がなかったことが、排気タービンを実用化できなかった主な理由だろう」

青島での士官教育時代に教官から聞かされたレーダーと目視のみじめな技術格差同

様、排気タービンをいち早く実用化したアメリカと、この時期にまだ基本的問題でもたついて戦力化しかねている日本との決定的な差を、関はいや応なしに思い知らされたのであった。

問題は性能面だけではなかった。実験担当の小福田少佐の「いなか道をガタ馬車で行くが如し」という乗り心地に対する酷評も、排気タービン装備法の未熟によるものだった。そしてこの評価は、実験が空戦性能テストに移ったとき、尾翼が激しく振動する現象が発生するに及んで、〝危険〟へとエスカレートした。

ことは重大とあって、航空技術廠では科学部に依頼して、振動がなぜ起きたかを突きとめることになり、前川技術少佐担当ですぐに実験が開始された。

場所は第四風洞とよばれた高圧風洞で、正常位で風洞内に設置された「雷電」改造機の精密模型に高速の風を当て、排気の流れとその乱れの測定が行なわれた。

実験は、風速を一定にして機体の仰角と排気の乱れの強さの分布をはかり、さらに風速を変えて同じような測定をくり返すやり方で、この実験データから、ある仰角になると乱れた排気が水平尾翼に吹きつけることがわかり、これが尾翼の振動（バフェッティング）をひき起こす要因と断定された。

「連続二日の徹夜を体験した思い出深い仕事」と、測定を担当した一人、科学部整流風洞の熊切武雄は語っているが、この結論にもとづいて実機の胴体側面に、排気タービンの直後から斜めに長さ一・二メートルほどのヒレが取り付けられた。

これによって振動を実用可能の域まで減らすことができたが、今度は性能の低下と空戦性能に悪影響を及ぼすことがわかり、この「雷電」排気タービン機の急速な戦力化は望めなくなった。

もともと排気タービン装備の研究データを得るのが目的の試作だったから、これで中止になってもおかしくないのだが、特別に改良の続行が決まった。五月に二機完成する予定だった三菱機の改修作業が、試作工場の都合で大幅に遅れる見込みとなり、しかも米軍のサイパン島上陸で、Ｂ29による本土空襲がいよいよ確かになったことがその理由だった。

それだけではない。航空技術廠での改良を急ぎ、その目途がついた段階で三菱のＪ２Ｍ４が生産に入るまでのつなぎに、霞ヶ浦の第一航空廠および九州大村の第二十一航空廠で、「雷電」数十機に対して航空技術廠の実験機と同じ改修を実施することになった。

未完成ながらも先行した航空技術廠実験機に対し、本命ともいうべき三菱実験機Ｊ

２Ｍ４の試作は遅れに遅れ、予定から三ヵ月過ぎた八月四日に試作一号機が完成した。

完成審査でいくつかの指摘を受けたので、それらを直して八月十五日に地上運転を行なったが、排気タービン後方の胴体外板がタービンから排出された高熱ガスのため過熱することがわかった。さっそく、外板を張り替え、同時に表面に鋼板を当てて応急対策とし、さらに数回の地上運転を行なったのち、九月二十四日にようやく飛行にこぎつけた。

この間、七月十日には海軍の組織変更があり、飛行実験や審査担当の航空技術廠飛行実験部が横須賀航空隊審査部に変わった。そして戦闘機担当部員のうち、「雷電」や「烈風」の主担当が小福田少佐から山本重久大尉に代わった。また「烈風」については小福田少佐の副（サブ）をつとめた志賀少佐が、過労から肺浸潤に冒（おか）され入院してしまった。

海軍の審査担当は、機種ごとに主務部員が二人ペアで任命されていた。これは一人だけの判断で起きがちな偏見や見落としなどを防ぐためのチェックシステムで、二機種を同時に受け持つ場合は、Ａ機は一人が主でもう一人は副、Ｂ機はその逆とするならわしだった。

たとえば「雷電」と「紫電」「紫電改」のとき、「雷電」は帆足大尉が主で志賀大尉

（当時）は副にまわった。「紫電」「紫電改」では志賀が主、帆足が副だった。そして帆足が「雷電」の事故で殉職したあとは、実施部隊からふたたび航空技術廠に戻った小福田少佐が主担当になった。

「兵学校、飛行学生は私が一期上だったが、テストパイロットとしては帆足の方が経験があった。それでも帆足は私を立てて、『先輩、乗ってみて下さい』といってよく意見を求めてきた。

帆足は『雷電』にホレ込み、何とかしたいと欠点の改良に頑張っていたが、私も乗ってみてスピードもあるし、上昇力も直進安定性もいいのに強い印象を受けた。しかし軽快で運動性にすぐれた零戦になれすぎたため、どうしてもなじめず、むしろ『紫電改』を好ましく思った。

実施部隊でもインターセプター（邀撃機）という考え方は理解しても、乗るのはまっ平だというのが多かった。

かつて操縦練習生時代のパイロットたちは、少数精鋭で猛烈に鍛えられ、少しは休みたいと思うくらい飛んだから、どんな飛行機だろうと乗りこなすことができた。

それが昭和十八、十九年頃になると人数が急にふえたのとは逆に、機材も燃料も足りなくなったので、十分に飛ぶことができないまま『雷電』に乗らされたことで、

『雷電』はむずかしい危険な飛行機という印象がひろがってしまった」
悔恨とともに語る志賀の「雷電」評であるが、小福田に代わって「雷電」主務部員となった山本重久大尉は、支那事変いらいの戦闘を生き抜いてきた実戦派の士官パイロットで、珊瑚海海戦で乗っていた航空母艦「翔鶴」の先任分隊長がのちに「雷電」の事故で殉職する帆足大尉だったというめぐり合わせがあった。

3

山本大尉が最初に乗ることになったJ２M４は、さすがに三菱が手がけた本命だけあって、集合排気管から排気をタービンに送るダクト（送風管）がむき出しだった航空技術廠の試作機より仕上がりもスマートで、飛んでみた結果も航空技術廠機のような不愉快な振動はなかった。しかし、オイルやシリンダー温度の上がり過ぎ、高空での発電機の性能低下など、ごく一般的なエンジンの不具合になやまされて、排気タービンそのものの実験はとどこおりがちだった。その上、性能も高度九千三百メートルで三百十二ノット（時速五百八十キロ）と計画を大幅に下まわったので、昭和十九年末には大量生産に入るという軍の要求にこたえることができず、担当者たちは苦境に立たされた。

戦争も負け戦がつづいて旗色が悪くなると、焦りが生じて軍からの試作指示も混乱をきわめ、民間会社の担当技術者たちはキリキリ舞いをさせられることが多くなったが、「雷電」の高空性能の向上はまさにその典型だった。

海軍は、J2M1が制式採用になる前から、早くも「雷電」の性能向上策として、エンジンを「火星」一三型から、より出力の大きい二三型に代える計画を立て、J2M2（「雷電」一一型）として昭和十八年秋には実施部隊に引き渡すまでになったが、当時の日本の飛行機のごく一般的な傾向として、エンジンの性能が額面どおりに出ないため、高々度性能の不足が不満のタネだった。

エンジンから直接動力をとってまわす機械駆動式過給器つきの「火星」二三型は、予定では過給器を二速の全開にした場合、高度五千六百メートルで千五百馬力以上出ることになっていたが、実際には全開高度がずっと低く、航空技術廠での実験で四千百メートル、三菱の実験でも四千六百メートルで千四百十馬力と、全開高度も出力もかなり低いことがわかった。

これでは一万メートルの高々度で飛んでくる敵爆撃機の邀撃に役立たないというの

「雷電」三二型Ｊ２Ｍ２（三菱型と空技廠型・推定図）

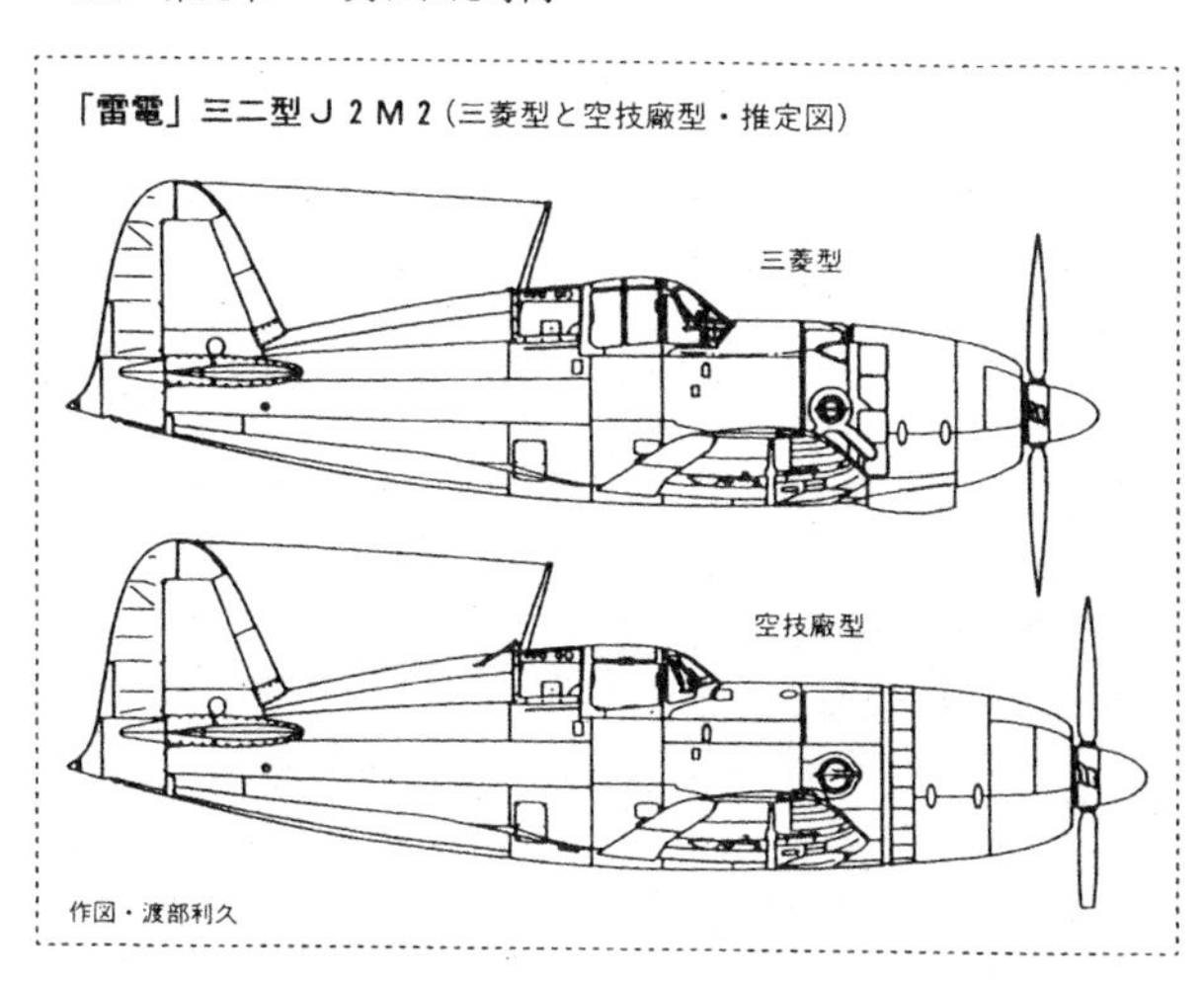

作図・渡部利久

で、排気タービン過給器つきのＪ２Ｍ４（「雷電」三二型）の計画と平行して、こちらも急いで改良することになった。

過給器の、空気を圧縮する羽根車の直径をふやすと同時に吸入空気の通路も広げ、スロットルバルブを一枚の大型とし、エンジン減速比を〇・六二五にするなどの改造が加えられた試作エンジンはベンチテストの結果もよかったので、「火星」二六型の呼称が与えられた。

さっそくこのエンジンをＪ２Ｍ２の四十二号および四十八号機に搭載して空中実験を始めようとしたが、またしても障害に妨げられることになった。スロットルバルブを一枚にしたのはいいのだが、大型になったために剛性不足でバルブフラップが変形し、エンジンコントロールが思うにまかせないという現象が発生したのだ。

技術に関しては慎重周到な三菱としてはめずらしいことだったが、この時期、あらゆることを特急作業で、軍も民間会社も浮き足だっており、三菱といえども例外ではあり得なかった。

スロットルバルブの問題を何とか克服し、予定より二週間近く遅れて五月二十日に初飛行にこぎつけたが、その後、エンジン単体のベンチテスト時にはわからなかったトラブルがつぎつぎに発生した。

しかも実用化を急ぐため、平行して行なわれていた地上での耐久運転中に過給器の駆動装置が故障するなど、「火星」二六型の未完成ぶりが浮きぼりになった。

ふつうならこれでエンジンの採用はなくなり、したがって開発も放棄されるところだったが、あいにく頼みの排気タービンを装備したJ2M4の成績が思わしくないので、引きつづき開発を続けることになり、三菱では名古屋発動機研究所の泉、浅生技師らが中心になってエンジンの改良にあたった。

かれらの努力によってかずかずの不具合もしだいに収まり、ようやく試験飛行の再開にこぎつけたのは夏も過ぎ、秋もいよいよ本番という昭和十九年九月二十八日のことであった。

この日、小福田少佐の操縦で飛行した実験機は、高度六千五百八十五メートルで三百三十一・八ノット（時速六百二十六キロ）、八千メートルまでの上昇時間九分四十五秒というすばらしい成績を示し、それまで苦労していた関係者たちを喜ばせた。

この好成績でいったんは消えかけた「火星」二六型エンジンの正式採用が決まり、このエンジンを装備した「雷電」（J2M5）は三三型とよばれることになった。

いぜんとして前途不透明な排気タービン付き「雷電」三二型に代わって、敵B29爆撃機邀撃の本命として期待されるようになった三三型に対し、当然ながら急速生産の要望が高まった。

4

「雷電」の作業は多岐にわたった。排気タービン過給器つきのJ2M4、機械駆動過給器の性能向上をはかったJ2M5の開発のほか、視界改善のための風防および胴体の改造を含むいろいろな改造作業などがあり、その作業量は相当なものだった。

昭和十九年七月に作成されたJ2M3（仮）取扱説明書を見ると、検察者として第二設計課長付の高橋己治郎、曽根嘉年両技師の名前と印があり、別の欄には海軍監督官、河野技術部長と並んで堀越第二設計課長（技術部長付兼務）印が見られる。

元来、高橋は陸上攻撃機など大型機の設計を担当する第一設計課の課長だが、前述したように第二設計課長付兼務として「雷電」を担当していたもので、「烈風」の開発を主任務としていた曽根の負担を軽くしようという配慮からであった。

その曽根はようやく試作一号機が飛びはじめたばかりの「烈風」にかかり切りだったが、第二設計課長付として「雷電」や零戦の性能向上や改修についてもまったく無関心ではいられないところから、この頃の作業日誌にはそれぞれについての記述が交互に見られ、A6、J2、A7の三機種の作業に配分する図工（製図要員）の名前なども書かれている。

そんな三菱の戦闘機設計陣をさらに多忙に追いやる仕事が飛び込んだのは、昭和十九年の夏のことであった。

一九四四年（昭和十九年）七月二十八日、ヨーロッパ戦線に世界初のロケット戦闘機メッサーシュミットMe163が出現し、ドイツを破局に追い込もうと大規模な戦略爆撃を行なっていた連合軍に大きな衝撃を与えた。

それは〝コウモリ〟のような異様なかたちをした飛行物体で、白い水蒸気の航跡を引きながらＢ17爆撃機編隊の背後から急速に接近し、攻撃を終えると太陽に向かって矢のように急上昇し、たちまち姿を消してしまった。

その出現が突然であったのと、あまりの高速に爆撃機編隊を護衛していたＰ51「ムスタング」戦闘機は、応戦する間もないままに取り逃してしまった。

Ｍｅ163の出現は、連合軍側にあらたな緊張をもたらした。同盟国としてドイツとの間に技術交換協定を結んでいた日本は、早くからその開発情報をつかんでいたが、潜水艦による生ゴム、タングステン、錫、亜鉛などの戦略物資供与と引きかえに、ドイツはＭｅ163と双発ジェット攻撃機メッサーシュミットＭｅ262の日本におけるライセンス生産を承認した。

日独両国間の協定にもとづいてＭｅ163とＭｅ262のエンジンおよび機体の概略説明書、ロケット燃料に関する取り扱い法と一般資料が二部ずつ渡され、潜水艦で日本に運ばれることになった。

同盟国とはいえ日本とドイツは遠くへだたっていて、しかも途中の国々がほとんど敵側だったので、潜水艦による一万五千カイリの大航路以外に連絡の方法がなかったのである。

潜水艦を使った日独連絡はそれまで何度かこころみられたが、連合軍に発見されて撃沈されることが多く、成功の確率は低かった。だが、今度の資料は日本にとってかけがえのないものであり、何としても送り届けたいとあって、同じものを二隻の潜水艦につみ、別々に出発させることになった。

どちらかが着いてくれればという期待からで、昭和十九年三月三十日に先発のドイツ潜水艦「U－1224」がキール軍港を出港した。「U－1224」はドイツから譲渡された大型潜水艦で、先に日本の潜水艦でドイツに来て訓練を受けた日本人乗組員約六十名によって運航されていたが、大西洋でアメリカ駆逐艦に発見され、猛烈な爆雷攻撃を受けて撃沈されてしまった。

一方、「U－1224」に約二週間遅れの四月十六日にフランス西海岸のロリアンを出港した第二艦の「イ29」潜水艦は、もう一組の資料とドイツ駐在を終えて日本に帰る巌谷（いわや）英一技術中佐を乗せて、約三ヵ月の海中航海の末に七月十四日、シンガポールに到着した。ところが、しばしの休息のあと内地に向かった「イ29」は、台湾南方のバシー海峡で待ちぶせしていたアメリカ潜水艦の雷撃で沈没、艦長以下乗組員の大半とともに、ドイツから持ち帰った貴重な資料や兵器、資材などが失われてしまった。

さいわい、ことは急を要するとあって、ひと足先に飛行機で内地に帰った巌谷技術中佐が携行した資料――Ｍｅ163Ｂ型ロケット戦闘機の機体およびエンジンの設計説明書、ロケット推進薬の化学的組成の説明書、翼型の座標値、Ｍｅ262双発ジェット攻撃機の機体およびジェットエンジンの同様な資料、それに巌谷中佐のメッサーシュミット社での調査メモなどが残ったので、これらをもとに七月二十日、航空技術廠で部内だけの秘密会議が開かれた。

Ｂ29爆撃機による本土爆撃の激化にそなえ、驚異的な上昇力を持つＭｅ163を急いで開発することになったが、特異な形状の機体の設計に加え、爆発の危険性がある推進薬の生産や取り扱い、さらには一回わずか五、六分の飛行に合計二トン近くも消費される薬液の生産の問題などについて、二十日、二十一日の二日にわたった会議は大いにもめた。

とどのつまりは、「今はいたずらに議論にときをついやしているような余裕はない。どんなに困難であろうとやらなければならん」という航空技術廠長和田操中将の強い意向で、開発を強行する方向で会議を終えた。

六月十六日は中国奥地の基地からＢ29が北九州の爆撃にやってきたし、中部太平洋を進撃する米軍は七月初めにサイパン島を占領し、海軍航空技術廠でのＭｅ163国産化会議の二日目にあたる七月二十一日には、同じマリアナ諸島のグアム島に上陸し、この方面からする日本本土空襲の危機がいよいよさし迫っていた。

こうして戦局が急を告げる中で、航空技術廠での結論はすぐに上部機関に上げられ、陸軍とも協議した結果、陸海軍の統一計画として共同で開発に取り組むことが決定された。

陸海の協議では、Ｍｅ163の原設計にできるだけ近いかたちでという海軍と、完全な再設計をという陸軍との意見の対立があったが、激論の末に機体は海軍の、エンジンは陸軍の主導とし、実務はそれぞれ三菱航空機の機体およびエンジン部門が主となってやるという妥協が成立し、海軍はＪ８Ｍ１、陸軍はキ２００、陸海軍統一名称として十九試局戦（局地戦闘機）「秋水（しゅうすい）」とよぶことなどが決まり、この緊急プロジェクトがスタートした。

このあと八月七日、指定メーカーである三菱の服部譲次、河野文彦両幹部に開発の主担当となる高橋己治郎技師の三人が空技廠での研究会によばれ、ロケット戦闘機試作の趣旨と、ドイツでのＭｅ163の調査結果の説明を受けた。

その説明を聞かされた三菱側はおどろいた。巌谷中佐がもたらした資料はごく簡単な絵と説明書だけで、無尾翼機の性能を左右する独特の後退翼についても、キャビネ大の縮尺図にとどまり、正確な翼の平面形を決めるのに必要な座標の数値もないのだ。

三菱側は、機体に関する正確なデータがない限りこの仕事を引き受けることはできないと難色を示したが、航空技術廠は科学部が主となって、わずか一ヵ月でその基礎データをつくり上げ、ついに三菱側から応諾の返事を引き出した。

三菱では最優先のプロジェクトとして河野技術部長を設計総責任者とし、「雷電」の主務だった高橋技師をチーフに、各設計課から選抜した技師や技手を配して第六設計課を編成した。さらに、作業を急ぐため、主翼と垂直尾翼および舵面は、技術部長付の本庄技師が見ることになったが、それにしても八月に設計を始め、十一月末には空中実験用グライダーを、十二月末には本番の試作機完成とは、いかにも無茶な日程だった。

この強行日程に合わせるため、八月十六日には新しい設計室が建てられ、その二階には仮眠室も設けて全員会社に泊まり込み、昼夜兼行の作業であたることになった。当然体力の消耗と疲労もはなはだしいと予想されるところから、第六設計課には特別に強壮剤とバターが支給されると発表された。

強壮剤とはヒロポンのことで、これを飲むと気持がハイになって一時的に元気が出るところから、「業務としてあまり適当とはいえないが、常備しておいて課長または係長の判断で適当に与えてよろしい」という河野部長の裁量によるものだった。

5

ロケット戦闘機「秋水」の突貫作業のため新たにできた第六設計課には、体力の消耗や疲労を防ぐため、強壮剤とバターが支給されることになった。

今は一般の服用が禁じられているヒロポンは飲みすぎると中毒してたいへんなことになるが、作業が短期間ということで、あえて投与が決まった。ちなみに、そのための費用は、申し出れば部長から支出されるという、とんでもない時代であった。

強壮剤とともに特別支給が決まったバターも、食糧が乏しくなった当時としては貴重な栄養源だったから、戸棚の中に一括して保管され、鍵は課長の高橋が持っていたが、夜、鍵のかかったまま二枚の戸を一緒に持ち上げてはずしてバターを少々失敬し、また元どおり戸をはめて素知らぬ顔の者もいたという。

こうして「秋水」の設計作業は手厚い（?）配慮のもとに開始されたが、これによって「雷電」に注ぐことのできる技術工数が影響を受け、各種の機体改良および排気タービンや機械式過給器装備機の開発作業が、多かれ少なかれ遅れを生じたことは否めない。

新型機を開発して実用化するまでには時間がかかる。現に昭和十四年度に計画された「雷電」は、五年近くたっても、いろいろ不完全なところがあって十分な戦力となっていないのだ。まして「秋水」のようなまったく新しいタイプの航空機は、予想できないトラブルの発生で開発の困難が予想され、部隊編成から搭乗員の訓練を経て実戦に投入されるのは、どう少なく見つもっても二、三年先になる。

全備重量四トン、一万二千メートルまでの上昇時間三分四十五秒、最高時速九百キロ以上の高性能はたしかに魅力だが、それはドイツのメッサーシュミットMe163のように今飛んでいればの話で、すでに空襲にやってきているB29の邀撃にはまったく間に合わない。

対B29に限っていえば、有力な戦力としてもっとも最短距離にあるのは、むしろ「雷電」ではないか。どうせ急場に間に合わない「秋水」に技術力を短期集中するくらいなら、「雷電」でそれをやった方がはるかに有効な即戦力となるはずだ。

そんな自明の理も通用しないまま「秋水」のプロジェクトは強行された。結論をいえば、ざっと一年後の昭和二十年七月七日、海軍用の試作一号機の試験飛行が行なわれたが、上昇中にエンジンが停止し、滑空で飛行場に戻る途中、建物に翼端を引っかけて墜落、機体は大破して操縦者は死亡した。それから間もなく、終戦となった。

この間にB29の空襲によって、日本の工場と都市の大部分は破壊されてしまったから、たとえ順調に「秋水」が戦力化されたとしても、すでに守るべきものは残っていなかったということになる。

潜水艦でもたらされた乏しい資料をもとに、驚くべき短期間で試作機を飛ばすところまでこぎつけた関係者たちの努力と熱意はすばらしいが、戦争全般から見れば「秋水」プロジェクトの実施決定は大きなロスといえる。

このことについて、「秋水」の主翼・尾翼設計担当だった本庄季郎技師は、『海鷲の航跡』（海空会編、原書房）の中で、次のように述べている。

「私は技術とか科学に対して、軍人はあまりにも無理解な集団であったと考えている。軍人というより大多数の日本人、といった方が当たっていると思うが。

その中でもわが国では権力を持っている人々が科学技術（とくに工業）に対する常識に欠けていて、そういう人たちが技術に関する事柄の判断と決定権を持つから困るのである。

元来、新しい技術製品というものは、かなりの開発期間があって完成されるものだが、多くの人が見本を猿真似（さるまね）すればできると思いたがる。これが一番数多い失敗の原因であろう。

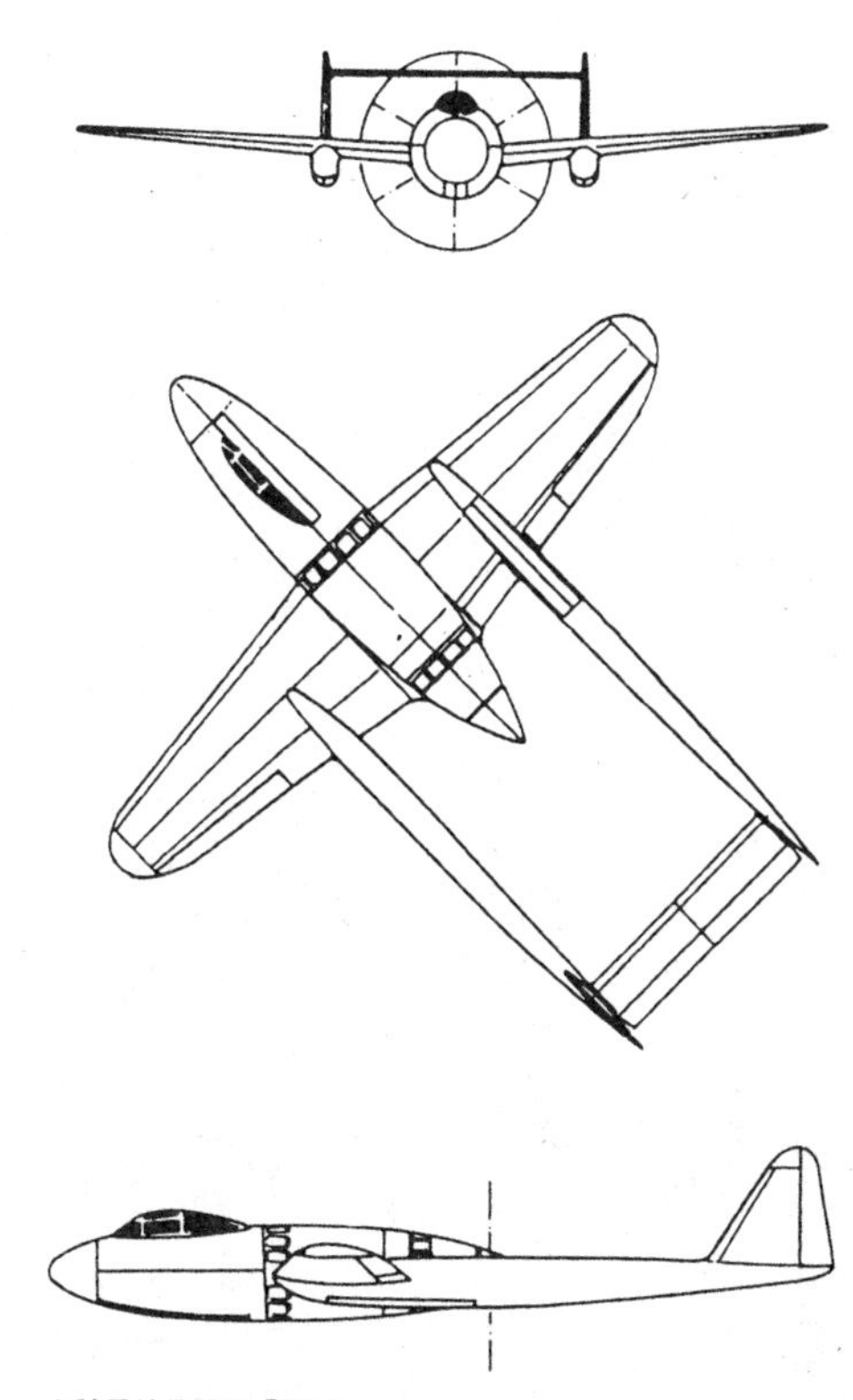

一七試局地戦闘機「閃電」
全長：13m　全幅：12.5m　全備重量：4400kg　最大速度704km/h
上昇限度：1万1000m　航続距離：1200km
武装：30mm機銃×1,20mm機銃×2

作図・小川利彦

三菱はかなり長年月、先進国の航空技術者を招いて指導を受けた。八試特偵（注、九六式陸上攻撃機の原型となった八試特殊偵察機）試作のとき、それまで蓄積した基本技術をもとに、みずから考えるという思想で設計して大成功を収めたのであるが、それにはかなり長年月の技術開発期間があったことを忘れてはならない。

とくにきわめて不完全な資料だけで着手した『秋水』の計画は、以前に失敗をくり返した猿真似思想に戻ったもので、こんな計画を実行したということは、軍側にも会社側にも、本当に技術というものを理解している首脳がいなかったことを証明している」

本庄の怒りが伝わってくるような意見表明だが、終わりの方の〝本当に技術を理解している首脳がいなかった……〟というくだりの、〝会社側にも〟という個所は、少しばかり適切を欠いているように思われる。なぜなら、最初この話を海軍から持ちかけられたとき、三菱から出席した名古屋航空機製作所の服部副所長や河野技術部長は、データや資料不足を理由に断わっているからだ。

その後、前述したように、わずか一ヵ月で機体のデータを揃えた海軍側の熱意と、強(た)っての要請に負けて開発を引き受けてしまったが、それ以上の拒否は〝国賊(こくぞく)〟といわれかねない戦時下にあっては、やむを得ないことだった。しかも「秋水」開発は、第一級の国家プロジェクトだったのである。

「秋水」の開発決定は計画自体に無理があっただけでなく、当時進められていた他の試作機にもさまざまな影響を与えたが、三菱でやっていた十七試局地戦闘機「閃電（せんでん）」（J4M1）もその一つだった。

第三設計課長佐野栄太郎技師のところで開発が進められていた「閃電」は、エンジンを胴体後部に取り付けて推進式プロペラをまわし、そのプロペラの回転面を避けて、主翼から後方に伸びた二本の梁（はり）（ビーム）で水平尾翼を支えるという、特異な形をした機体だ。

はじめは会社記号「M70」として、こうしたエンジン装備法の研究目的でスタートしたものだが、先に開発が進められていた「雷電」が、大直径の「火星」エンジン装備による視界不良や振動問題で実用化が遅れる見込みとなったことから急に注目され、十七試として正式に海軍の試作機計画に組み入れられるようになったものである。

最高速度三百八十ノット（時速七百四キロ）／高度六千メートル、上昇力八千メートルまで十五分、実用上昇限度一万一千メートル、武装三十ミリ機銃一、二十ミリ機銃二と、海軍は多大の期待をこめて要求仕様を出したものの、三菱がなれない機体型式からくる不具合の解決に手間取っているうちに、陸海軍の試作機整理問題が起き、昭和十九年十月、試作機の完成も見ずに開発中止となった。

大変な無駄をした「閃電」開発だったが、その中止によって手の空いた第三設計課が「雷電」に振り向けられるようになったのは有難かった。しかし、それまでに失われた時間はあまりにも大きく、それを痛いほど感じさせられるときがほどなくやってきた。

6

話が少し前に戻るが、昭和十八年十一月十五日、二つの異なった新型戦闘機隊が海軍に誕生した。一つは「雷電」部隊としては二番目にあたる第三〇一航空隊、そしてもう一つは「紫電」部隊の第三四一航空隊で、いずれも「J」の記号がつく陸上戦闘機で編成された部隊だが、互いにライバル関係にあった使用機の「雷電」と「紫電」は、高性能と重武装が売り物だった反面、それぞれに欠陥をはらんで不安要素の多い機体だった。

どちらもまだ工場での生産が軌道にのっていなかったところから、両航空隊ともはじめは零戦で訓練を開始し、本来の装備機である「雷電」や「紫電」の充足を待った。「雷電」の第三〇一航空隊は司令が八木勝利中佐、飛行隊長が藤田怡与蔵大尉で、分隊長には岩下邦雄中尉ら兵学校六十九期組が配されたが、分隊長以下、零戦に乗りなれた搭乗員たちにとっては、「紫電」同様に「雷電」は異質の機体であった。「紫電」は「火星」エンジンをつんだ水上戦闘機「強風」がベースだっただけに、胴体が太かったことに加えて中翼だったので、前下方の視界が悪かった。低翼ではあったが「紫電」よりさらに胴体が太い「雷電」も、前下方の視界の悪さではひけを取らず、地上滑走中にほかの搭乗員がプロペラで切断されるという、いたましい事故もあった。

翼面荷重が大きいので、空中にあがると少しの無理な操作で失速する傾向があり、〈いやな飛行機に乗せられた〉というのが、「雷電」搭乗員たちのいつわらない気持だった。

着陸速度が大きく、脚に弱点があって、着陸時の事故が多いのも両機に共通した現象だったが、搭乗員たちにとって見た目も操縦性もなめらかな零戦との違いは、「紫電」より「雷電」の方が大きく感じられたようだ。しかし、半年後にはしだいに機体にもなれて訓練の成果もあがり、機材も揃って部隊の戦力も充実したものとなった。

この間の経過を『三〇一空（〃空〃は航空隊の略）戦時日誌』で見ると、昭和十八年十一月五日から十日の間に開隊するとすぐ零戦による訓練を開始したが、開隊後約五十日たった昭和十九年一月一日の使用可能機数（カッコ内は整備または修理中のもの）は、零戦一二（七）、十四試局戦四（二）、「雷電」一〇（二）だったものが、館山に移動した五月二十九日には「雷電」の進出機数四十九機に増強されている。

この頃、ボルネオの油田地帯防空のためバリックパパンに展開していた第三八一航空隊の保有「雷電」が十機程度だったから、三〇一航空隊は当時最大の「雷電」装備部隊であった。

このころ、マリアナ方面の戦況がにわかに急となり、米軍のサイパン島攻略の企図が明らかになったため、六月十四日「あ号作戦決戦用意」が発令された。わが海軍の機動部隊と基地航空兵力の全力をもって邀撃、敵の戦艦群および強力な機動部隊群を壊滅させて、上陸を阻止しようという狙いである。

基地航空部隊の主力となったのが、第十二航空艦隊に横須賀航空隊を加えた、いわゆる「八幡部隊」で、東京とサイパンの中ほどにある硫黄島に進出することになっていた。館山はこの進出部隊の中継基地となったため、戦闘機、陸上攻撃機、艦上攻撃機などの新鋭部隊がぞくぞくとやってきた。

もともと館山基地には、地主ともいうべき館山海軍航空隊があって、水上偵察機、観測機、艦上攻撃機などを持っていたし、ここで開隊した飛行艇と陸上攻撃機隊や、再編成された戦闘機隊も同居していた。

ここには「紫電」の第三四一航空隊もいたが、飛行場はおびただしい数の飛行機であふれ、滑走路は飛び立つ飛行機、降りてくる飛行機で絶え間なくふさがれて、思うように訓練ができなくなったので、間もなく愛知県の明治基地に移っていった。

雷電隊の第三〇一航空隊が館山基地にやってきた目的は、ほかの部隊とは違っていた。

それは「雷電」隊が編成される少し前のことで、第三〇一航空隊の分隊長に補された岩下邦雄中尉は、軍令部航空参謀の源田実中佐（のち大佐、「紫電改」の第三四三航空隊司令となる）に呼ばれて海軍省に行った。

一中尉を軍令部の高級参謀が呼び出すなど異例のことだが、兵学校、飛行学生とも優秀な成績だった岩下に目をかけていた源田は、部隊編成に先立って、自分の意図を岩下に伝えておきたかったようだ。

源田は岩下にいった。

「いま南方では、高空性能のいいＢ17やＢ24爆撃機が盛んに暴れまわっているが、零戦ではもう歯が立たん。このまま彼らのなすがままにしておくと、そのうち日本本土が絨毯(じゆうたん)爆撃でやられるようになるのは目に見えている。これを防ぐには、どうしても重武装の局地戦闘機をもって、今のうちにたたいて置かなければならない。三〇一空は、そのための部隊だから、心して錬成に励んで欲しい」

つまりラバウル進出が第三〇一航空隊開隊の目的だったのだが、「雷電」は航続距離がみじかいのでいったん館山に移り、硫黄島、サイパン島経由でラバウルに進出する予定だった。ところがサイパンが危ないとあっては、ラバウル進出どころではなくなった。

練度の上がった第三〇一航空隊は貴重な戦力だったので、サイパン攻防戦に投入するよう変更され、すぐに硫黄島に派遣されることになった。

第三〇一航空隊はこの三月、零戦の戦闘三一六飛行隊と「雷電」の戦闘六〇一飛行隊に分かれていたが、航続距離のみじかい雷電隊を残して、零戦隊だけで硫黄島に進出した。ところが不幸なことに、第三〇一航空隊が到着したあと天候が悪化し、八幡部隊本隊の進出が遅れている間に、敵の機動部隊の一部が硫黄島と小笠原諸島の父島に攻撃をかけてきた。

圧倒的に優勢な敵空母艦載機のグラマンF6F「ヘルキャット」に対し、六月十一日から十五日にかけて第三〇一航空隊は劣勢の零戦をもって応戦したが、こちらは指揮官以下ほとんどが実戦未経験とあって、四回にわたった邀撃戦で指揮官の従二重男大尉、島本重二大尉以下、大半が未帰還となってしまった。

不幸はこれにとどまらなかった。この頃、たまたま零戦の空輸のため硫黄島にきていた「紫電」の第三四一航空隊戦闘四〇一飛行隊の金子元威大尉らも、到着翌日の空襲で邀撃にあがったまま還らなかった。

硫黄島に対する空襲は、サイパン島上陸に先立って妨げとなる日本の基地航空兵力を叩いておこうという米軍の作戦の一環として行なわれたもので、従二大尉以下十五機が未帰還となった六月十五日、圧倒的な兵力でサイパン島に上陸を開始した。

翌日「あ号作戦決戦」が発令され、日本本土の東部に展開する基地航空兵力の硫黄島集中が開始された。航続距離の関係で残されていた第三〇一航空隊の戦闘六〇一雷電隊にも出動命令が下った。

今度こそと隊員たちは勇み立ったが、運命はまたしても「雷電」につれなかった。連日のように天候が悪くて待機がつづき、この間に「雷電」に対する性能上の不安がつのって、結局は零戦に飛行機を変えて進出することになった。

やっと天候が回復した六月二十一日から二十五日にかけて、四十機の零戦が硫黄島に到着したが、数次にわたる邀撃戦でたちまち戦力を消耗し、残った飛行機は敵の艦砲射撃で全滅、わずかに生き残った搭乗員が迎えの輸送機で辛うじて内地に帰還するという惨憺たる結果に終わった。

こうして戦力を失った第三〇一航空隊は七月十日付で解隊され、残された飛行機「雷電」は厚木の第三〇二航空隊に引き渡された。

7

消える隊があれば、新しく生まれる隊もある。三〇一航空隊の解隊から三週間たった八月一日、山口県岩国に第三三二航空隊、続いて八月十日、長崎県大村に第三五二航空隊と、二つの雷電部隊が開隊した。

三三二航空隊は軍港を中心とした呉地区の、三五二航空隊は佐世保、長崎、大村地区の防空が主任務で、それぞれ定数四十八機の「雷電」を主力として編成されるはずだったが、それまでの雷電部隊がそうだったように、生産機がなかなか揃わないので、どちらもとりあえず零戦を主力として発足することを余儀なくされた。

ちなみに、両隊とも発足時の「雷電」保有数はわずか二、三機で、それも整備が終わっていないため、可動機はゼロというみじめな状態だった。それもそのはずで、海軍の「雷電」減産方針がたたって、後述するように「雷電」の生産がピークに達した昭和十九年度（十九年四月から二十年三月まで）の生産ですら二百八十機に過ぎなかった。月にならすと二十三機弱で、これではとても消耗の激しい戦時下の第一線部隊の需要を満たすことはできない。

戦闘出動は第三五二航空隊が早く、八月二十日、北九州の八幡製作所を襲ったB29を邀撃したが、出動したのは零戦と「月光」で、「雷電」は一機も参加しなかった。そのうちに二機、三機と少しずつ「雷電」が配備されるようになり、十月二十五日の邀撃戦では零戦、「月光」とともに「雷電」一個分隊の八機が出動した。

日本機の中では随一を誇る上昇力と、二十ミリ機銃四挺の強力な武装に大きな期待が寄せられたが、約八千メートルの高度で来襲したB29を捕捉するのは困難で、雷電隊の戦果はわずかに撃墜二機が報告されたにとどまった。

十月二十五日の北九州の邀撃戦には岩国からも第三三二航空隊が初出撃したが、出たのは零戦だけで、「雷電」は参加しなかった。しかも地上からの誘導が悪く、敵編隊に遭遇することなく基地に引き返した。

第三五二航空隊の二度にわたる対B29戦闘の経験は、日本の戦闘機隊に新しい難題をもたらした。高空でスピードが速いうえに、動力駆動の十二・七ミリ機銃十挺と二十ミリ機銃一挺（この機銃は使いづらいという理由でのちにはずされた）をそなえた強力な武装のB29に対しては、新しい戦法で臨むことが切実な問題となったからだ。

北九州上空でのB29邀撃戦で第三五二航空隊が苦闘を強いられていたのとほぼ同じころ、首都防衛を担当する厚木の第三〇二航空隊に一人の海軍士官が立ち寄った。その名は菅野直――すでにこのころには多数機撃墜の名指揮官として、部内にその名を知られた勇者で、フィリピンの激戦場から飛行機を取りに帰ったついでに、第三〇二航空隊にいた飛行学生同期の森岡寛大尉をたずねてきたのであった。

「よく来たな。貴様、ヤップ島にいたんじゃなかったのか。あっちでのうわさはいろいろ聞いたぞ」

第三種軍装（緑色の戦闘服）にキチンと身を固めた菅野に開口一番、森岡はいった。

これより三ヵ月ほど前、菅野はフィリピンのダバオにいた第二〇一航空隊から南洋のパラオに派遣されたが、B24の邀撃戦でかれの指揮する零戦隊はわずか一週間で撃墜十七（うち不確実九）、撃破四十六の大戦果をあげ、第一航空艦隊司令長官の表彰を受けた。森岡がいったのはそのことだが、それまでさんざん手を焼いていた四発大型機のB24に対して、短期間にこれだけの戦果をあげることができたのは、菅野があみ出した新戦法が功を奏したからだった。

それまでの戦闘機による大型機攻撃法は、千メートルほどの高度差で反航し、途中で切り返して後上方から射撃を加えるのがもっとも一般的だったが、この方法だと敵の射撃にさらされる時間が長くなり、米軍爆撃機が装備している初速がはやくて弾道の直進性がいい十二・七ミリ機銃にやられる可能性がたかい。そのために攻撃の成果があがらず、爆撃機を撃墜するのが任務である戦闘機隊としては申し訳ないと、菅野は独自の攻撃法をあみ出した。

高度差千メートルで反航するまでは従来と同じだが、敵編隊をほぼ四十五度の左下に見たところで機体を背面とし、そのまま敵編隊の中に垂直に突っ込むという恐るべき戦法である。

この方法だと、敵機の進行方向に対して直上からの攻撃となるので、目標の移動速度がはやく、射撃の際の修正がむずかしいが、敵機のほとんどの銃座から死角になるので、こちらがやられることが少なくなる。その代わり敵機と衝突する危険度が高くなるので、よほどの操縦技倆と恐怖に打ち克つ強靱な精神力を必要とするが、菅野は率先してこの戦法を実践し、身をもって部下たちに教え込んだ。

もともと艦上爆撃機の搭乗員だった森岡は戦闘機搭乗員の不足から転科して第三〇二航空隊にやってきたもので、今はもっぱらB29の邀撃戦闘訓練をやっていると聞かされた菅野は、かれの新しい対大型機戦法を実際にやって見せようといい出した。

二人はすぐに用意された二機の零戦に乗って、青く澄んだ秋空に飛び上がり、高度五千メートルあたりでいったん分かれ、反転して高度差をつけるとふたたび接近した。そして、森岡がはるか前方上方に菅野機を認めた瞬間、それが背面になって突っ込んできた。

見る見る近づいて、たちまち視野いっぱいにひろがった菅野機に、空中衝突の恐怖を覚えた森岡の眼前を、その零戦は流星のように落下していった。

「ま、こんなものだ。しっかりやれ」

「貴様も元気でな」

やがて地上に降り立った二人は、互いの健闘を祈って淡々と別れた。そして菅野は数日後、受領した零戦で激戦地のフィリピンに向けて内地を離れた。

「それが菅野君を見た最後だった。かれの教えてくれた前上方背面垂直攻撃法は、三〇二空でも訓練を重ねて、昭和十九年十一月から始まったB29の邀撃戦に威力を発揮することになった」

森岡の述懐であるが、菅野は飛行機受領で内地に滞在していた間に、いくつかの戦闘機隊を訪ねては、かれがつくり上げた対大型機空戦法を伝授して歩いたフシがあり、その後この戦法がB29攻撃法としてひろく使われるようになった。

第十章――名誉の戦死

1

日本が高々度邀撃戦闘機開発の遅れと、中国奥地の基地から北九州に来襲するB29の邀撃で躍起になっている間に、占領したマリアナ諸島のサイパン、テニアン、グアムの各島に大基地群をつくり上げた米軍は、いよいよこれらの基地を拠点とした日本本土の本格的空襲を開始する決意を固めた。

まだ戦闘が行なわれている最中の六月二十四日、サイパン島で最初の飛行場建設が開始されたが、それから百十日たった十月十二日、第二十一爆撃兵団司令官ハンセル将軍搭乗の一番機がサイパン島イスレイ飛行場に到着したのを皮切りに、B29が続々と飛来した。

そして秋も深まった昭和十九年十一月一日、その最初の使者であるF13偵察機が関東地区上空に姿を現わした。

B29を偵察機に仕立てたF13は、大胆にもただ一機、一万メートルの高空を四すじの美しい飛行雲をひきながら東京上空を通過した。

これに対して陸海軍の戦闘機が多数邀撃にあがり、厚木の第三〇二航空隊からも「雷電」、零戦、「月光」など約三十機が出動したが、F13を攻撃するどころか、捕捉に成功した戦闘機は一機もなかった。

一万メートルまで上がるのに三十分から四十分もかかるとあっては当然で、しかもやっと達したその高度では、エンジンの出力が半分に落ち、機体は浮いているのがやっとという状態では、たとえつかまえたとしても、攻撃することなどとうてい無理な相談だった。

F13偵察機はその後も十一月五日、七日、十日と三回にわたって関東地区上空に飛来したが、それらはあとに続く大規模空襲の前ぶれであった。それから約三週間を過ぎた十一月二十四日、サイパン基地を発進した第七十三爆撃飛行団のB29約百機が東た。

その目標は首都東京ではなく、その手前の田無(たなし)にある中島飛行機のエンジン工場だっ

富士山を目標にやってきたB29の大編隊は、東に向きを変えて東京を目指したが、

京地区に来襲した。

この日の空襲は、マリアナからの最初の大編隊による出撃だったが、参加した百十機のうち、一割以上の十七機が故障で引き返したこと、あいにくこの日は低空に雲が多く、目標に対して投弾できたのはわずか二十四機に過ぎなかったことなどから決して成功とはいえなかったが、数ある目標の中から、真っ先に日本最大の航空エンジン工場を選んだ米軍の意図が明らかとなるに及んで、軍は強い衝撃を受けた。

エンジンがなかったら、飛行機は単なる地上のガラクタに過ぎなくなるし、その工場を爆撃から守ろうにも、使える戦闘機がないからだ。仕方がないので、陸軍では体当たりでB29を墜とす専門の部隊を急ぎ編成した。「震天制空隊」とよばれたこの部隊の飛行機は、エンジンの性能不足をカバーするため、武装や一切の余分な装備をはずし、なかには塗装まではがして上昇高度を高めるようにしていた。

それは何回目の空襲だったかはっきり覚えていないが、筆者は体当たりによってB29が墜ちるのを見たことがあり、感動でからだの震(ふる)えがとまらなかった記憶は今も鮮

やかだ。しかし、これは艦船に対して行なわれた特攻と同じように正常な攻撃法とはいえず、まともに戦える邀撃戦闘機を揃えることが一番なのはもちろんだ。

Ｂ29による中島飛行機の田無発動機工場初爆撃から少しさかのぼる十月初旬、折りからテスト中の機械駆動二速過給器つき「火星」二六型甲エンジンを装備した「雷電」三三型の高性能に目をつけた軍需省代表の一行が、三菱航空機名古屋発動機製作所に乗り込んできた。

「雷電の発動機はつくっているか」

会議の冒頭、軍需省側はそう発言して、会社の出席者たちを戸惑わせた。

なぜなら、これまでにもそうであったように、増産要求と減産要求がくり返されて、「雷電」の生産はそのつど混乱し、「雷電」三三型用の「火星」二六型甲エンジンも、せっかく準備した冶工具は撤去して他に転用されていたからだ。

にもかかわらず軍需省は、年末までに「雷電」三三型用の「火星」二六型甲エンジンを百基、至急つくれという要求を、三菱につきつけた。

常識からすれば、冶工具の整備からはじめたのでは、年末までのわずか二ヵ月足らずの間に、新型エンジンを百基そろえろという軍需省の要求は無茶もいいところだった。しかし最後には、「これができないと日本は負ける」と拝むような一行の熱意に動かされて、この要求を受け入れることになった。

2

軍需省要求の実現のため、深尾淳二常務が陣頭に立って、冶工具を鋳鉄製から普通鋼の熔接構造に変えたり、百基分専用として簡易化するなど、可能なかぎり工期を短縮する処置がとられた。

さっそく、第一工作部担当で冶工具の製作と取り付け、部品の手配などに着手し、十二月十五日の組み立て開始を目標に準備を進めていた矢先の十二月七日、思いがけない事態が発生した。

それは昼休みも終わり、工場が午後の作業を開始して間もない一時半を少し過ぎたころだった。

名古屋航空機製作所大江工場の海軍機体製造部門を担当する第一工作部事務所で執務中だった部長の由比直一は、突然大きな地鳴りがして建物が前後左右に激しく揺れ動いたので、驚いて二階の部屋から外に出ようとしたとき、そこには信じられない光景が展開されているのが目に入った。

南北に通じる工場の中央通路の数ヵ所に大きな亀裂ができ、そこから真っ黒いヘドロが吹き出しているのではないか。

〈これは大変なことになった〉

ともかく階段を駆け降り、なお余震がつづく中を工場内部に入ってみると、床にもあちこちに亀裂が走り、中央通路と同じようにヘドロが激しく噴出している。そして、空襲にそなえて工場の内外につくられていた防空壕は、ほとんど全壊の状態だった。

由比と同じ第一工作部の部品工作部鉄工部品工場長だった佐々木三郎は、工場二階で会議中にこの地震に遭遇した。

「急にぐらぐらするので上を見ると、天井がゆれている。すぐ地震だと気づいたが、ひどくなる一方だ。工場が心配なのでやっとの思いで階段を降りて外に出ると、目の前の地盤が割れて、そこから海水が吹き出している。

それを飛び越えて進むと、その先がまた割れて海水が吹き出す始末に、どうなることかと胆をひやした」（『往時茫茫』）

由比や佐々木が見たものは、大地震の際に海岸地帯の埋立地などで発生する〝液状化現象〟であった。

当時、大江工場の海軍機体部門では、零戦、一式陸上攻撃機および「雷電」の量産、次期艦上戦闘機「烈風」とロケット戦闘機「秋水」の試作が行なわれていたが、総組立工場はともかくとして翼や胴体工場の受けたダメージは大きかった。

工場内に数十センチ以上も亀裂や高低差のできた個所が沢山あり、主翼、胴体などの組立治具(じぐ)がことごとく狂ってしまったのである。

組立治具というのは、建築の際の足場と精密な定規を兼ねたようなもので、精度を保つため、ふつうは床からは独立してつくられるが、鉄材を節約するため、基礎に鉄材を使わず、すべて床のコンクリートにじかに埋め込んであったからたまらない。治具が狂って主翼や胴体の組み立てができなくなったため、一式陸上攻撃機、零戦、「雷電」の三つあった総組立工場の作業がすべて止まってしまい、生産予定がまったく立たなくなった。

12・7　木曜日　晴

13時37分強震あり。会社も相当の被害を受く。とくに一部(海軍機関係)の中では胴体工場被害大なり。道徳方面倒壊家屋多数、震源地は遠州灘とのこと。近来にない強震。余の家被害少し。工場の復興にとりかかる。午前3時まで計画。

12・8　金曜日　晴

大東亜戦争三周年。大詔奉戴式。地震復興第2日、A6(零戦)被害大なり。東京地方空襲。

海軍機胴体工場長だった小笠原誠の戦中日誌の一部だが、「胴体工場の床は建物の柱の周囲を残して杭と床の中間で約八十センチも陥没したところもあり、十二月七日に震災を受けてから二十五日まで、すっかり狂ってしまったA6、G4などの胴体治具の修正に手間取って大事な時期に生産ができなかった」(小笠原)と述懐している。

胴体工場では、後述する十二月十三日の初空襲より、この地震の被害の方が大きかった。地震のため、工場の大扉のほとんどがはずれて倒れてしまい、工場が素通しになって雨や風が吹き込んだため、竹中工務店の手で応急足場のような丸太を組み、土建用キャンバスを張ったもので扉のあとをふさぎ、何とか夜間作業もできるようになった。

海軍機部門に比べると、陸軍機の組み立てをやっていた道徳工場の被害はもっとひどく、死傷者もかなり出た。それにくらべると、震源地からいくらか遠く、地盤もしっかりしていた鈴鹿整備工場の方は、たいしたこともなくすんだ。

大江の名古屋航空機製作所技術部から「烈風」(A7M2)の飛行試験進捗のため

派遣されていた関田力技師は、この地震で珍しいものを見た。

「この日、『烈風』の第十回目の飛行試験が行なわれていた。昼を過ぎた頃、事務所の脇を歩いていると突然、大地が揺れた。格納庫の前の広いエプロンは、コンクリートで固められているのに大波のようにうねって、波が大海を進むようにそのうねりが走った。ちょうど格納庫前に置かれてあった零戦が、グラリ傾いたかと思うとダンスでも踊るように動き出した。一瞬、地震のこわさも忘れて笑い出したいような気持になった。そのうち踊っていた零戦も、あらぬ方向を向いて静かになった。

その近くにあった飛行機にも異常はなさそうだったし、格納庫は高い建物だったのでひどく揺れたが、丈夫なのでこれもたいしたことはなかった。事務所に戻って皆で地震について語り合ったが、鈴鹿整備工場の被害はたいしたことはなく、騒ぎは段々と収まった」(関田)

この日、たまたま鈴鹿に来ていた航空技術廠飛行機部「雷電」主務の高橋楠正技術大尉は、地上にあった「雷電」に乗っていて、この地震にあった。

「機体が揺れるので、だれかが翼端でもゆさぶっているのかと思って横を見ると、近くの高さ三メートル以上ある大水槽から水が激しくこぼれ落ちはじめた。すごい地震である。機体の上でこんな大地震を体験するとは、なんと幸運であったことか。

こうして私の身の安全を保障してくれたその機体が、『雷電』であった」（高橋）

3

名古屋発動機製作所では、小笠原の戦中日誌にもあるように地震のあとすぐに、災害の復旧と生産再開に向けて必死の努力を開始した。そして「雷電」三三型用「火星」二六型甲エンジンの、十二月十五日生産開始予定の遅れを少しでも取り戻そうと、関係者たちは部品集めに奔走した。そして、かれらの努力の甲斐があって、百基ぶんのエンジン部品がほぼ揃いかけた十二月十三日、今度はかねてから予想されていたB29による工場爆撃の惨禍が、ふたたびそれをフイにしてしまった。

それまで、中島飛行機発動機工場のある東京地区を主に十一回も出撃したのに、目ぼしい成果をあげられなかったマリアナ基地の第二十一爆撃兵団は、十二月の第三週に入ると一転して名古屋地区に目標を変えた。狙いは、中島飛行機とともに日本の航空機生産の大半をになう三菱重工業航空機および発動機の主力工場を壊滅させることにあった。そして、中島飛行機の場合と同様、まず発動機工場を目標にやってきた。

十二月十三日午前十時二十分、小笠原諸島上空を北進するB29らしい大型機が認められ、その五分後には八丈島のレーダーが目標を捕えた。

首都圏防衛を担当する陸軍第十飛行師団は、主力を伊豆半島方面に配備して待ち構える作戦をとった。陸軍の指揮下にあった厚木の第三〇二航空隊からは午後一時以降、「雷電」二十六機を主力に零戦、「月光」「彗星」夜戦型など七十一機を発進させたが、関東地区へはやって来なかったので、午後三時過ぎに横須賀鎮守府東管区の空襲警報は解除された。

これより先、伊豆半島のはるか南の洋上で進路を西に変えたB29編隊は、午後二時から三時にかけて名古屋地区に姿を現わした。

B29の最初の編隊が飛行雲の長い尾を引きながら、無気味な轟音とともに澄み切った青空に姿を現わしたとき、初の体験とあって、退避もせずにこれをながめていた人びとの中から、「まさに威容犯すべからずだ」と感嘆の声がもれた。

「まさか次の瞬間に爆弾の雨がわれわれの頭上に降りそそごうとは知らないこれらの人たちが、あわてて近くの退避壕に逃げ込んだのは、日光を受けてキラキラ光る爆弾らしいものが機体から落ちはじめてからだった。それからなん回波状攻撃を受けたか覚えていないが、うんざりするほどの回数であった。空襲のあい間を見ては壕から飛び出してながめる工場内の風景は、あのきれいに整備されていたところが今や修羅場と化し、その中で消火する者、みみずの巣を壊すようにつぶれた壕を掘り起こす者、死体を運ぶ者など、無我夢中で活躍する人びとの姿が、今でも地獄絵図のように脳裏に焼きついて消えない」（由比『往時茫茫』）

名古屋発動機製作所で、紡績工場を飛行機工場に転換するための買収業務などを担当していたベテランの石島伝は、この日の昼食後、大垣の大日本紡績に出かけた。名古屋駅を出るときすでに警戒警報が発令され、一宮（いちのみや）を通過したあたりで空襲警報となった。

岐阜では名古屋が空襲を受けているらしいと聞かされ、心配しながら目的地の大垣に着いたとき、やや正確な情報で名古屋北部工場地帯が大空襲下にあることがわかったので、大日本紡績行きを見合わせて駅からすぐ引き返した。

「帰ってみると案の定、わが工場への空襲で、正門の付近から無惨な状況がうかがえた。警防団員や憲兵などが物々しく警備にあたっていたが、まったくのところ手の施しようもなく右往左往している有様であった。すでに夕闇が迫っており、負傷者はほぼ病院に収容されていたが、死亡者は青年学校の道場に収容して安置することになった。

道場に並べられた遺体は二百三十余体と記憶しているが、四肢ばらばらの者やわずかに肉片だけの者もあり、この無気味な遺体をそれぞれ着衣をたよりにしたり持物から判断したりして、ちぎれた手足を包帯でしばり、土砂による汚れを拭き取って一応きれいにしてから白木の棺に収める。それは停電で暗黒のなか、トロトロとゆらぐ蠟燭をたよりに夜を徹して行なわれたが、この作業の主役である医師や看護婦の献身的な活動には涙がこぼれた。また学徒動員で工場に来ていた女学生からも多くの犠牲者を出した。赤や緑のセーターを着た可憐な遺体は、見るにしのびなかった。

夕方から翌朝にかけ、工場に駆けつけた多くの父兄の不安と憔悴の顔は、二十五年を経た今でもなお忘れられない」（石島『往時茫茫』）

このほか畝傍中学から来て成績優秀だった動員学徒のうち約二十名も、退避壕の中にいて直撃弾を受けたため、全員爆死した。

こうして爆死した学徒たちの両親への言葉は「名誉ある戦死です」というむなしいもので、伝える会社の担当者たちは、身を切られるような思いであったという。

警報発令とともに工場外に避難していれば、あたら命を失わなくてすんだものを、こうした悲劇を招いたのは、「軍関係工場の従業員は、いかなる空襲下にあっても一歩も工場外に出ることを許さず、全員残留して工場を死守すべし」という軍命令の存在だった。建物や施設だけでなく、人員までも一挙に失うようなこの措置は、日本の工業生産力を根こそぎ潰滅させようという敵の空襲意図の効果を増幅させる以外の何ものでもなかった。

だがその一方で、「一億玉砕」を叫んだ戦争末期のあの雰囲気からして、平和な今の時代に考えるほど不条理でなかったことも事実で、工場は戦場でいう陣地であり、敵の爆撃で死ぬ寸前まで生産に励めという命令がまかり通った戦争の時代は、やはり〝非常時〟であった。

12・13　水曜日　晴
12時13分警戒警報出る。13時37分空襲警報。B29約80機、名古屋に来襲。名古屋に対する本格的爆撃なり。三菱名発（名古屋発動機製作所）に目標をとられ、相当爆弾を落とされた。15時45分警報解除さる。夕方帰途につく。（中略）帰宅。食事を持ち再びバスにて会社に出る。20時30分警報解除さる。

先の大江海軍機胴体工場長小笠原誠の、戦中日誌にはそう書かれているが、マリアナ基地のアメリカ第二十一爆撃兵団にとって、十二回目の出撃にあたるこの日の三菱の発動機工場爆撃は、かれらにとって初めてあげた大戦果だった。

「七五機の『超空の要塞』は、この工場に五〇〇ポンド（約二二五キロ）爆弾と焼夷弾を投下した。偵察写真によると爆弾の一六パーセントは目標の三〇〇メートル（一〇〇〇フィート）以内に落下しており、この工場の一七パーセント以上が破壊されていた。多くの工場施設が破壊され、死者二四六人におよび、多数が負傷した。この爆撃によってエンジンの生産能力は月産一六〇〇台から一二〇〇台に減少したといわれる」（第二次大戦ブックス④『B29』サンケイ新聞出版局）

これは戦後にアメリカの爆撃調査団がしらべたこの日の空襲のデータだが、エンジン生産能力の減少とともに痛かったのが、今や邀撃戦闘機としては国内に並ぶもののない「雷電」三三型用「火星」二六型甲エンジンの生産がとまってしまったことだった。せっかく苦労して集めた部品が、爆撃で吹き飛ばされて散り散りになり、拾い集めてみたら、わずか数基ぶんしか揃わなかった。

気を取り直してすぐに部品手配から始めようとしたが、この空襲で工場疎開が急がれることになり、それどころではなくなった。そんなことで作業は遅れに遅れ、百基全部が完成したのは、翌二十年四月であった。

「それが実際に『雷電』に搭載されて終戦までに間に合ったかどうか明らかでないが、

もし雷電生産方針の中途変更がなかったら、B29の本土侵入までに相当数が間に合って、本土上空をかくも無防備に放置せずにすんだのではなかろうか」（『往時茫茫』第二巻）

昭和十九年一月、フネをつくる仕事が減った長崎造船所から名古屋発動機製作所に転勤し、「火星」二六型甲エンジンの急速生産時には同所第一工作部長だった鈴木弥太郎の痛恨の回想であるが、実際には爆撃や工場疎開などによる混乱にもめげず、「雷電」三三型は終戦までに約三十機が完成している。

十二月十三日の三菱名古屋発動機製作所空襲から五日後の十二月十八日、今度は名古屋航空機製作所が襲われた。

この日十二時ごろ、八丈島付近を北上したB29編隊は、その後兵力を二分して一部が伊勢湾方面に進路を変えた。

「目標は三菱の飛行機組立工場で、床面積三九万一〇〇〇平方メートルという大工場であった。六三機のB29が名古屋上空に達したとき、目標が雲で覆われていたため大部分がレーダー爆撃を実施し、大成果をあげた。

工場の一七パーセント以上が破壊されたものとみられ、日本側の人員損失は死亡負傷あわせて四〇〇人にたっした」（前出サンケイ第二次世界大戦ブックス④『B29』）

アメリカ側の記述は淡々としているが、この空襲を地上で受けた工場の人びとにとって、それは忘れようにも忘れられない恐怖の体験であった。

「敵機の爆音が段々と大きくなってくる。何機来たのだろう。工場の真上に来たと思われる頃、ドドドーと異様な地響きと耳を叩かれるような振動がし、床に莚を敷いて腹ばいになっている身体を上下に激しくゆすられた。続いて生温かい空気がフワーと身体を包む。こんなことが何回かくり返されたが、この間の時間の長かったこと。ただこの時間が早く過ぎてくれることを念じていた。

警報が解除されてもみんな蒼白な顔をし、ものをいおうとしない。フラッと立ち上がって本館横へ出ると、路上に一人倒れている。死んでいるのかと思ったが、どうやら気絶しているだけらしい。（中略）職札場横の塗装場付近は建物が壊れて土が山盛りになり、その中から女の人の下半身が出ている。生き埋めかと掘り出したところ、上半身は千切れてなかった」（『往時茫茫』）

当時試作中だったロケット戦闘機「秋水」の名を取って秋水隊と呼ばれた本館非常要員の隊長として、退避壕にも避難せず本館の建物内で頑張った大江工場業務課長太田忠男の空襲体験記であるが、五日前の名古屋発動機製作所爆撃のときと同様、二百三十名もの死者を出した大きな原因は、前述したような工場外への避難を禁じ、工場の〝死守〟を強要した無茶な軍命令にあった。しかし、この無謀な軍命令に抗して、従業員の命を守ろうとした勇気ある社員もいた。

大江工場保安課長齊藤往吉は、空襲警報発令と同時に保安課の詰所を飛び出し、本館事業所一階に設けられていた防護団本部に走った。数日前の発動機製作所被爆の惨状を知っていた齊藤は、直観的に今日の空襲は自分たちの航空機製作所を目標にしており、一刻も早く全員を工場外に退避させることが、人員の被害を最小限にくいとめる唯一の方法だと判断した。

だがそれを実行するには、工場外に避難することを厳重に禁じた軍命令が障壁となっていた。齊藤は本部に頑張る軍監督官室に飛び込み、従業員全員を至急退避させるよう申し入れたが、監督官は頑として聞き入れない。

ことは全従業員の生死にかかわるとあって、齊藤も自説をまげず大激論となり、しまいには激昂した監督官が「軍命令に背いたときは斬る」とまでいい出した。

空襲のときは刻々とせまってくる。このままでは退避が間に合わなくなると危惧した齊藤は、けんか別れのようにして監督官室を出ると、その足で所長室に向かった。

そこにいた吉田義人副長（副所長）に、軍がどんなに反対しようとも、人的被害を最小に止めるには従業員を工場外に退避させる以外にないことを口ばやに進言した。

「従業員の命運を負うのは軍ではなく、会社だ。私が全責任を取るから、君の思うようにやってよろしい」

齊藤の話を聞き終わるなり吉田副長はそういって、すぐに会社としての退避命令を出した。

これを知って怒ったのは駐在監督官で、軍刀をひっさげて出入門に立ちはだかったが、つぎつぎに押し寄せる大群衆を前にしてはなすすべもなく、呆然と見送るよりほかはなかった。

「退避が完了したかどうかと心配し終わらないうちに爆弾が工場に落ちはじめ、間断なく炸裂した。その間、私は本部にあって、ただひたすら神の加護を祈った。

やがてB29は去り、殉職者が二百三十名もあったことを知った。これも退避命令問題について貴重な時間を空費し、通達の遅れで退避する時間的余裕のなかった人びとが一部にあったせいとわかり、まったく身を切られる思いがした。殉職者の処置に全力を傾けながら十九日の朝を迎えたが、爆撃にやられた工場の姿を目の前にし、二百三十の柩に合掌しつつ、とめどもなく流れ出る涙をどうすることもできなかった。

空襲下、工場死守の軍命令は、この日の空襲のあと撤回されたが……」（齊藤『往

時茫茫』第二巻)

4

三菱名古屋の発動機および航空機工場は、爆撃によって多数の死傷者を出したばかりか、工場の建物や機械設備も相当な被害を受け、その前の地震とともに、この地で生産を続けることは不可能と考えられた。ここでついに軍当局は、工場の緊急疎開命令を出した。

工場疎開については、B29による空襲の危機が考えられるようになってから、こうした被害を避けるために、あらかじめ計画されていたことだったが、疎開の混乱にともなう航空機生産の減少をおそれて、これまで実施がためらわれていたのだ。

工場疎開は急いで実行に移された。

海軍機体部門(第一工作部)は疎開計画にもとづいて、すでに徴発してあった桑名、四日市および津の各紡績工場と、貸与が決定していた鈴鹿の海軍第二航空廠に移ることになっていたが、B29の空爆が全国的に拡大することを考え、さらに地方への疎開が計画された。

この疎開作業は、空襲で鉄道をはじめとする輸送の麻痺によって難航し、終戦時までに生産を開始することができたのは、わずかな地区にとどまった。

最大の航空機生産工場だった名古屋の大江工場には、西北の一画に本館および第一工作部事務所の建物と「雷電」の総組立工場、南隣りの区画には胴体工場および一式陸上攻撃機と零戦の総組立工場があった。このうち、疎開のむずかしい大型機の一式陸攻は爆撃を受けた建物を修復して使うため、そのまま居残ったが、小型機の「雷電」と零戦は鈴鹿工場に移った。

鈴鹿工場は第二航空廠として海軍が建設中だったのを三菱に貸与されたのだが、事務棟は完成していたものの、工場はバラック二棟の建物ができていただけで、床はコンクリート不足のため、舗装する前の「ぐり石」がごろごろしている状態だった。この中に胴体治具を据えて作業が行なわれたが、雨洩りがひどい上に床がごろ石のため歩きにくく、作業能率は上がらなかった。

総組立工場はまったくできていなかったので、長さ百メートル、幅三十メートルほどの木造工場を三菱が突貫工事でつくった。中に組み立てラインが二つあり、一方のラインで零戦の、他方のラインで「雷電」の最終組み立てが行なわれることになっていた。

こうして「雷電」の機体の方は、曲がりなりにも生産の体勢が整ったが、発動機工場の被爆でエンジンが間に合わず、「雷電」三三型のもっとも欲しい時期に部隊への飛行機供給が間に合わないという、何とも歯がゆい事態が現出した。

十二月十八日の邀撃は、十三日の発動機工場の爆撃のときと同様、関東地区が陸軍第十飛行師団と海軍第三〇二航空隊、阪神および中部地区が第十一飛行師団と第二一〇航空隊が担当して行なわれた。

この日十二時少し過ぎから、関東地区では第三〇二航空隊の「雷電」十七機を中心に、零戦、「月光」「彗星」「銀河」など四十八機が上空哨戒に上がったが、前回同様、敵が名古屋地区に向かったため空振り（からぶ）りに終わった。

阪神、中京地区では、陸軍第十一飛行師団と協力して第二一〇航空隊が零戦を中心に三十三機を邀撃に上げたが、「雷電」は一機もなかった。そして「雷電」や零戦を生産する三菱航空機工場の大被害と引きかえに日本側が得た戦果は、アメリカ側の記録によれば「原因不明を含む四機喪失」に過ぎなかった。

四回にわたる東京地区と二回の名古屋方面の爆撃で、すっかり自信をつけたマリアナ基地の第二十一爆撃兵団では、この間に阪神、四国、中国地方へと偵察の行動範囲を広げた。これを見て阪神方面への空襲が近いと判断した大本営海軍部は、第三三二航空隊に大阪と神戸の中間にあたる鳴尾飛行場への進出を命じた。

前述したように第三三二航空隊は、八月一日に山口県の岩国基地で開隊された防空戦闘機隊で、本来は「雷電」四十八機で編成されるはずだったが、生産が遅れて数が揃わないので、零戦や「月光」で編成されていた。その後、少しずつ「雷電」がふえて、十一月一日には実働機十五機を数えるまでになった。

この「雷電」隊の初の邀撃戦闘は十二月二十二日、第二十一爆撃兵団が三菱の発動機工場を攻撃すべく三たび名古屋地区にやってきたときだった。

この日、B29爆撃隊は焼夷弾だけを携行し、七十八機が目標上空に達したが、今度も雲にさえぎられて、四十八機だけが工場に対してレーダー照準による爆撃を行なったに過ぎなかった。このため、戦果はわずかだったのに反して、日本戦闘機隊の攻撃は激しく、米側の記録では「戦闘機による五百回以上の攻撃を受け、三機喪失」となっている。

零戦を主力とした第二一〇航空隊と呼応して、十二月十八日に鳴尾基地に移動したばかりの第三三二航空隊の「雷電」および零戦も、のべ二十四機が邀撃に上がったが、こちらの戦果はほとんどなく、与えられた航空機生産工場防衛の任務を果たすことはできなかった。

ここにおいて「雷電」の数の不足は歴然としていたが、この大事な時期に名古屋地区の大江工場がB29の爆撃で被害を受けたため、急いで鈴鹿地区に疎開をはじめたことが、部隊への「雷電」供給をいっそう窮屈にした。

工場は最終組立工場だけ完成しても、飛行機はすぐにはできない。親工場に部品を供給してくれる協力工場群がきちんと整備されなければ、工場はガラ空きのままだからである。

昭和二十年一月、あらたに第三製作所となった鈴鹿工場が順調に稼働するようになるまでの間、頼みの綱は高座海軍工廠だった。

ここは厚木飛行場に隣接した広大な土地を接収して、「雷電」を年に六千機生産する大工場を建設する計画で、台湾から募集してつれてきた少年工員約八千名を基幹とする一万名に達する要員が集められた。

はじめは空C廠とよばれていたのが、昭和十九年四月、正式に「高座海軍工廠」として開庁したものの、海軍の「雷電」生産に対する方針が再三変わった結果、計画は月産百機に縮小され、あまった台湾少年工員たちの多くが全国にある他の海軍工廠や、三菱、中島、川西などの民間航空機会社に分散派遣された。

たとえ月産百機に計画が縮小されたとはいえ、本当にこれだけの数が供給されれば、部隊での運用にも幾らか余裕が生まれるはずだったが、主力がまだ不慣れな少年工員だったことに加え、資材や部品が予定どおり入らないため、工廠幹部たちの焦りにもかかわらず、高座製「雷電」一号機はなかなか飛び立たなかった。

第十一章——まぼろしの計画

1

戦争の勝敗のカギを握るのは航空機だと考えた海軍は、民間会社に頼るだけでなく、自前で飛行機をつくることを計画し、戦争が始まって間もない昭和十七年に大航空機生産工場の建設案を立てた。

海軍航空技術廠内につくられた通称「空C廠（くうしーしょう）設立準備委員会」の計画では、小型および中型機をそれぞれ月産百機とし、国内の極端な労働力不足を補うため台湾の少年を二万五千名から三万名募集して使うことになっていた。

この計画にもとづいて工員養成機関と生産工場、幹部や職員、そして膨大な人数の工員のための宿舎などを建設するため、今はいずれも市になっている神奈川県高座郡の大和、座間、海老名および綾瀬など四町村にまたがる地域に、相模鉄道神中線をはさんで南北に広がり、厚木海軍飛行場に隣接する約百万平方メートルの広大な土地を買収した。

用地買収はなかば強制的で、一反（十アール）あたり最高六百円、最低三百五十円という安い価格で買い上げられた。もっとも飛行場のすぐ脇まで住宅が迫っている今と違って、小田急の鶴間駅から歩いて二十分ほどの、現在は国道二四六号線として大変な賑わいを見せている道も当時は大山街道とよばれ、現在の三分の一程度の道幅しかなく、両側は蜒々とつづく雑木林と生い茂った雑草だけで人家は一軒も見当たらず、追いはぎでも出そうな環境ではあったが。

昭和十九年四月一日、仮称空C廠は「高座海軍工廠」として正式に発足したが、このときすでに工廠をめぐる状況は計画時と大きく変わっていた。

準備段階で折りから新機種の局地戦闘機として実験中の「雷電」が注目され、はじめの小型、中型それぞれ月産百機は「雷電」を月産五百機、年産六千機とする大増産計画に変わったが、高座工廠が発足した頃には振動問題その他で「雷電」の実用化がおくれる見込みとなったため、川西で開発中の「紫電改」を優先的に生産すべしとする意見が海軍部内に高まった。

このため「雷電」の月産五百機計画は一挙に五分の一の月産百機に削られ、数次にわたって台湾からつれて来られた八千四百十九名の少年工員たちの中から、かなりの人数が技術訓練を受けた貴重な生産要員として、人員不足に悩む他の海軍工廠や三菱、中島、川西などの飛行機工場に派遣された。

この生産計画の変更にともない、高座工廠の建設計画はかなり縮小されたが、それでも五棟の工場が南北に並んで建てられた。

一棟が約九千平方メートルで、一番南側の第一組立工場だけが他の工場の二倍の広さがあり、屋根部分だけが二棟のようになっていて、機密保持のためにめぐらされた高い塀越しに大きな屋根が六つ並んでみえたことから、工廠の近くの人たちから「ろくこうば（六工場）」と呼ばれていた。

他の工場の倍の広さがある第一組立工場は、当時資材が不足しているなかで、ここだけが鉄骨の頑丈なつくりだった。

ここは他の工場でつくられたり、外部から入ってきた主翼その他の大型部品を集め、飛行機全体の組み立てを行なう総組立工場で、ほかの木造の四工場はそれぞれエンジン艤装を含む頭部、中央胴体、尾翼のある後部胴体などの部分組立工場だが、これらの工場で使われる高い精度の組立治具(じぐ)の据え付けは、トランシット(垂直角、水平角を測定する測量機械)を使える人がいないので、技術士官たちがみずから勉強しながらやられなければならなかった。

機体は大部分が軽いジュラルミンの薄板を成型した部品から成り立っているが、高座工廠には大型プレスがないので、機体を構成する数千点に及ぶ板金プレス加工部品は三菱からの支給となっていたし、主翼は建築用のサッシなどをつくっていた日本建鉄(株)が組み立てを分担することになっていた。

生産はこれらのある程度まとまったセット部品を集めて工場ラインで組み立てるだけの、いわゆるノックダウン方式でスタートしたが、三菱から支給されるはずの部品が来ないため、部品集め専任の担当者を三菱に常駐させて、やっと数機ぶんをかき集めるような始末だった。

当時、三菱は自社の責任生産数量でさえこなせなかったのだから無理もなかったが、一ヵ月以上も遅れた末に、工廠長の打鋲式によって、やっと第一号機が着工された。

このあと胴体の外殻は比較的早くできたが、操縦系統、油圧系統、電気系統その他、飛行機に必要な艤装に手間取ってしまった。本来なら、最初のうちだけでも三菱からの指導が欲しいところだったがそれもなく、胴体組み立ての責任者として細川浩技術中尉が、比較的経験のある基幹工員と一緒に胴体の中にもぐり込み、図面と首っ引きで作業するという一幕もあった。

その間に日本建鉄で組み立てた主翼や、海軍からの支給部品であるエンジン、プロペラ、脚などの大物もとどき、総組み立てにかかって高座工廠製「雷電」一号機が完成したのは、工廠が発足して三ヵ月近くたった六月の末のことだった。

新設の工場での一号機とあって、領収検査には航空本部技術部から高山捷一技術少佐と国本隆技術大尉の二人が乗り込んで来た。

かれらの検査は入念をきわめた。作業服を着た二人は、むし暑いのをものともせず、一日じゅう狭い機内にもぐり込んで作業をつづけ、気づいた問題個所を黒板に書き上げた。

その量は黒板四枚にもわたり、その結果、「……以上を修正しても正規には使えず、離着陸訓練用のみとする」と判定された。

このあと、指摘された不具合個所を急いで直し、隣接の厚木航空隊の滑走路を使って試験飛行が行なわれたが、その日がいつだったかは、七月中というだけではっきりしない。

「高座工廠製一号機はスムーズに離陸して感激した。着陸時、尾輪が出ず、脚柱のエレクトロン鋳物が路面に接触して火花が散った。これはすぐ修理できた」

第一号機の試験飛行としてはまずまずだったというのが、この試験飛行に立ち会った高座工廠の小川三郎技術中尉の感想だったが、「今思うと、滑走路からわずか十メートルほど横で立ち会っており、同じ滑走路では訓練中の艦上攻撃機『天山』が次から次へと離着陸していたので、ずいぶん迷惑をかけただろうし、また危険だった」（小川）というような状況だったらしい。

すでに六月には、マリアナ攻防の前哨戦である「あ号作戦」の失敗で日本海軍は大敗を喫し、七月に入ってサイパン島も完全占領されるなど、戦局は日一日と悪化の一途をたどっていたから、戦力の早い回復を目指して、ここ厚木基地でも新しい部隊の訓練に拍車がかけられていたのだ。

2

高座工廠でつくられた「雷電」二一型は、まず隣接する厚木飛行場を基地として第三〇二航空隊に引き渡されたが、一号機の領収検査で指摘された製造品質の悪さが、すぐ問題となった。

短期間の基礎訓練で配属された、まだ幼い台湾出身少年工員を主力とする生産現場に、最初から複雑な飛行機の組み立てや艤装の作業を完璧に行なうことを要求することに、そもそも無理があった。そのうえ日本建鉄でつくらせていた主翼のできが悪く、完成した飛行機の試験飛行の結果は、いつもさんざんであり、三菱製「雷電」にくらべて性能的に劣るばかりか、失速しやすく、左に傾くくせがある危険な機体とされていた。

だが、頼みの三菱製「雷電」も、海軍があとから出現した川西の「紫電改」に大きな期待をかけるようになったことから、高座工廠開設の月にあたる四月の月産約七十機あたりをピークにしだいに先細りとなり、昭和十九年十二月の地震およびB29による工場爆撃、それにともなう工場疎開などで生産はガタ落ちとなってしまった。

にもかかわらず、厚木の第三〇二航空隊をはじめ、三三二、三五二、三八一など「雷電」装備部隊からの機材の要求は切実なものがあり、良くも悪くも高座工廠の「雷電」生産の向上でしのぐほかはなかった。

航空本部も混乱していた。昭和十八年九月に策定された昭和十九年度（昭和十九年四月から二十年三月まで）の生産計画では三千六百九十五機も計上されていた「雷電改」が、およそ一年後の十九年十月末の計画ではすっかり消え、代わって「紫電改」六千五百機が登場している。そしてこの数字は、二十年一月の改訂でさらに一万一千八百機にふえている。

いかに海軍の「紫電改」への肩入れが強かったかがわかるが、「紫電改」の部隊は昭和十九年末に第三四三航空隊が松山で開隊したばかりだったたし、高空を飛んでくるB29のような大型機の邀撃には、やはりそれ専門に開発された「雷電」が一番だった。「紫電改」はむしろ零戦の後継機として開発が遅れていた「烈風」の代わりと考えられる機体であり、他には代わる機体のない「雷電」は、たとえ航空本部の生産計画から消えても、つくり続ける必要があったのである。

「胴体は太く（典型的東洋人みたい）上昇角度は四十五度、零戦にまさる戦闘機と聞かされた。ただ小まわりがきかず、零戦にくらべてスマートさはないがたくましさはあった。ある日、完成した『雷電』を隣接の厚木航空隊へ搬送したとき、自分たちのつくった『雷電』のあの太い胴体に、桜のマークが三つつけてあったのを見て大いに感激したのを覚えている。パイロットの話では、空中戦で敵機を三機撃ち落としたそうである」（早川金次編『流星』）

台湾から来た少年工員の一人謝村泰寛（本名謝禎泰）の回想であるが、高座工廠製「雷電」の生産のピッチが少しずつ上がるにつれて、それまで横須賀航空隊審査部（昭和十九年七月、航空技術廠飛行実験部が改組）や第三〇二航空隊に依頼していた試験飛行を工廠内でやらなければならなくなり、横須賀航空隊審査部から森益基上等飛行兵曹が専従テストパイロットとして配属になった。

海軍ではめずらしい逓信省乗員養成所出身の森上等飛行兵曹は、操縦技倆もすぐれていたが性格もすこぶる豪胆な人で、それを実証する出来事が昭和二十年三月早々に起きた。

この日のテストは、高座工廠製第三十何号機かであったが、いつもやっているように地上で機体の調整をしてから離陸した森は、一万メートルまで上がってひと通りのスタントをこなしたあと、左反転から背面降下に入った。

当時すでに実施部隊では、B29のような大型爆撃機の攻撃法として一般化されていた操作だったが、降下途中で異常を感じた森が引き起こそうとしたとたん、大音響とともに機体が空中分解して座席ごと空中に放り出された。

地上でこの事故を目撃した人たちは、落下傘も開かずに落ちてくる森を見てハラハラしていた。すると、開傘安全高度ぎりぎりの高度二百メートルあたりで落下傘が開き、見まもる人たちの間から拍手と歓声が上がった。

沈着な森は手動曳索を引いても開かない落下傘を、尻の下に敷いていたバッグの中からわずかに見えていた補助落下傘を、手で引っ張り出すことによって開傘に成功したのであった。

一万メートルの高空から落下して地上二百メートルで開傘するなど、今はやりのスカイダイビングの名人でもできない芸当で、森は左足をくじいたのと顔にかすり傷を負っただけで生還した。

すぐに綿密な事故調査が行なわれたが、工場における垂直安定板取り付け角度のわずかな狂いが原因と判明し、すぐに改善対策が実施され、以後この種の事故は起きなかった。

森はこの対策が実施され、四月になってふたたび生産機が出るようになると、何事もなかったかのようにテスト作業に復帰した。

それ以前から、急降下時の「雷電」の危険性については指摘されており、第三〇二航空隊の「雷電」隊分隊長だった寺村純郎(すみお)大尉(伊勢原市)は、

「試験飛行の項目の中に四百ノットの急降下があった。機首を下げて突っ込んで、速度計が四百ノットを指したところで引き起こすのだが、『雷電』は左に傾くくせがあ

り、少し傾くとそのまま左に曲がって引き起こさせなくなるので、それを修正しながら引き起こすのが一苦労だった。

なにしろ飛行機が壊れたり引き起こせなかったら一巻の終わりだから、一回だけで止めてしまった」と語っている。

森上等飛行兵曹の事故より約五ヵ月前の昭和十九年十月十四日、寺村より一期あとの山根光中尉が殉職したのも、この急降下中の引き起こしが原因で起きた事故だった。ただし、「これが三菱製だ、高座工廠製だと思って乗った記憶はない」（寺村）というから、山根中尉の事故機は高座工廠製であったかどうかはわからない。

3

B29による空襲の激化が予想されるようになると、先手を打って高座工廠も疎開をすることになり、工廠の西の少し離れた座間町栗原地区の谷戸（丘と丘の間の谷間にあたる部分）が選ばれた。そこは軍がやることとあって仕事は早く、高さと幅がそれぞれ約三・五メートルの半円形で、長いものは五百メートル近くもある地下壕が数本、海軍施設部の手により特急作業でつくられた。

昭和十九年の暮れにはすべての機械類の移転据え付けも終わり、地下工場での生産がはじまったが、ここでの作業は楽なものではなかった。

「素掘りの地下工場は湿気が高く、夜になると空気抜きの縦孔から水蒸気がもうもうと吹き出していました。杭内は暖かいが、長時間いると身体がしめっぽくなるのを感じ、外に出ると急に冷えて風邪をひく。夏の間あんなに元気だった少年たちも、寒くなると急に元気がなくなりました。

物資が極度に不足しているので、少年たちに与えられる衣服は十分ではありません。服はペラペラのスフ（ステープル・ファイバー、当時の人工繊維の一種で質は粗悪だった）の工員服で、下着を着ていない子もいました。ほとんどの少年たちが素足にズック靴、それも替えがないのかボロボロになったのをはいていました。暑い台湾で育った彼らは、防寒具を持っているわけではありません。

寒さがいよいよきびしくなると、どの少年も『ひび』や『あかぎれ』に悩まされました。しもやけがくずれて、手を満足に使えない少年もいる。食事に油気のないせいもあるのか、医務部の手当の効果もなく、風邪や凍傷の子は医務室につれて行かせたり、休養させたりして面倒を見たので、少年たちは良く私になついてくれました」

（前出『流星』）

飛行機部機械工場係として台湾出身少年工員たちとの接触が深かった早川金次技手（平塚市）の思い出だが、未来に夢と希望を抱いて台湾からはるばるつれてこられた少年たちを待っていたのは、かれらの想像もしなかった過酷な現実だったようだ。

前出の謝村泰寛は、空C廠時代の基礎教育の体験を回顧して次のように書いている。

「早朝の総員起こしの号令がかかるやいなや蜂の巣をつついたような騒ぎ。迅速をモットーとし、掛け毛布を（三枚か四枚、冬場は六枚くらいあった？）一枚ずつ三つ折りにたたみ、耳をきちんと揃えて押入れに納め、朝礼場へ集合するまでの時間は『五分間』である。遅れた場合には罰としてグランドを何周か走らされたり、対向ビンタをくらったりする。（中略）

夕食後の室内の掃除にふれてみたい。ごく当たり前の掃除のようだが、板張りの廊下の雑巾がけ、廊下に面した窓の拭き掃除、戸棚（各自の日用品入れ）や押入れの整理整頓、などを念入りにやる。とくに廊下の雑巾がけと窓枠の掃除は、一点のほこりもごみもないよう心掛けなければ安心できない。

このあと、廊下をはさんで整列し、人員点呼を受ける際、小隊長はわざわざ指で床をさすってみる。もしザラザラにしていたら大変で、同室九人の恐れていた事態がこの時に起きる。

これより海軍制裁を行なうといわれ、まず腕立て伏せ五十回。尻が高いと棒で叩かれる。それから向かい合って互いにビンタを張り合う。手加減すれば、うしろからいきなり大きいのが飛んでくる。終わってから互いに慰め合ったけれども、切なく悲しい思いがこみ上げてきて、その夜はなかなか寝つかれなかった。(中略)

実習場へは、隊伍を組んで軍歌を歌いながら出掛けたが、(丹沢山塊の)大山から吹き下ろす風が刺すように頬に冷たかった。万力を前にして左手にタガネ、右手にハンマーを握っての実習では、何度もハンマーで手を打ちつけては腫(は)らし、泣くに泣けなかった。

私どもにとってはきびしい毎日であり、床についてから故郷台湾の山河や親兄弟のことを思いうかべては頬を濡らすこともしばしばあった」

それにしても、いかに軍関係の施設とはいえ、まだ小学校を卒業したばかりの者も含む幼(おさな)い軍属の少年たちに、成年の軍人に対するのと同じような規律と行動を要求し、制裁すら課したのは明らかに行き過ぎであった。もちろんかれらに愛情をもって接した人びとも少なくなかったが、同時代に陸軍の航空工廠技能者養成所にあって、まだ幼い年少工員たちに接した筆者の体験からしても、それは胸のいたむ出来事だったといわなければならない。

かれらに対しては技術教育の座学も行なわれたが、技術士官を主とする海軍士官のほとんどは、飛行機をつくるより先に、これら少年工員たちの生活指導にあたらなければならなかった。

「台湾からきた少年たちは小学校を出たばかりというのが多く、かわいそうなくらいおさなかった。水道の蛇口をひねると水が出るのが珍しいと、キャッキャッいって遊んでいる者もいた。だから技術以前の教育も必要で、私たちも寮に泊まり込んでかれらの教育にあたった。暑い台湾からきていたので夏のうちはよかったが、秋から冬になると寒さがこたえるのかぶるぶる震えていた」

のちに組立工場主任として高座工廠での「雷電」組み立てを指導した伊藤茂技術大尉(鎌倉市)の回想であるが、工廠での三ヵ月ほどの基礎教育を終えた少年工員たちは、今度は実習のため他の飛行機工場に派遣された。謝村泰寛も千二百四十名の仲間とともに、名古屋の三菱大江工場に派遣されたが、ここで空襲のため二十五名の少年たちが死んだ。さいわい謝村は空襲の直前に帰廠したため、危ない目にあわずにすんだ。

帰ってみると工場はすべて地下に移され、昼夜交替で作業が進められていたが、裸電球の下での冬の夜間作業は少年たちの辛(つら)さを倍加させた。

「私の受け持ち作業区分は、『雷電』の心臓部である燃料パイプの配管でした。パイプを曲げたり伸ばしたりして規則正しく配列し、燃料が洩らないようにバッチリ締めつけるのですが、少年の腕力だけではパイプが思うように曲がってくれず、狭い機内、翼の内部の太いパイプの接続にはいつも泣かされました」（謝村）

幼いかれらは心身ともに疲れ果て、作業台の陰で居眠りすることもしばしばあった。もし上司に見つかったら、海軍精神棒による強烈な尻たたきの制裁を覚悟しなければならなかった。

「夜の作業は疲れます。少年には無理です。今なれば、労働基準法でこのようなことは絶対させられないでしょう。夜の工場を巡回すると、そちこちの機械の陰や横穴の暗いところでうたたねをしている少年が見られました。起こすに忍びないが、湿気の高い壕内での居眠りは毒なので、声をかけて起こしました。

長い夜が明けると少年たちは元気を取り戻す。この地下工場はかれらが帰る寮より四キロ近く離れたところにあります。それでもすき腹をかかえて、疲れた足を引きずって帰る少年たちのどの顔も明るかったのを覚えています」（『流星』）

早川技手の台湾少年工員たちについての思い出は切ないが、本家の三菱の「雷電」生産がガタ落ちになった一時期、実戦部隊の戦力を支えたのは、じつにこの台湾少年工員たちを主力とした高座海軍工廠だったのである。

これを、たとえば最大の「雷電」装備部隊だった厚木の第三〇二航空隊で見ると、「雷電」の定数四十八機に対して、航空隊本部が厚木に移ったばかりの昭和十九年六月一日現在の保有機はわずか十四機だったのが、一ヵ月後の七月一日には定数の四十八機にふえている。

もっとも、このころはまだ三菱大江工場の努力に負うところが大きく、高座工廠はたいして寄与していないと考えていいだろう。

このあと九月一日四十二機、十一月一日四十機と保有機が定数を割っているのは、搭乗員の不慣れや機体の不具合による事故が多発し、機材の補充が間に合わなかったことを示している。事実この頃になると、整備あるいは改修中の機体が多くなり、七月一日には三十三機あった可動機が、九月一日が二十七機、そして十一月一日にはわずか十機に激減している。

不具合の第一はエンジンで、潤滑オイルの油圧低下や冷却能力の不足による回転部分の潤滑不良、シリンダー温度の異常上昇、点火系統の放電による電圧低下などから、エンジンが焼きついたり、不調になったりする故障が多かった。

二番目はプロペラで、ピッチ（羽根のねじれ角）変更ガバナー（調速機）の具合が悪く、吹き出したオイルで風防を汚して前が見えなくなったり、なかには空中でプロペラが吹っ飛んで、プロペラなしで飛行場に降りてきたのもあった。

「二十機使えるという予定で訓練をやっていても、途中でどんどん減って使えるものは四機とか六機になってしまう。それで訓練をやめて整備をさせて、飛べる飛行機がたまったら、また訓練をやるといった状態だった」

「雷電」隊分隊長寺村大尉はそう語っているが、そんなひどい状況にもかかわらず、昭和二十年一月一日には保有機が五十一機にふえ、可動機も二十六機になった。この時期、三菱大江工場は前述したように地震、空襲、疎開などで生産がほとんど停止してしまったから、この数字は高座工廠の踏ん張りによるものといっていいのではないか。

では、高座工廠で実際に何機つくられたかとなると、諸説があってはっきりしない。日本は戦争に負けたため多くの公式記録が散逸してしまい、正確な数字をつかむことはむずかしいが、わずかに残された海軍省の記録によると、「雷電」の生産数は昭和十八年度が百三十四機、三菱の記録が百四十一機となっている。海軍側が領収の、三菱側が工場完成の数字と考えれば、この程度の数字の誤差は説明がつく。

これが高座工廠が発足した昭和十九年四月からはじまる十九年度になると、海軍三百四十八機に対して三菱二百八十機となっている。昭和十九年度は七月ごろから高座工廠から生産機が出はじめているので、海軍と三菱の数字の差六十八機が、この年度の高座工廠製「雷電」の数ということになる。

昭和二十年四月にはじまる二十年度になると、八月で戦争が終わったことと、空襲や疎開の影響で大幅にダウンしているが、それでも六十七機（海軍）マイナス三十五機（三菱）で、半数近い三十二機が高座工廠製ということになり、この時期の「雷電」生産に占めた高座工廠の比重の大きさがわかる。

これからすると、高座工廠が生産した「雷電」はちょうど百機ということになり、海軍省の「雷電」全生産数五百五十八機の数字の約十八パーセントに相当する。これとは別にアメリカ戦略爆撃調査団の、「地下工場も含めて高座工廠で生産された『雷電』の総数は百二十八機」という数字もある。

いずれにしても、親工場である三菱からの充分な技術指導もなく、部品供給もとどこおりがちな中にあって、台湾出身の年少工員を主力とした生産要員で、三菱鈴鹿工場に負けない数の「雷電」をつくり上げた高座海軍工廠の努力はりっぱだった。

なお余談になるが、昭和四十五年十一月二十五日、東京市ヶ谷陸上自衛隊東部方面総監部で自刃した作家の三島由紀夫（本名平岡公威（きみたけ））が終戦を高座工廠で迎えたことはあまり知られていないが、昭和二十四年に彼が発表した作品『仮面の告白』の中で、高座工廠での生活に触れた描写がある。

「海軍工廠での生活は呑気だった。私は図書係と穴掘り作業に従事してゐた。部品工場を疎開するための大きな横穴壕を、台湾人の少年工たちと一緒に掘るのであった。この十二三歳の小悪魔どもは私にとってこの上ない友だった。かれらは私に台湾語を教え、私はかれらにお伽噺をきかせてやった。かれらは台湾の神が自分たちの生命を空襲から守り、いつかは無事に故国へ送りかへしてくれるものと確信してゐた。彼等の食慾は不倫の域に達してゐた。すばしこい一人が厨当番の目をかすめてさらって来た米と野菜は、たっぷり注がれた機械油でいためられて焙飯になった。歯車の味がしさうなこの御馳走を私は辞退した」（原文のまま。『三島由紀夫集』筑摩書房）

この中でチャーハンに使われた機械油というのは、食用にもなる白締油のことだ。

ともあれ三島と台湾少年たちとの交流にはほのぼのとしたものが感じられるが、台湾の神が空から自分たちの身を守ってくれるという望みもむなしく、故郷に帰ることなく死んだ台湾少年の数は、派遣先の三菱名古屋大江工場での爆死者二十五名や病死も含めて、わかっているだけでも六十四名に達する。

戦後十八年たった昭和三十八年秋、当時高座工廠で台湾少年たちと接触の深かった早川金次技手らが主となって、かつての工廠に近い神奈川県大和市の善徳寺境内に「太平洋戦争戦没少年之慰霊碑」が建立され、関係者が集まってささやかな慰霊供養がいとなまれたが、この碑の傍らに立つ木の碑文には、次のような早川の思いが誌されている。

「太平洋戦争の末期、この地に、高座海軍工廠在り、十三歳より二十歳までの台湾本島人少年八千余名、海軍工員として働く。

故郷を遠く離れ、気候風土、その他の、悪環境を克服し、困苦欠乏に耐え、連日の空襲に悩みっつも、良くその責務を完うせり。

されど病床に斃れ、或いは爆撃により無残な最後を遂げたる者、数多し。

遺骨は故郷に還れど、夢に描きし故郷の土を踏み、肉親と再会することも叶はず、異郷に散華せる少年を想うとき、十八年後の今日涙また新たなり。

彼等の霊魂の永遠に安らかなれと祈り、且つかかる悲惨事の再び起らぬ、永遠の平和を祈り之を建つ」

百万平方メートルの広大な地域に、理想的なレイアウトの大航空機工場を建設し、広い構内には連絡用に専用の電車を走らせ、最終的には五万名にのぼる台湾少年工員たちによって「雷電」を年間六千機つくろうという壮大な計画はまぼろしに終わった。

しかし、「雷電」と高座海軍工廠および台湾出身少年工員たちの間には、「雷電」の歴史の中にあって決して消すことのできない深い結びつきと、かずかずの物語が秘められていることを忘れてはならないだろう。

第十二章——試練の空戦

1

1・1　月曜日　晴

昭和二十年の新年は明るく、早朝戦時の雑煮を祝う。5時55分家を出て出社。8時より拝賀式、終って作業開始。夕方、明日中島飛行機に出張を命ぜらる。

前年秋、三菱名古屋航空機製作所海軍機部門の胴体工場長になった小笠原誠の昭和二十年元旦の日記であるが、小笠原は前日の大晦日(おおみそか)も会議で出勤しており、戦時下とあって年末も正月も休みのない勤務が続いていた。そして一月三日、早くも大阪および名古屋が空襲を受けたが、この日の爆撃は、それまでのＢ29による空襲とは明らかに違った戦術がとられようとしていることをうかがわせた。

この頃、アメリカ統合参謀本部が一九四五年（昭和二十年末）に予定していた日本本土上陸作戦による連合軍将兵の死傷が、莫大な数にのぼるだろうと予測されていたのを憂慮したルーズベルト大統領は、その犠牲を少なくするには日本本土の爆撃をいっそう強化し、日本の抵抗力を弱体化させるほかはないと考えていた。

その結果、それまでとかく実質的な爆撃効果の少なかった軍需工場に対する高々度精密爆撃に代わる都市の無差別焼夷弾攻撃が計画され、この戦術転換に反対する第二十一爆撃兵団司令官ハンセル将軍を更迭してしまった。

一月三日の大阪、名古屋に対する空襲は、更迭前のハンセル将軍に与えられた実験的焼夷弾攻撃で、この日、紀伊半島南端の潮岬付近から侵入したＢ29約九十機は、各機約二トンのＭ69集合焼夷弾をつんでいた。

これは投下後、ある高度でバラバラになって落ちるよう時限信管がつけられた焼夷弾で、午後二時頃に大阪上空に侵入して、市街地に対する焼夷弾攻撃を行なったのち、さらに東進して名古屋地区市街地を爆撃した。

「五七機の爆撃機は、名古屋の港湾地帯や住宅密集地域の上空に達し、雲のすき間から目視によって爆弾（焼夷弾）を投下した。爆弾は約七五カ所に火災をおこさせ、推定一万二九〇〇平方メートルの目標を破壊した」（第二次大戦ブックス『B29』サンケイ出版）

大阪地区では鳴尾基地に派遣されていた第三三二航空隊の零戦六機、「雷電」二機、名古屋地区では第二一〇航空隊の零戦など二十七機が陸軍戦闘機隊とともに邀撃にあがったが、こんな小兵力ではまったく歯が立たず、アメリカ側の記録ではB29の損失は五機で、うち一機が戦闘機によるものだったとされている。

戦術転換をはかって大阪、名古屋に初の焼夷弾による都市攻撃を加えたマリアナの第二十一爆撃兵団は、六日置いた一月九日、今度は東京地区にほこ先を向けてきた。

この日、七十二機のB29は三つの梯団に分かれ、第一梯団は静岡付近から侵入、熊谷（くまがや）、下館（しもだて）を経て午後二時過ぎ東京上空に達し、第二、第三梯団は甲府、八王子を経て東京に向かった。

前回の都市に対する焼夷弾攻撃から、従来の工場に対する精密爆撃に戻ったこの日の攻撃成果は、高空での強風に妨げられて編隊が乱れたため、「わずか一八機が主目標（中島飛行機）を爆撃して若干の損害を与え、三四機は予備の目標を攻撃した」（前出『B29』）というさんざんなものだった。

当時、立川にいた筆者も、爆撃コースにうまく乗れなかったのかB29が編隊をくずして、針路を修正したのを目撃した記憶があるが、この攻撃でB29は五機が失われ、うち二機が日本戦闘機による撃墜であったという。

厚木の第三〇二航空隊では、潮岬や八丈島のレーダーおよび監視哨からの報告で、侵入予想時刻の約三十分前に「雷電」二十四機、夜間戦闘機型零戦七機を厚木上空に、「月光」九機および「銀河」一機を静岡県御前崎（おまえざき）上空、夜戦型「彗星」九機を御前崎、浜名湖間に配して哨戒にあたった。

このうちB29にぶつかったのは、厚木上空から相模湾一帯を警戒していた「雷電」と零戦の編隊で、第三〇二航空隊の報告では「B29一機を撃墜、十数機を撃破し、被害は『雷電』二機と夜戦型零戦一機被弾のみ」にとどまった。

日本戦闘機陣にとって、高空をジェット気流とよばれる強い偏西風帯にのって飛ぶB29との戦闘は容易ではなかった。上昇に時間がかかること、そして上がった高空での飛行が思うにまかせないなど、B29と遭遇すること自体がむずかしく、大型機の邀撃専門に開発された「雷電」ですら、攻撃の機会はごくわずかしか得られなかったからだ。

高空での戦闘能力の不足は、主として急激にパワーが落ちるエンジンにあった。ところが対戦相手のB29は、高空で不足する酸素を優秀な排気タービン過給器で補い、いささかの性能低下も見せなかった。これに対して、日本の戦闘機はどうであったか。

「最初のうちB29は九千から一万メートルの高度できたので、こちらも一万メートルからそれ以上で待機した。私が一番高く上がったのは一万二千メートルを越えたあたりだったが、そんな高空に行くと『雷電』はもうフラフラしてだめ。旋回しても、へたにやると失速して高度がガクンと下がってしまう。

一万メートルくらいでも操縦性能が安定しているというような飛行機ならよかったのだが、何しろ戦闘機が大きな爆撃機と競争してだんだん遅れるという状態だったから、どうしようもなかった」

厚木の第三〇二航空隊で、昭和二十年二月はじめまで第一飛行隊の「雷電」第一分隊長だった宮崎富哉大尉（東京世田谷区）はそういっているが、敵が排気タービン付きエンジンでくるなら、こちらも排気タービンで対抗しようと「雷電」を急いで改造したが、これがうまくいかなかった。

前述したように、海軍航空技術廠と三菱の両方で試作された実験機は、先行した航空技術廠機が振動その他で実用化が危ぶまれたにもかかわらず、三菱機の完成がおくれたことから、つなぎとしてとりあえず改良を加え、大村の第二十一航空廠で「雷電」二一型に排気タービン装着を行なうことになった。

これが「雷電」三二型（Ｊ２Ｍ４）だが、この三二型は排気タービン装備に加え、第三〇二航空隊司令小園安名大佐の強い意向で、胴体側面から発射するようにした斜め銃の二十ミリ一梃を装備したので、ベースになった二一型より全備重量で五百キロもふえた。これらの重量増加が、排気タービン装備によるエンジンの出力向上ぶんを打ち消してしまい、かえって最高速度が低下するというかんばしくない結果となった。

それでも最初の計画にしたがって、数十機ともいわれる「雷電」二一型が第二十一航空廠で、排気タービン装着の改修を加えられ、「雷電」装備の各部隊に配備された。

厚木の第三〇二航空隊にも、数機の排気タービンつき「雷電」が持ち込まれた。宮崎大尉のあとをついで「雷電」の第一分隊長になった寺村純郎大尉によると、一区隊四機編成で、Ｂ29の邀撃のさいの搭乗割（搭乗名簿）にも書き出されて空中にあがったが、ぐあいが悪くなって、つぎつぎに引き返す始末となったようだ。

「試験飛行をやっても、調子がいいのはほとんどなかった。翼面荷重が重くなり、そのぶん着陸速度も速くなった。今のジェット機なら問題ないとしても、当時としては

『雷電』にかなり馴れたパイロットでも操縦しにくかったと思う。とにかく、うまく使いこなすには至らなかった」（寺村）

当然ながら排気タービン装着の「雷電」は、改修作業を行なった第二十一航空廠のある大村基地の第三五二航空隊にもっとも多く配備されたが、調子の悪い機体が多く、寺村が指摘するように離着陸時の不安も大きかったことから、パイロットたちからは敬遠された。

結局、厚木の第三〇二航空隊の三二型と同じく、積極的に活用されずに休眠状態に放置されていることが多く、排気タービンつき「雷電」の活躍の場がおとずれることは、ついになかった模様だ。

2

この辺りで、ふたたび三菱名古屋航空機製作所海軍機胴体工場長小笠原誠の、昭和二十年はじめの戦中日誌をのぞいて見よう。

前年秋、フィリピンのレイテ島に上陸した米軍は、航空特攻作戦を主とする日本側の文字どおり必死の反撃にもかかわらず、着々とフィリピンでの戦果を拡大し、日本軍を窮地に追い込みつつあった時期である。

1・13　土曜日　晴

4時38分かなりの強震あり、外に飛出す。倒壊家屋もあり。本日一般公休なれど振替出社。地震で工場にも被害あり。昨年12月7日の余震なれどかなりのものなり。以降小地震頻発。午後B29一機きたる。夜当直。空襲なけれど地震多し。

1・14　日曜日　曇

午前全体会議。相変らず地震頻発。午後B29約50余機の空襲。伊勢神宮、会社二部(陸軍機部門)、寮などに命中、死傷者出る。大江付近被害多く、名鉄、市電ともに不通となる。

1・15　月曜日　晴

相変らず地震頻発。落着かず。夜二回空襲、焼夷弾を落とす。

1・16　火曜日　曇

相変らず地震。22時40分のものはかなりの地震。夕方警報、本日は夜間では初の爆弾投下。22時55分、午前3時50分の二回警報。地震と空襲で疲れる。鶏は卵を産まず、昨年12月7日の震源は渥美湾で、三河地方の被害甚大にて死傷者も多し。

これで見ると、年が明けてからふたたび地震が頻発し、これに空襲が加わって天災と人災の両方から責められ、小笠原も日記に書いているように、名古屋地方の人たちにとっては耐え難い日々であったようだ。

一月十四日の空襲は、三菱の飛行機工場破壊が狙いだった。午後二時頃、潮岬（しおのみさき）から侵入したB29の編隊は、アメリカ側によれば、「マリアナ基地を飛び立った七十三機のうち四十機が目標を攻撃し、まずまずの成果をおさめた」という。

厚木の第三〇二航空隊でも「雷電」五機をふくむ二十二機を上げて網を張ったが、敵の目標が名古屋地区だったため会敵しなかった。なお、アメリカ側発表によるこの日のB29の損害は五機だった。

1・19　金曜日　晴

本日第一回休暇をもらう。二階の天井板を外す。焼夷弾が天井裏にとまって火事にならないためだ。工員六名きたり防空壕を作る。9時30分B29一機名古屋偵察。13時25分警戒警報、続いて空襲。約八十機、主力は阪神明石、姫路方面を爆撃す。15時警報解除。15時16分地震。

Ｂ29はこれまでに累計１２００余機本土に来たことになる。約１割２分撃墜したとのこと。

この日、空襲の目標にされたのは、神戸の西にあった川崎航空機明石工場で、好天にめぐまれたせいもあって、高々度からの精密爆撃としては、これまでにない成功をおさめた。戦後の調査によると、六十二機のＢ29から投下された百五十五トンの爆弾で、エンジンおよび機体の主要工場を全部破壊し、生産力の九十パーセントを失わせたという。しかも、この日の作戦行動でＢ29の喪失は一機もなかった。

鳴尾基地からも第三三二航空隊の「雷電」七機が零戦五機とともに邀撃に上がり、何機かに損害を与えただけで撃墜には至らなかったが、この日の空襲について、日本の大本営は午後五時四十分に次のように発表している。

「本一月十九日午後マリアナ諸島よりＢ29約八十機主として阪神地区に来襲せり。邀撃戦果については目下調査中にして我方地上に於て若干の被害あり」

日本では昭和十九年の後半ごろから、受けた損害についてはほとんど発表しないようにしていたが、それにしても川崎航空機明石工場が受けた大きな破壊を〝若干の被害〟とはいささかひどすぎる。

なお、小笠原がこれまでに来襲した千二百機のB29のうち一割二分、すなわち約百五十機撃墜と日記に書いているのは、新聞報道によるものと思われ、筆者もそんな記事を読んだ記憶があるが、アメリカ側の記録では「一九四五年一月一日までのB29一の損失は合計百五十機、搭乗員八百九十一名」となっている。

損失機体の中には、硫黄島からの日本機の攻撃による破壊や事故によるものも含まれているから、撃墜の実数はかなり割り引かなければならないだろう。

目標の大部分を破壊して生産工場としての機能をほとんど失わせ、しかも自軍の損害ゼロという大成功をおさめた一月十九日の川崎航空機明石工場爆撃から八日後の一月二十七日に行なわれた東京爆撃は、これまでにない大損害を第二十一爆撃兵団に与えた。

この日の出撃は七十四機だった東京上空が雲でおおわれていたので、雲上からのレーダー爆撃となったが、爆弾によって銀座、京橋、丸の内一帯の都心から上野、千住方面にまで被害が及んだ。しかし、日本戦闘機隊の邀撃も、これまでになく猛烈をきわめた。

「九〇〇回以上の攻撃をかけ、体当たりもしばしばで、この日本軍戦闘機の攻撃で五機のB29は撃墜され、二機は損害をうけて海中に突っこんでしまった。あと一機は基地へ帰る途中に墜落し、九番目の機は原因不明だった」（前出『B29』）

関東地区および首都防空を担当する陸軍第十飛行師団による全力邀撃の結果で、麾下の第三〇二海軍航空隊でも「雷電」二十七機を中心に合計五十機の戦闘機を出動させ、B29六機撃墜が報告された。

第十飛行師団がまとめた総合戦果はB29の撃墜二十八機で、アメリカ側の損害記録九機とかなりの隔たりがあるが、それでもこの日の犠牲はB29搭乗員たちに士気の低下をもたらし、作戦の変更を余儀なくさせたと伝えられている。

その現われが二月四日の神戸空襲で、防備が厳重で損害も大きい東京や名古屋地区を避けようという狙いがあった。

「二月四日、一〇〇機のB29は神戸攻撃に発進した。神戸上空は一部雲におおわれていたが、六九機の爆撃機は目視照準で高度七三〇〇～八二〇〇メートルで爆撃を開始し、約一三〇トンの焼夷弾を投下した。（中略）

偵察写真によると、この攻撃は神戸市の二三万平方メートル以上を破壊または損壊しており、名古屋市の焼夷弾攻撃を上まわる損害をあたえた。戦後の情報によると、神戸の南西部の工業地帯は一〇〇〇以上の建物が焼失するか大きな損害をうけている」（前出『B29』）

この日、鳴尾にいた第三三二航空隊派遣隊の「雷電」も当然邀撃にあがっているはずだが、「二月以降の同航空隊に関する資料がないため不明」と公刊戦史は伝えている。

この空襲による神戸地区の損害は大きく、とくに三菱および川崎の二大造船所の能力は半減し、軍需産業も大打撃をうけた。

攻撃後の写真偵察によって焼夷弾攻撃の成果を確認した米軍は、近く開始される硫黄島攻略作戦支援の含みもあって、攻撃目標をふたたび飛行機工場に移した。

二月十日の中島飛行機太田製作所、同十五日の三菱重工業名古屋航空機製作所の空襲がそれで、厚木の第三〇二航空隊では両日とも三十機以上の「雷電」を主力に、各機種混成の戦闘機数十機を上げた。

3

二月十日。戦闘機パイロットたちが待機していた厚木基地の第三〇二航空隊指揮所に、午前十一時過ぎ、横須賀の本部防空指揮所から電話でレーダー情報を伝えてきた。

「硫黄島より――二百七十度、八キロ、Ｂ29十数機、針路零度」

このあとも硫黄島、小笠原諸島の父島、母島に設置されたレーダー監視哨から、後続の目標がつぎつぎに報じられ、指揮所内はしだいに緊張が高まった。ところが、予定時間の午後一時をまわっても発進命令が出ない。大島か伊豆半島突端の石廊崎（いろうざき）のレーダーがなかなかＢ29の機影を捉（と）えられないためで、このまま推移すると、邀撃が間に合わないおそれがあると判断した横須賀の第三〇二航空隊本部は、電話で厚木基地の部隊に対し「雷電隊警戒」を発令した。

指揮所の屋上の旗竿には、「警戒」を示すＺ旗が上がったが、半分で止まった。Ｚ旗がいっぱいに上げられたときが「発進」の命令を示すと決められていた。

「私の周囲には三十二機の『雷電』が並んでいた。そしてこの日は私が第一分隊長として、その半分の十六機をひきいて初めて離陸する日であった」

二月はじめ、「紫電」装備の戦闘四〇二飛行隊長として転出した前任の宮崎富哉大尉に代わって、「雷電」隊第一分隊長となった寺村純郎大尉は、緊張の中にも機上電話の連絡テストなどをやりながら、静かに発進の合図を待った。

やがて半旗だったＺ旗が、スルスルといっぱいまで上がり、三十二機の「雷電」はいっせいにエンジンを始動、先任の第二分隊長機を先頭に離陸地点に向かったあと、土煙りを巻き上げながら、つぎつぎに離陸を開始した。

「雷電」得意の急上昇は、零戦ほかの戦闘機を引き離して頼もしいが、それも六千メートルくらいまでで、それから上になるとなかなか上がらず、一万メートルの高度をとるには、三十分近くもかかった。しかもこの間、エンジンは全力回転だから燃料を喰い、零戦と違って航続距離の短い「雷電」は、早く離陸すると敵の来襲を待っているうちに燃料がなくなり、敵の姿が見えたときには着陸しなければならなくなるおそれがあった。


　そうして、やっと上がった高空での「雷電」はどうだったか。

「高度一万メートルで、『雷電』が三十二機の編隊を保って敵の来襲を待っていられると思うのは地上の考えだ。そうするためには機首をいっぱいに上げて、エンジンを全開にしてやっとという状態だったから、高度九千メートルまで上昇したときには、三十二機の『雷電』は小隊ごとにばらばらになっていた」（寺村）

　この日の地上からの指令は、「東京上空にて待て」だったり、「横須賀上空にて待て」だったりで、正確な敵機の情報がなかなか入らず、命じられるままに右往左往する上空の「雷電」隊をイライラさせたが、それは、この日の敵がいつもとコースを変え、房総半島の東側を北上して、鹿島灘から侵入したせいだった。

このため燃料切れで着陸した「雷電」もかなり出たが、寺村は知らないうちに高度をやや下げて飛んでいたのがさいわいして、ついにB29との遭遇に成功した。

「房総半島上空、B29十数機北上中」

「了解了解、雷(かみなり)一番」

雷一番は「雷電」隊の第一分隊第一小隊一番機、すなわち寺村大尉機の呼び出し符号だが、このとき寺村の小隊四機のうち二機がエンジン不調ですでに脱落し、従うのは三番機の春川正次飛行兵長だけになってしまった。

やがて、鹿島灘から西に向かうB29九機編隊を発見した寺村は、春川とともにその進路を押さえるかたちで、徐々に接近していった。

「B29は盛んに射ってきた。しかし、何発かに一発の割合で入っている曳痕(えいこん)弾しか見えない私には、弾がひどく少ないように思われたし、高速で飛ぶ『雷電』の機上から見ると、その曳痕弾はゆるやかな抛物(ほうぶつ)線を描いて近づいてくるだけなので、恐いという感じはまったくなかった。

私は一千メートル近くB29の前方に出て反転、一時機首を突っ込んで速力をつけて、前下方から一番機を狙って射ち上げた。

互いに三百ノット近いスピードで飛んでいるB29と『雷電』が向き合ったので、アッという間に距離はつまった。

Ｂ29の大きな機体が、小さな『雷電』におおいかぶさるように感じて、私は右足でフットバーをいっぱいに蹴ると同時に、操縦桿を右前方に押してＢ29の下方にすれ違った。

相対速度が速いので、射撃の時間は二秒もなかったと思うが、私の射った曳痕がＢ29の大きな機体に吹い込まれ、エンジンの一つが火をふいた。そのあと、降下でついた速力を利用して、今度は後下方から射ち上げた」（寺村）

左外側エンジンが火災を起こして後落しはじめたそのＢ29は、爆弾を棄てて反転し、海上に逃れようとしていた。このとき、燃料がなくなったのか、列機の春川飛行兵長も引き返して行き、寺村はただ一機追撃を続けた。すでに前方銃は全弾を射ちつくしていたが、さいわいこの「雷電」には胴体側面に斜め銃がついていたので、これを使うことにした。

「体勢の変化が少ない同航の射撃となるので、二十ミリの曳痕がＢ29の大きな胴体に入って行くのがよくわかるが、敵の曳痕もなかなかいいところを狙って、私の飛行機に近づいてくる。そのうち流れるように近づいてきた曳痕が、私の機の左翼にガンと当たってしまった。それでもなお銚子の上空まで射撃しながら追ったが、とうとう燃料がなくなったので追撃を断念した。

B29は煙の尾を引きながら高度を下げ、海上に逃れて行った。

あれだけやられていれば、絶対にマリアナまで帰れまいと思ったとき、はじめて会心の笑(えみ)が浮かんできた」(寺村)

厚木まで帰れないので、もよりの茨城県神ノ池(こうのいけ)基地に降りた寺村機の機体は、主翼のほかエンジンにも被弾し、ラジエーターも貫通されて潤滑オイルがどんどん洩れていた。

この攻撃の模様は、先に基地に戻った春川飛行兵長によって報告され、新聞にのったことを、翌日迎えの飛行機で厚木基地に帰った寺村は知った。

情報の混乱から一部に不手際はあったものの、この日の邀撃戦は「爆撃に参加したB29八十九機のうち十二機が失われるという、それまでにない大損害」を敵に与え、やがてB29による空襲を、昼間から夜間に変更しなければならない一因となった。

細かい記録がないので断定はできないが、この日のB29撃墜にもっとも活躍したのは、他機にまさる上昇力と二十ミリ機銃四挺の強力な武装をもった「雷電」だったことは間違いない。なお「雷電」には、寺村機のように胴体にさらに一梃の二十ミリ機銃を装備した機体もあったが、このことについては後述する。

日本軍戦闘機の上昇力と邀撃について、防衛庁戦史室編さんの公刊戦史（19「本土防空作戦」）の中に、次のような興味ある記述が見られる。

「中国大陸から九州地区へ来襲するＢ29は、在中国の第五航空軍によってまず発見され、次いで済州島および対馬の電波警戒機（レーダー）によって確認できたため、早期に邀撃体勢を整えることができた。

ところが、マリアナ基地が完成してからは、関東地区ではわが方が邀撃体勢を整えるまでに、Ｂ29は目標に到達するようになった。

わが方はふつう、八丈島の電波警戒機（レーダー）で情報入手後、師団長の出動下令まで一〇～一二分、戦隊の離陸完了まで一五分、高度一万メートルをとるまで六〇分、計八五～八七分を要したのに対し、敵機は八丈島の電波警戒機で発見されてから、約六〇分で東京に到着することができたのである。

これは、防空情報入手の遅れと、現用戦闘機の高高度性能の不足に起因するもので、高高度性能の不足を補うためには、防弾鋼板、爆撃装備はもちろん、射撃装備さえ取りはずして重量をできるだけ軽減し、敵機に体当たりを敢行する以外に方法はないと考えられた。高高度戦闘機開発の立遅れは致命的な欠陥であった」

この頃、Ｂ29来襲のたびに邀撃に上がる戦闘機は、陸軍が一式戦闘機「隼（はやぶさ）」、二式戦「鍾馗（しょうき）」、三式戦「飛燕（ひえん）」、四式戦「疾風（はやて）」に双発の二式複座戦闘機「屠龍（とりゅう）」、海軍が零戦、「雷電」「紫電」「紫電改」に斜め銃を装備した夜間戦闘機型の零戦、「彗星」および双発の「月光」「銀河」など多機種にわたった。

　ところが、二千馬力級エンジンを装備した最新鋭の陸軍「疾風」、海軍「紫電改」の両戦闘機でも、六千メートルくらいまではいいが、それ以上になると過給器の能力不足でがっくり上昇力が落ち、公刊戦史にもあるような始末となった。

　排気タービン開発の遅れが決定的な結果をもたらしたのであるが、そんな中にあって他の戦闘機のほぼ半分の時間で一万メートルまで上がれる「雷電」は、故障の多さや乗りにくいという搭乗員たちの不評の声にもかかわらず、昼間高々度で来襲するB29とまともに戦える唯一の戦闘機としての期待は大きかった。

　しかし、この「雷電」のずば抜けた上昇力は、対大型機専門の局地戦闘機として、その目的に沿って徹底した設計を行なって得られたものであり、その結果、対戦闘機空戦能力や航続性能は犠牲にされたが、その不得意な対戦闘機戦闘の試練を「雷電」が受ける日が、間もなくやってきた。

八十九機のうち十二機喪失という空襲開始いらい最大の打撃をB29爆撃隊にあたえた二月十日の邀撃戦のあと、二月十五日にもB29はやってきた。

　第三〇二航空隊は「雷電」三十九機をはじめ零戦、「月光」「彗星」など七十機以上を上げたが、敵は名古屋方面に向かったため遭遇はなかった。

「雷電」にとって苦手と考えられた敵戦闘機との対戦の機会がおとずれたのは、その翌日だった。それは米軍の硫黄島攻略作戦に呼応して二月十六、十七日の両日に行なわれた初の機動部隊艦載機による本土空襲のときだった。

4

　日本本土空襲の最大の拠点、マリアナ諸島のサイパン島と東京間三千カイリ（約五千六百キロ）の長い往復行程は、B29にとって日本軍の戦闘機以上に厄介（やっかい）な敵だった。この長距離を飛ぶために、爆弾搭載量を十トンから三トンに減らさなければならず、また日本の上空で機体が損傷すると、基地に帰りつくことが困難になるからだ。

　東京とサイパン島のちょうど中間の洋上に硫黄島という、小さな島がある。東西約八キロ、南北約四キロに過ぎないこの島が、日米両軍にとって重要な意味を持ちはじめたのは、マリアナ諸島を米軍が手に入れてからだった。

日本軍はこの島にレーダーを設置して、B29の行動をいち早く知らせることができたし、ここを基地とする日本軍戦闘機を避けるため、B29は「く」の字形の航路をとらなければならず、それがいっそうの燃費増大と爆弾搭載量の減少をもたらし、空襲の効果を少なくした。

日本軍はまた、ここを基地として積極的にサイパン島を攻撃し、「一九四四年の十二月には合計で八〇機以上の日本機が飛行場を襲い、合計一一機のB29を破壊、八機に大きな損害を、三五機に軽い損傷を与え」（前出『B29』）るという戦果をあげた。

このように硫黄島は日本軍にとってきわめて重要な基地だったが、この厄介な島は、もしそれを手に入れた場合、米軍側にとっても大きな意味を持っていた。

ここからの日本機による攻撃がなくなるばかりか、長距離掩護戦闘機を飛ばせることによって、より低い高度での爆撃行が可能になるB29の燃費を減らし、携行できる爆弾の量をふやすことができるからだ。

硫黄島攻略は、ワシントンでマリアナ進攻計画の決定と同時に計画をはじめたといわれるが、その上陸作戦に先立って日本本土からの支援航空兵力を叩いておくため、二月十六、十七の両日、正規空母（航空母艦）十一隻、改造空母五隻、戦艦六隻を基幹とする大機動部隊を関東地区の近海にくり出し、艦載機の大群を発進させた。

その数、十六日は四波にわたる延べ約千機、十七日は二波延べ約五百機におよび、主として厚木、館山、立川、天竜、浜松、三方原（みかたがはら）、香取など関東・東海地区の多数の飛行場のほか、群馬県太田の中島飛行機工場、関東各地の交通施設、東京湾内の船舶などを攻撃した。

これに対して、関東地区の防空を担当する陸軍第十飛行師団は全力で邀撃し、海軍の七二一、二五二、三〇二の各航空隊も加わって、日米小型機同士の激しい空中戦が各地上空で展開された。

敵艦載機の初の来襲となったこの二月十六日の記憶は、筆者にとってもいまだに鮮明なので、いささか私事にわたって恐縮だが、少し述べることをお許し願いたい。

米軍艦載機による空襲の可能性は、海軍の偵察機による米艦隊のウルシー泊地偵察によって、ほぼ一週間前から予想されたらしく、この空襲に先立つ五、六日前、立川の陸軍航空工廠技能者養成所にいた筆者は、機銃による対空射撃隊を組織すると聞かされ、高々度で来襲するB29に、地上からせいぜい数百メートルしか届かない機銃で射って、何ほどの効果があるのだろうと、いぶかしく思った。

その日から編成がはじまり、機銃陣地の構築と同時に、「隼」戦闘機からおろした七・七ミリ機関銃の構造および取り扱いについての教育も開始された。それまでの物理化学や数学の勉強に代わる武器の講習には、大いに興味をそそられた。

地面に肩のあたりまでかくれるほどに掘られた機銃陣地が完成したのは、敵艦載機来襲の一日か二日くらい前ではなかったかと思う。

当日早朝、警戒警報発令と同時に、われわれのにわか対空射撃隊にも陣地内での待機が命じられた。隣接する立川飛行場、やや離れた福生（現在の米軍横田基地のあるところ）飛行場などから戦闘機がどんどん上がっていく。

今にも雪の降り出しそうな曇り空で、底冷えする機銃陣地に入った筆者は、寒さのせいもあったと思うが、はじめて経験する戦闘を前にガタガタとふるえがとまらなかった。しかし、この日はついに機銃発射の機会はなく、初体験は翌日に持ち越された。

明けて二月十七日、前日より約三十分早い午前六時半頃に警戒警報が発令され、機銃陣地で警戒体勢についてしばらくすると、明らかに味方の戦闘機と違う黒っぽい小型機編隊が、高速でやってくるのが目に入った。

〈グラマンだ！〉

それは航空雑誌などでおなじみの、まぎれもないグラマンF6F「ヘルキャット」戦闘機であり、初めて見る本物にいささか興奮気味で注視していると、飛行場の西側を南から北に向けて飛んできた四機編隊は、翼をひるがえしてすぐ先の立川飛行場目がけて突っ込んできた。ロケット弾とおぼしき火箭(ひや)の走るのが見え、飛行場の方角から黒煙が上がった。

敵襲に気づいた味方戦闘機との間で空戦がはじまり、追尾された敵戦闘機から黒煙の吹き出すのが認められ、すわ撃墜かと思った瞬間、それは消えて飛び去ってしまった。ふと気がつくと、低空をグラマン「アベンジャー」雷撃機が一機、こちらを目指して飛んでくるのが目に入った。あわてて機銃架にのった機銃にしがみつき、ろくに照準もしないで射撃を開始した。

それからあとは夢中で、少し射っては曳痕弾の赤い弾道を見て、修正しながら敵の予想進路の少し前方を狙うよう教えられたことなどすっかり忘れて、直接照準で射った。引き金を引きっ放しで、たちまち全弾を射ちつくしてしまった。低空を悠然と飛ぶ「アベンジャー」の後方に、弧をえがきながら消えていく曳痕弾の赤い軌跡が、ひどくむなしく思えた。

予備弾倉の用意を忘れたか、うろたえていたせいかは覚えていないが、たしか弾倉を交換しなかったように思う。弾丸を射ちつくしたあとは、銃座の壕の縁に身を寄せて上を見上げていたが、ピシピシと音を立てて金属片らしきものが周囲に落ちてくるのが恐かった。あとで鋭い破断面を持った高射砲弾の破片をいくつも見つけ、これが当たったらと思ってゾッとした。

5

筆者が初めてのどかな対空戦闘に冷や汗をかいていた頃、立川から南に約四十キロほど離れた神奈川県厚木基地では、戦闘のプロたちのあわただしい活動がくり拡げられていた。

「敵機動部隊関東地区近海に接近」の報に、第三〇二航空隊の指揮所は朝から色めき立っていたが、この日の邀撃戦闘はいつもと様子が違っていた。

相手が航空母艦から発進する小型機、しかもF6F「ヘルキャット」やF4U「コルセア」などの艦上戦闘機が多数含まれるとあっては、小型機への対応の苦手な「月光」「銀河」「彗星」のような夜間戦闘機を邀撃に差し向けるわけにはいかない。敵の手の及ばない空域に飛ばせて戦闘を回避させるか、地上での撃破を避けるために、飛

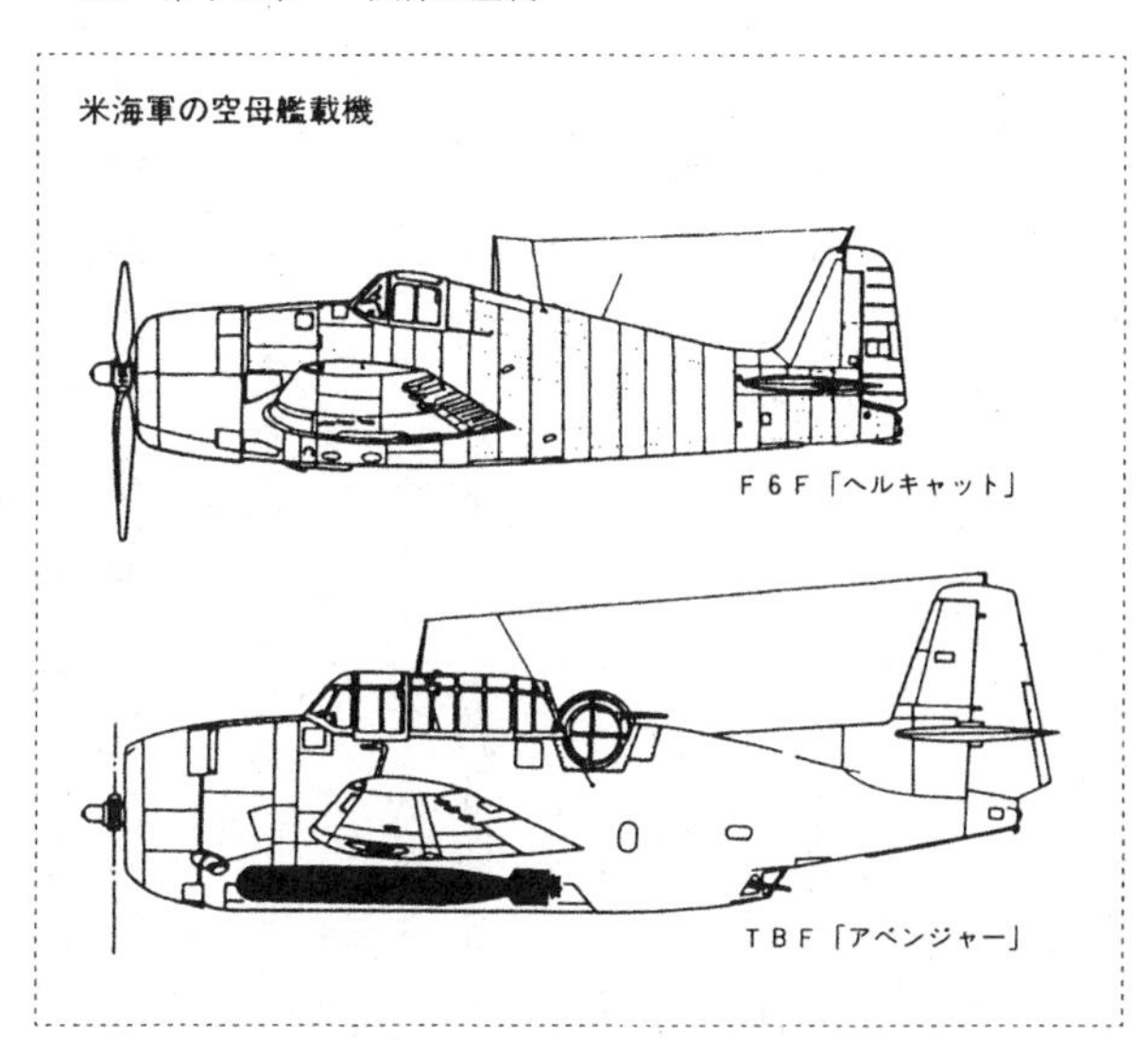

行場周辺の森の中につくられた引込線に隠し、草や松の枝などで偽装するかの、いずれかの処置がとられることになった。

　残るは単発一人乗りの戦闘機である零戦と「雷電」だが、零戦はそのまま敵機にぶつけるとしても、対B29の戦闘にはいいが、対小型機戦の苦手な「雷電」をどう戦わせるかについて議論の末、「雷電」隊として次のような方針が決まった。

　零戦のような格闘戦は避け、優位の高度から一撃を加えて離脱、あとふたたび高度をとって次の機会を待つこと。

敵機空襲の報で離陸するときは、離陸後すぐに高度をとらず、低空のまま関東地方の奥地に向かい、敵機に襲撃される恐れのなくなったところで、高度をとって引き返すこと。

厚木付近に敵機来襲のおそれがあるときは、燃料がなくなっても厚木へ着陸せず、奥地の他の飛行場に着陸すること。

これは要するに、小型機に対する空戦を主任務とする戦闘機隊はほかに数多くあるが、B29に強い「雷電」の戦闘機隊は関東地区には第三〇二航空隊にしかないので、敵戦闘機との空戦による「雷電」の被害をできるだけ避けようという配慮にほかならなかった。しかし、この方針にあき足らない隊員もいて、「雷電」とグラマンF6Fとの初の対戦が起きた。

二月十六日午前七時過ぎ、それは立川で筆者が機銃陣地に入ったのとほぼ同時刻と思われるが、九十九里(くじゅうくり)海岸にF6F接近中の報とともに、厚木基地では「雷電」隊に対し離陸の命令が下(くだ)された。「月光」「銀河」などの夜間戦闘機隊は、空中退避のため、ひと足先に離陸していた。

発進の下令と同時に、三十機近い「雷電」のプロペラがいっせいにまわりはじめ、列線が動き出して、先任の第二分隊長伊藤大尉機を先頭に離陸を開始した。

「雷電」隊はいつも大型機との戦闘ばかりやっているので、あまり得意でない編隊など組まず、決められた戦闘要領に従って高度をとらないで、ひたすら北に向かった。

　充分すぎるほど北上した「雷電」隊はおもむろに高度をとりはじめたが、日頃のB29邀撃戦のくせが出て高度をとり過ぎ、せいぜい四百メートルか五百メートルの高度で飛びまわる敵機と遭遇することなく、ほとんどの機が燃料不足で北関東の陸軍児玉（こだま）飛行場に着陸してしまった。

〈これでは空中退避の意味は果たしたかも知れないが、敵に対して何の攻撃もしていないではないか〉

　列機とともに埼玉県狭山の陸軍飛行場に着陸した第一分隊長寺村大尉は不満でならず、燃料を補給してもらうと、ふたたび飛び立って東京上空に向かった。しかし、高度が六千メートルだったので今度も高過ぎ、一度も敵機を見ずに谷田部（やたべ）基地に着陸した。

　あきらめ切れない寺村は、飛行機に故障が出た列機を残し、ここで出合った坪井庸三大尉とともに、敵を求めて三度目の離陸をした。

　以下は寺村の記述（前出『孤独な戦闘機』）による。

「こんどは運よく、離陸すると間もなくグラマン四機に遭遇した。私たちの高度は三千メートル、敵はそれより五百メートル高い優位から、反航体勢のまま一撃を加えてきた。坪さん（坪井大尉）がこれをかわし、つづいて私もかわした。次いでグラマンは二手に分かれ、離れた坪さんと私にそれぞれ二機ずつで攻撃してきた。千メートルほど向こうでグラマン二機とわたり合っている坪さんに合流したかったが、どうにもならない。

この空戦で坪さんはグラマン一機を撃墜したが、私はグラマンの攻撃を避けるのが精いっぱいだった。残念ながら、これが私の対戦闘機戦の初陣であった」

寺村はこの日の空戦について、不本意な戦いだったと率直に告白しているが、この戦闘経験から「雷電」でもグラマンF6F「ヘルキャット」と対等の空戦ができるということがわかり、優位の高度から一撃を加えたらすぐに離脱するというこれまでの「雷電」隊の方針から、積極的にグラマンに空戦を挑むよう変わった。

あまりにも運動性のすぐれた零戦のせいで、評価されることなく埋もれていた「雷電」の意外な空戦能力を見直させた点で、坪井、寺村両機の対グラマン戦の健闘は特筆されていいだろう。

第三〇二航空隊のこの日の戦果はF6F九機撃墜で、被害は零戦二機と「雷電」三機が大破、三名戦死だった。

翌十七日。敵機動部隊は前日よりやや小規模になったとはいえ、ふたたび二波約五百機をくり出してきたが、積極的に「雷電」を敵戦闘機にぶつけようという新方針にもかかわらず、この日「雷電」の出動は延べ十二機にとどまった。

前日、燃料を使い果たして陸軍の児玉飛行場に降りた多くの「雷電」が、降雪のため帰ってこれなかったからだが、寺村大尉の列機で谷田部に残されていた金田正一等飛行兵曹が単機で厚木に帰る途中、グラマンF6Fと遭遇して空戦をまじえたが、味方の対空射撃によって撃墜され、顔に火傷を負うという不幸な事故が発生した。

ほっそりした零戦にくらべて太い胴体の「雷電」は、地上から見てしばしばグラマンF6Fと誤認されたようで、筆者も「雷電」が陸軍（？）の地上砲火によって撃墜され、乗っていたパイロットが死亡したという話を耳にした記憶がある。

この日の戦果は前日を上まわるF6F撃墜十機が報告され、味方は零戦二機大破のほか、「雷電」の喪失はなかった。

この両日の空襲について、大本営は二日目の十七日午後三時半には早くも、「十六日の飛行機撃墜百四十七機、被害を与えたもの五十機以上」の戦果を発表し、一日置いた十九日には、「十七日の戦果、撃墜百一機、損害を与えたもの二十八機」および、「十六日の戦果に撃墜二十七機を追加する」旨を発表した。

これらの発表分を合計すると、日本側の戦果は撃墜二百七十五機、撃破七十八機に達し、自軍の損害は十六、十七両日を合わせて七十八機だから、空中戦闘に関する限り日本側がきわめて優勢に戦ったことになる。

ところが、アメリカ側のキング元帥報告書では、「わが四十九機の喪失に対して、日本側は空中で三百二十二機を撃墜され、地上で百七十七機を撃破された」となっていて、まったく対照的だ。それにしても、キング元帥報告書の撃墜数はいささかオーバーで、若干の空中退避機を含め、日本側の邀撃機を全機撃墜したとしても、はるかにおよばない数字となっている。

その一方では『ニミッツの太平洋海戦史』（ニミッツ、ポッター共著、実松譲、冨永謙吾共訳、恒文社）のように、「十六日と十七日の空襲は悪天候のせいで四十機か五十機の日本機を打ち落とし、飛行場に与えた損害もたいしたことはなかった」とする過小評価もある。

どちらを信ずるにせよ、これによって日本本土からの航空兵力による妨害行動を一時的に麻痺させ、米軍の硫黄島上陸作戦を容易にしたことは間違いない事実だ。

第十三章——夢のまた夢

1

二月十九日、最精鋭の海兵隊第一陣約三万名を硫黄島に上陸させた米軍は、栗林忠道陸軍中将以下約二万一千名の日本軍守備隊の猛烈な抵抗に出合い、五日間という当初の予定を大幅に超過し、一ヵ月近くもかかってようやく占領した。この戦闘で日本軍はほとんど全員が戦死したが、米軍もまた上陸した海兵隊と艦隊乗員のうち約七千名が戦死または戦傷死、一万九千名が負傷するという大きな犠牲を払わなければならなかった。

ニミッツの戦史に書かれている「攻撃軍の死傷者が防衛軍の損害を上まわる」という大損害と引きかえに手に入れたこの島の価値は大きかった。わけても最大のメリットは、B29爆撃機と行動を共にすることができる長距離掩護戦闘機ノースアメリカンP51「ムスタング」戦闘機の基地を得たことだ。

最高速度が時速約七百キロ、航続距離が増槽つきで三千四百キロに及び、運動性にもすぐれたアメリカ陸軍のP51戦闘機は、いってみれば太平洋戦争前半の〝無敵零戦〟の裏返しであった。それはまた、わが「雷電」がF6F「ヘルキャット」よりさらに厄介な、新しい強敵と対戦しなければならないことを意味した。

三月六日、島の一部ではまだ戦闘が続いていた硫黄島に、最初のP51戦闘機隊が到着し、十五日にはさらに第二陣も展開した。そして、周辺の島にある日本軍施設の攻撃によって足ならしを終え、四月七日の初のB29掩護行となった。

硫黄島を発進した第十三、第二十一両戦闘飛行連隊のP51百八機は、約一千キロを飛んだあと、伊豆諸島の神津島上空高度約五千メートルで百七機のB29編隊と会合し、爆撃隊のわずか前方をつゆ払いのようなかたちで進撃をつづけた。

この日の主目標は、これまで何度も攻撃をかけながら小被害を与えるにとどまっていた東京西部の中島飛行機エンジン工場だったので、戦爆連合の大編隊はいつもと同じく富士山を目標に伊豆半島から進入したが、待ち構えていた日本軍戦闘機の激しい邀撃に遭遇した。

Ｂ29は、Ｐ51の掩護があったので、高度を四千メートル前後にとって飛んでいたから、高空での戦闘が苦手な日本戦闘機隊にとっては願ってもない条件に思えた。多数の陸海軍機が好機とばかりＢ29編隊に襲いかかったが、この日はいつもとはいささか勝手が違った。

初の敵戦爆連合大編隊が関東地区に姿を現わしたのは、午前十時ごろだった。関東・東海地区の防空を担当する陸軍第十飛行師団は、もちろん全力をあげて出撃し、呼応して海軍も三〇二、横須賀、六〇一、二五二の各航空隊から百機以上を発進させた。

首都圏最大の航空隊である厚木の第三〇二航空隊からは、「雷電」延べ三十八機、零戦延べ十七機をはじめ、夜間戦闘機隊の「月光」十五機、「彗星」十機、「銀河」五機を邀撃に上げたが、この日は夜間戦闘機隊にとって厄日となった。

離陸した各機は高度をとり、「雷電」隊は東京上空へ、夜間戦闘機隊は伊豆諸島上空へと、それぞれの担当空域に向かった。

情報によってＢ29の飛行高度がいつもよりずっと低いのをいぶかしく思いながら飛んでいた「雷電」隊に、突然、「Ｂ29の一部は名古屋方面に向かう。なお、Ｂ29には小型機の護衛がついている模様」という地上からの電話が入った。

「雷電」隊がこの情報を聞いたとき、不幸にも伊豆半島方面に向かった「月光」以下の夜間戦闘機隊は、すでに敵に遭遇していた。

すぐに敵編隊の下方にもぐり込もうと接近していった「月光」以下の夜間戦闘機隊は、Ｂ29編隊の近くを飛ぶ機首のとがった小型機の群れを認めた。敵の小型機がＢ29についてくるなど思いもよらず、てっきり味方の陸軍三式戦闘機「飛燕」がＢ29に攻撃をかけているものと思い、なおも射撃位置につくため接近を続けていたところに、その小型機群が翼をひるがえして、いきなり向かってきた。

〈しまった、敵機だ！〉

夜間戦闘機隊に衝撃が走った。

戦闘機とはいっても、艦上爆撃機「彗星」、双発戦闘機「月光」、陸上爆撃機「銀河」、艦上偵察機「彩雲」などを、後述するような大型機の夜間邀撃用に改造転用したもので、敵戦闘機との空戦などまったく考えられていないこれらの夜間戦闘機には、Ｐ51に対抗するすべはない。

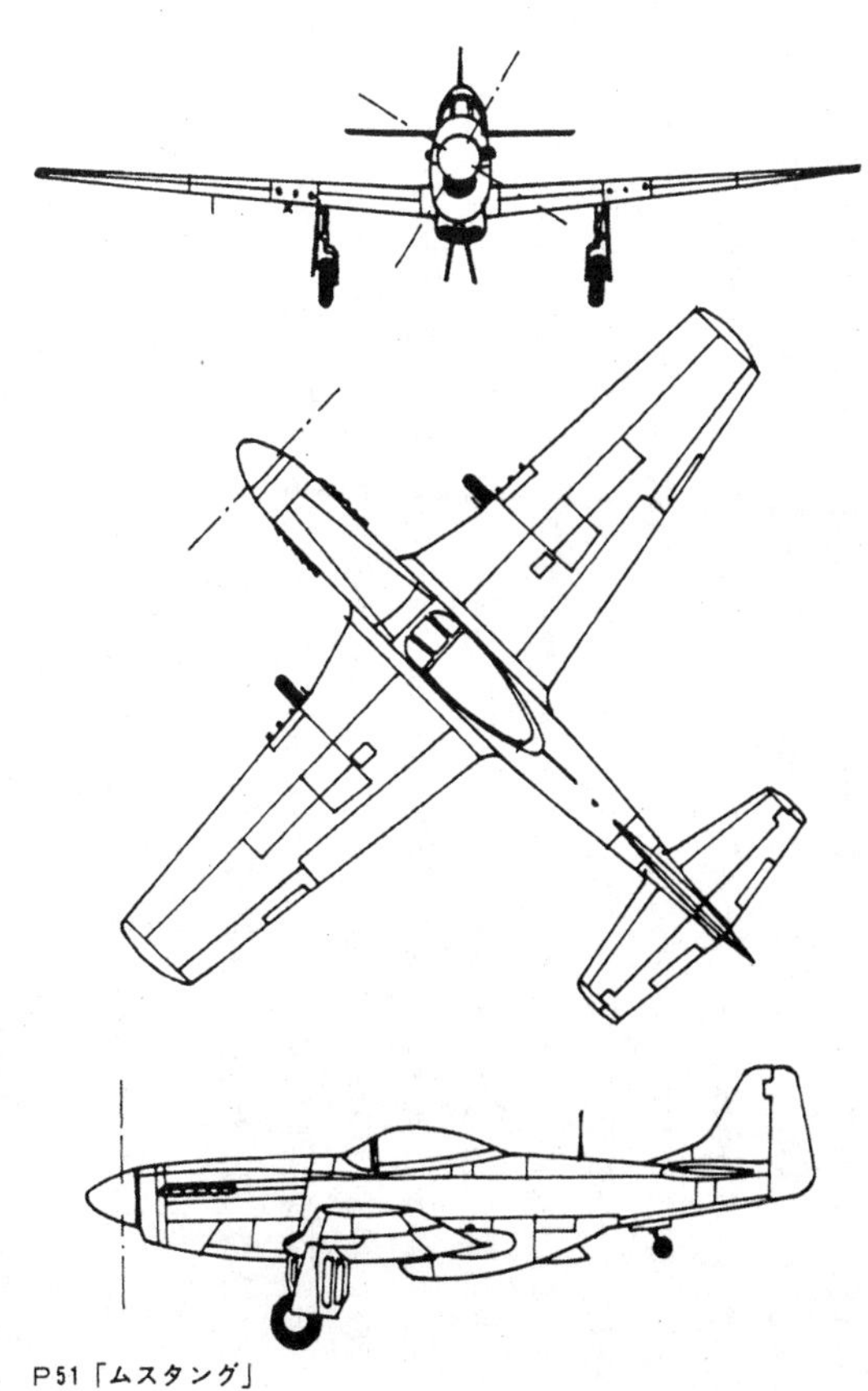

P51「ムスタング」
全長：9.85m　全幅：11.3m　全備重量：5260kg　最大速度：704km/h
上昇限度：1万2800m　航続距離：3700km　武装：12.7mm機銃×6

このころになって、やっと地上からの電話が「夜戦隊はB29の攻撃を中止、退避せよ」と叫んだが遅かった。

襲いかかったP51の射撃を受け、第三飛行隊長藤田秀忠大尉の乗る「彗星」をはじめ、「月光」など数機がつぎつぎに撃墜されてしまった。

この日の戦闘で、第三〇二航空隊のものも含めて海軍は九機を失ったが、そのほとんどが「月光」など夜間戦闘機だったので、この日以後、夜間戦闘機隊によるB29の昼間邀撃は中止され、その名が示すように、本来の夜間邀撃専任に戻ることになった。

ところでこの夜間戦闘機だが、レーダー射撃装置を持った米軍のそれと違って、機体の上側に三十度の角度をつけて斜(なな)めに取りつけた機銃を持ち、探照灯に照らし出された敵機の後下方に占位し、敵機と編隊を組むようなかたちで、同航しながら射ち上げるだけの簡単なものだ。しかし、こちらは探照灯の光の外にいるので、敵から射たれる心配なしに思うように射撃ができ、その限りではかなり有効な戦法であった。

ラバウルで初めてこの戦法を使って成功した創案者の小園安名大佐は、第三〇二航空隊司令に着任すると、三個飛行隊のうち、第二(「月光」と「銀河」)および第三(「彗星」と「彩雲」)の二個飛行隊を全機〝斜め銃〟装備としてしまった。ところが、この戦法を絶対と信じ込んだ小園司令は、残る第一飛行隊の「雷電」と零戦にも斜め銃を装備するよう求めた。

　斜め銃は夜間来襲するB29に対してはたしかに有効だったが、安定した飛行が身上の複座機以上に装備するのが適当であり、身軽な運動性が要求される単座戦闘機には向かないといって、飛行長や第一飛行隊の分隊長たちはこぞって反対した。しかし、小園司令の強い要求にはさからえず、飛行隊三個分隊のうち、零戦の第三分隊は全機が斜め銃装備の夜間戦闘機仕様となった。零戦とはいっても、この隊は敵戦闘機との格闘を想定していないから、搭乗員は戦闘機パイロットでない者が多く、したがって小型機が来るようになると、「雷電」隊のパイロットの〝予備機〟として使われるようになったが、装備された斜め銃は無用のお荷物以外の何物でもなかった。

　硫黄島がまだ日本軍の前進基地だったころ、航続距離のみじかい「雷電」を零戦に乗りかえて進出したパイロットもたくさんいたが、圧倒的に優勢な敵戦闘機の前にほとんどが撃墜され、硫黄島は戦闘機の墓場などといわれた。

　そのころ、十機をつれて硫黄島に行くことになっていた寺村中尉（当時）が、あるとき小園司令に聞いた。

「司令、今度行くときは斜め銃をおろしていいですか」

「なぜだ？」

「少しでも軽くした方がいいですから」

「だめだ。斜め銃をおろすくらいなら前方銃をおろせ」

そんなやりとりがあった翌日、搭乗員集合があって、小園司令がきびしい口調で、

「斜め銃に反対の者はこの基地から出ていけ」といい渡した。

寺村の硫黄島行きはこのあと、米軍の同島上陸で取り止めになったが、小園司令の厳命で、昼間邀撃専門の「雷電」にも斜め銃を取りつけることになった。

夜間戦闘機型零戦も同じだが、単座戦闘機で操縦席後方に斜め銃を装備する空間がない「雷電」では、胴体左側に機軸に対して三十度外向き、十度上向きに二十ミリ機銃一梃を取りつけるようにしたもので、高座工廠で数機に対して改造工事が加えられた。

「ぼくらにはどうも信じられなかった。軸線に沿って機銃を取りつけるのなら、敵機のうしろについて平行に飛んで射てば当たるが、軸線ではなく、文字どおりドテッ腹に横向きにつけて当たるというのだから……」

昭和二十年二月はじめまで第三〇二航空隊の「雷電」隊第一分隊長だった宮崎富哉大尉はそういっているが、他の部隊に転出する宮崎のあとを継いだ寺村は、前述のように前方銃を撃ちつくしたあと、この斜め銃でＢ29にとどめと思われる一撃を加えて

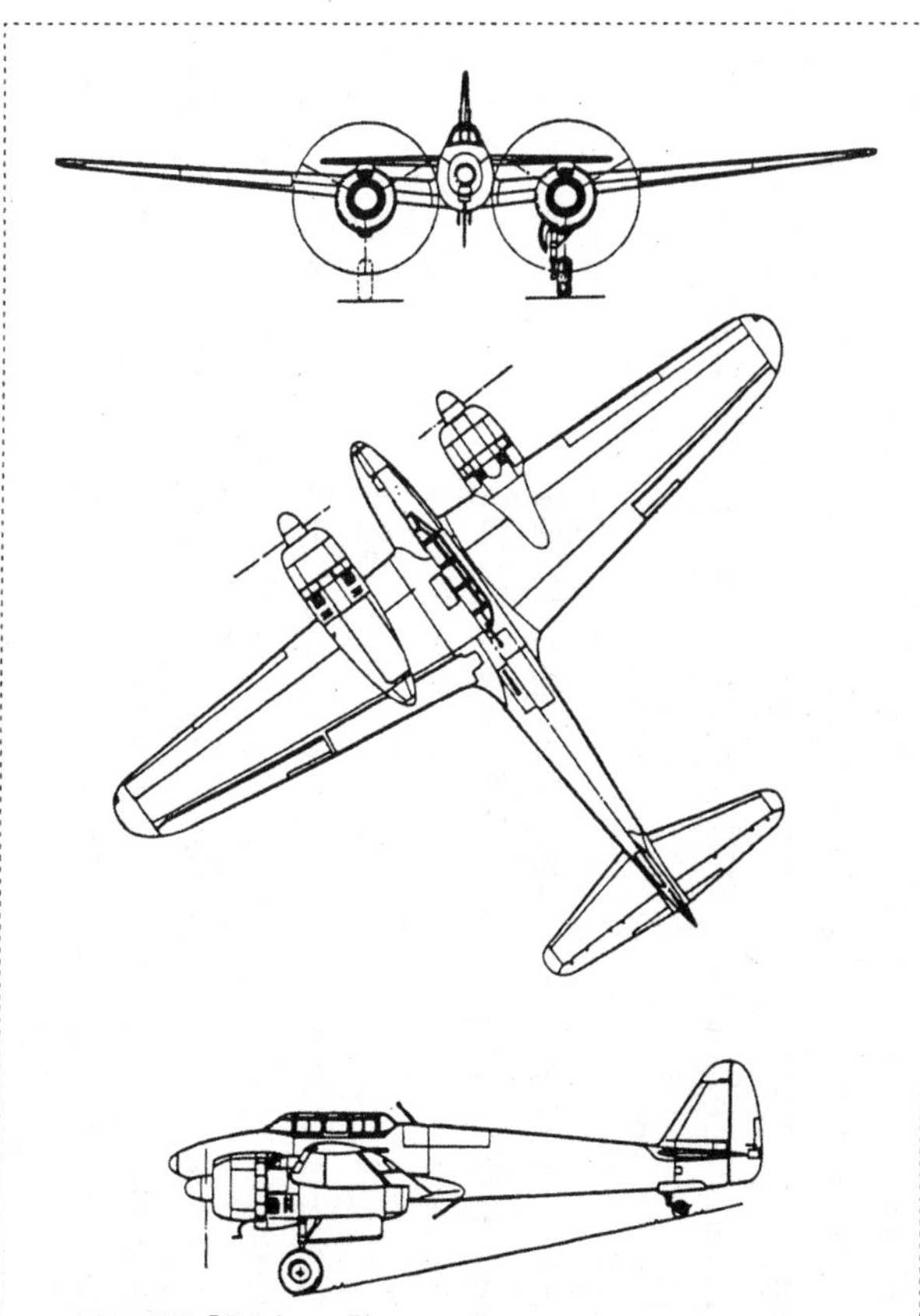

夜間戦闘機「月光」二一型
全長：12.2m　全幅：17m　全備重量：7010kg　最大速度：507km/h
上昇限度：9320m　航続距離：3780km　武装：20mm機銃×４または３

いる。

それは「雷電」に取りつけた斜め銃のきわめてまれな成功使用例だが、相対速度がゼロで、ほとんど静止したような状態での射ち合いになるから、こちらの弾丸も当たるが、同じように敵のも当たる。寺村はＢ29の攻撃でエンジンに被弾して、近くの飛行場に不時着したが、零戦隊の隊長だった森岡寛大尉も、零戦による斜め銃攻撃でＢ29に火を吐かせたものの、みずからも敵の十二・七ミリ機銃弾で左手首を粉砕され、右手だけの操作で陸軍浜松飛行場に不時着している。

こうした少ない成功例も、軽快なＰ51が随伴して飛んでくるようになってからはまったく通用しなくなり、「雷電」への斜め銃装備は途中で中止、昼間邀撃専門に変わった夜間戦闘機型零戦も、司令には内緒で斜め銃をおろして飛び上がることが多くなった。

Ｂ29十六機を撃墜破して勇名をはせた双発戦闘機「月光」の遠藤幸男大尉（戦死、二階級特進で中佐）のようなまれな例もあったが、しょせん斜め銃は「雷電」にはなじまない装備だった。しかし、高々度で来襲するＢ29攻撃の切札的存在だった「雷電」は、斜め銃のほかに三十ミリ機銃の搭載や三号爆弾による攻撃などの実験にも使われた。

日本はアメリカをはじめとする欧米の列強にくらべて、あらゆる技術が立ち遅れていたが、数少ない例外の一つに三十ミリ航空機銃があった。

いち早く戦闘機に二十ミリ機銃を採用した日本海軍は、対大型機攻撃の威力増大を求めて、早くから三十ミリ機銃の装備を計画し、その開発を日本特殊鋼に発注した。ここには河村正弥という機銃設計の大家がいて、新しい機銃の開発には十年以上かかるといわれていたのを、海軍の協力もあって、わずか三年という短時日で完成させた。

昭和二十年五月、五式三十ミリ機銃として制式採用されたが、その威力に期待をかけた海軍は、まだ完成しないうちから、「秋水」「震電」「烈風改」「電光」「雷電」「天雷」「月光」「銀河」などに搭載を決め、その後の改良による無駄や生産の混乱を承知で、空中実験修了を待たずに量産に入った。

豊川海軍工廠と日本製鋼所で生産され、終戦時に海軍が在庫していた三十ミリ機銃は二千挺を超えたが、「秋水」「烈風改」などの試作機はもとより、「月光」「銀河」など現用の制式機までがたび重(かさ)なる空襲で生産が思うようにならなかったので、「雷電」の少数機に取りつけられて、厚木と鳴尾の両基地に配備されたにとどまった。

厚木の第三〇二航空隊は三十ミリ機銃の装備には否定的で、航空技術廠での会議ではこぞって反対した。

2

三十ミリ機銃の「雷電」への搭載について、航空技術廠での会議で第三〇二航空隊が反対したのは、

「機体が重くなって対戦闘機空戦には不利だし、弾丸の数が四十発とか五十発ていどでは少なすぎる。すでにP51戦闘機がきているというのに、もし二十ミリをおろして三十ミリにつけかえたら、やられるに決まっている」

というのがその理由だったが、三十ミリ機銃は日本特殊鋼製の五式のほかに、もう一つあった。

海軍の命令で研究開発した日本特殊鋼とは別に、兵器の大手メーカーである大日本兵器では、正規のオーダーではなかったが、海軍航空本部の諒解のもとに、二十ミリ機銃生産の豊富な経験にもとづくエリコン型三十ミリ機銃の研究を早くからはじめ、昭和十七年には試作一号銃が完成して二式三十ミリ固定銃と命名された。

昭和十八年五月には空中実験を好成績でおえ、すぐに増加試作に着手すると同時に、

試験的に零戦五機に装備して激戦のラバウルに送ったところ、敵戦闘機は一撃で空中に飛び散ったという。なお「増加試作銃五十梃は『雷電』に搭載して大型機の邀撃に活躍した」(『海軍航空史(3)制度・技術編』時事通信社、『航空技術の全貌(下)』原書房)という記述もあるが、確かなことはわからない。

とにかく二千梃もつくられた三十ミリ機銃の大半が、戦争の役に立つことなく終わったが、戦後数年して勃発した朝鮮戦争の際、ソ連製ミグ15戦闘機の活躍に手を焼いた米軍が、日本特殊鋼に三十ミリ機銃の生産を打診してきたことがあった。

戦時中の機銃生産設備がすべて破壊されてしまったこと、この打診があって間もなく朝鮮戦争が休戦になったことなどの理由で立ち消えになったと河村は語っていたが、むくわれることなく消え去った日本の三十ミリ航空機銃にとって、誇らしいエピソードだ。

三号爆弾

発火装置　弾子　信管　時計式発火装置

なお、日本陸軍には四十ミリ機銃を搭載した二式単座戦闘機「鍾馗(しょうき)」があったが、初速が遅く、弾道の直進性が悪かったので命中率が低く、海軍の三十ミリ機銃同様、携行弾数が少ない

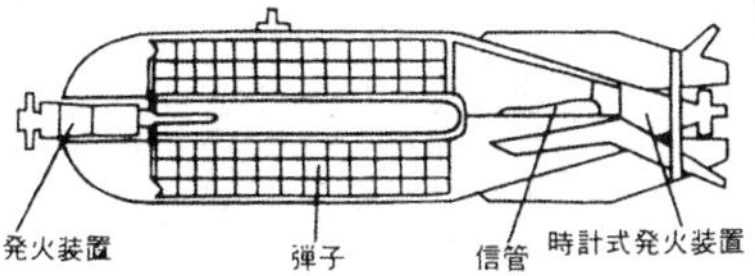

こともあって、少数機にとどまった。

なお、陸軍の「鍾馗」は「雷電」と同じように直径の大きな空冷エンジンを装備した邀撃専門の単座戦闘機で、陸軍戦闘機の中ではB29に対して最も活躍した機体だが、「雷電」とは対照的に、ずっとコンパクトな機体に仕上がっていた。

三十ミリ、四十ミリといった大口径機銃の開発の一方では、日本には比較的早い時期から、飛行中の編隊群の中で爆発させて、まとめて敵機を落とすことを目的とした小型空中爆弾があった。今ふうの言葉でいえば空対空爆弾で、「三号爆弾」とよばれていた。

投下後、一個の爆弾から内蔵された多数の小弾子を飛び出させ、弾子を傘状にまき散らして、目標である敵編隊群の前上方からおおいかぶせることにより、確率的に目標に当てようというものだった。

爆弾の重さは戦闘機に搭載しやすいよう三十キロと小型で、内部には重さ約二十グラムの弾子が二百個ぐらい入っていた。弾子は厚さ五ミリ、直径二十ミリ、長さ三十ミリぐらいの鋼管の中に糸巻型の鉄片を入れて黄燐を充塡(じゅうてん)し、爆発と同時に、その圧力によって黄燐が飛び散りやすいようになっていて、うまくいけば一撃で一個編隊の数機を撃墜、もしくは撃破することができると期待された。

敵編隊より優位の高度から反航しながら落とすことと、時限装置で爆発させる必要から、投下時期の選定がむずかしいのが難点だが、昭和十四年ごろに完成して実戦に使われ、支那事変や太平洋戦争初期にはかなりの戦果をあげたといわれる。

その後、飛行機のスピードが速くなり、相対近接速度の増大にともなって目測照準がむずかしくなったので、しだいに使われなくなった。それがB29攻撃法の手づまりから、ふたたび陽の目を見るようになった。

「雷電」で最初にこの爆弾によるB29攻撃を実施したのは、当時鳴尾基地にいた第三三二航空隊の赤松貞明中尉だった。

横須賀航空隊時代にその実験を担当し、のちにラバウルでの実戦で使用した経験を買われたもので、このときの攻撃の具体的な成果は明らかでないが、敵はさぞびっくりしたことと想像される。

なお、はじめてP51戦闘機が掩護してきた昭和二十年四月七日の東京空襲で、失われたB29二機のうち「一機は空からの爆弾攻撃による」という記述が第二次世界大戦ブックス『P51』（サンケイ新聞出版局）の中にあり、B29に対する三号爆弾攻撃が実際に行なわれたことを示している。

手づまりの打開といえば、高々度性能を向上させるための排気タービン装備もその一つだったが、硫黄島からのP51初来襲から三日後の四月十日、実験の結果が思わしくないことと、ほぼ平行して開発を進めていた高空性能向上型の「雷電」三三型（J2M5）が好成績だったことから、航空技術廠より遅れた三菱製排気タービン機は、試作二機だけで生産中止と決定された。

3

P51戦闘機の初来襲から半月後、それまで関東・東海の第三〇二、呉地区および関西の第三三二、北九州の第三五二と、各航空隊で別個に運用されてきた「雷電」に、三つの航空隊が一緒に行動する機会が訪（おとず）れた。

昭和二十年に入って、フィリピンを奪回したり、硫黄島を占領するなど、日本本土上陸を目指して、その進攻のアシを速めてきた米軍は、三月末になって、ついに沖縄攻略を開始した。これに対して連合艦隊は、海軍航空兵力の全力を投入する「天一号作戦」を発動し、南九州の基地群に航空部隊を集中した。

この作戦の目玉は、四月六日に始まった大規模な航空特攻による「菊水作戦」だが、米軍は特攻機の進路の途中に大量の戦闘機によるピケットラインを張って阻止する一方、特攻機の発進基地に対しては、B29爆撃機による執拗な爆弾攻撃を開始する作戦に出た。

そこで、九州南方洋上の喜界島上空あたりで待ちかまえる敵戦闘機を攻撃し、そこで空中戦が展開されているうちに、特攻機とその掩護戦闘機隊が進撃するという作戦目的のため、新鋭の「紫電改」戦闘機の部隊を振り向けることになった。

次に、飛行場爆撃にやってくるB29に対してはどうするか。アメリカ側資料によると、特攻作戦を阻止するため、その発進基地を叩こうというかれらの努力は相当なもので、四月十七日から五月十一日までの間、B29爆撃隊の作戦行動のおよそ七十五パーセントをこのためについやし、都市攻撃や飛行機工場爆撃の規模を一時縮小したほどだった。

この作戦のため、九州および四国一帯十七ヵ所の飛行場爆撃に出動したB29の数は延べ二千百四機とされているが、この猛烈なB29攻勢に対して第五航空艦隊の固有の戦闘機隊を割くと、それだけ特攻機の援護がうすくなる。B29の邀撃対策として、「雷電」戦闘機隊の進出が望まれるようになったのは当然のなりゆきだった。

「紫電改」と「雷電」――ライバル同士のこの両戦闘機の場合、「紫電改」は軍令部から転出した源田実大佐が司令をつとめる第三四三航空隊にまとまっていたが、「雷電」にはそれに相当する部隊がなかったので、「雷電」を持つ三〇二、三三二、三五二の三個航空隊から飛行機を抽出してにわか「雷電」部隊が編成された。

どちらも第五航空艦隊の指揮下に入ったが、新しい基地となった南九州の鹿屋（現在の海上自衛隊鹿屋航空基地）への両部隊の進出ぶりは対照的だった。

生産された機材の供給を一手に受け、内地と外地を問わず優秀な搭乗員を引き抜き、編隊空戦の猛訓練を重ねてきた第三四三航空隊は、四月十日に「新撰組」を自負する菅野直大尉指揮の戦闘三〇一飛行隊四十数機が第一陣として鹿屋に進出してきた。

このころになると、訓練不足や若い搭乗員の増加で、どこの部隊も操縦技倆の低下がいちじるしく、整然とした大編隊を組めることなどめずらしくなっていた。それが、一糸乱れぬ隊形で飛んできたので、見上げる他の部隊の司令や幹部たちの間から讃嘆の声があがった。

「今どきあんなみごとな編隊を組めるなんて、一体どこの部隊だ？」

源田司令はじめ、隊員たちが大いに鼻をたかくしたのはいうまでもないが、「雷電」の方は、そんなはなやかな飛行場入りはなかった。

進出した機数は第三〇二航空隊が十九機、第三三二航空隊が十七機、第三五二航空隊が七機で、それも四月二十三日から二十六日までの間に少数機に分かれてだったから、多数の飛行機の発着で忙しいここ鹿屋基地では、ほとんど目立たない。

それでも細身の零戦とちがった太い胴体と、強制冷却ファンが生み出す独特の爆音から、それと気づいた者も少なからずいた。

当時、第五航空艦隊司令部の通信参謀付だった岡村寿正大尉（兵科予備学生一期、熊本市）は、初めて接した「雷電」の思い出を、次のように語っている。

「ある日、司令部の壕内にまでひびきわたるものすごい爆音に驚き、壕外に走り出したところ、『あれが雷電だ！』

と司令部の士官たちがつぶやいているのが耳に入った。そして、数百メートルの低空を数機飛び去るのを目撃したが、その間中、どこからだったのか覚（おぼ）えていないが、緊迫した指揮官の指令や命令が早口で、つぎつぎと『隊内電話』で発信しているのが聞こえてきた。しかし、機影が見えなくなるとともに、指揮官の声は聞こえなくなった。

私は初めて見る『雷電』に心をときめかしていた」

この指揮官の声とは、当時岡村大尉と同じ第五航空艦隊司令部の壕内で「雷電」部隊の統一指揮をとっていた第三〇二航空隊第一飛行隊長山田九七郎少佐と推測される。

「雷電」隊の鹿屋基地への展開は、大村からやってきた四月二十六日の第三五二航空隊の七機をもって終わったが、この「雷電」隊に対する期待は大きく、受け入れのために一式陸上攻撃機のような大型機を一時、他の基地に移動させたほどの熱烈歓迎ぶりだった。

三航空隊から分派された「雷電」隊は、士気を高めるため、自分たちで「龍巻(たつまき)」部隊と名乗ることにしたが、翌二十七日に早くも初出撃の機会がやってきた。

この日は高度四千メートルに少し雲があったがおおむね晴で、視界は三十キロだったから、邀撃にはまずまずの天気だった。

早朝、レーダーからの情報によって、広い鹿屋基地の龍巻部隊列線には四十一機が並び、発進の指令とともに、午前七時四十五分から五十五分の間に飛び上がった。しかし、発進できたのはわずか十九機で、全体の半数を越える二十二機が、エンジン不調で地上に取り残されてしまった。とくに第三三二航空隊は、四個小隊十六機のうち二個小隊八機の全機、第三五二航空隊は二個小隊六機のうち五機が発進できないというみじめな有様だった。

これは当時の日本機の全てにわたり、多かれ少なかれ共通の問題だったエンジン不調に、その原因の多くがあった。

機体にくらべて、はるかに高い工作精度が要求されるエンジンの製造品質が落ちていたこと、点火プラグ、電気系統のコード類、発電機などエンジン艤装部品の質の悪さなどに原因があり、そのしわ寄せの始末は、すべて部隊の整備員たちが負わなければならなかった。

しかも、整備員たちの作業する環境も、飛行場から離れた引込線の先の暗い掩体の中などで、懐中電灯が頼りという劣悪な条件であり、それに加えて出先であるために、「雷電」になれない整備員の手にかかったというマイナス要因もあった。

そんな悪条件が重なったにもかかわらず、整備隊は頑張った。前日の邀撃戦闘で不時着大破、中破それぞれ一機ずつの二機が失われたにもかかわらず、徹夜の整備で、翌二十八日は三十二機を列線に用意することができた。しかも、この中でエンジン不調は五機にとどまり、前日より八機も多い二十七機を発進させることに成功したが、整備員たちのこうした努力をあざ笑うかのような出来事が、三日目の二十九日に起きた。

龍巻部隊は二十七日一機、二十八日二機、二十九日三機と日を追ってB29撃墜数をふやした。とくに二十九日は、ほかに撃破七機を記録するというそれまでで最高の戦果をあげたが、その一方では燃料補給中に被爆して七機炎上、二機大破の大損害を出し、翌日からの出撃機数が激減してしまった。

五月に入っても、B29はほとんど毎日のように来襲したが、龍巻部隊の出撃機数は五月三日の二十機をピークに、四日十二機、五日十三機、六日十二機と十機台で横ばいをつづけ、五月十日には可動機がわずか八機に減ってしまった。

機材の補給も搭乗員の補充や休養もままならないとあっては、これ以上戦闘をつづけるのは無理なので、五月十二日をもって龍巻部隊を解散し、地元九州に基地がある第三五二航空隊を除き、それぞれの原隊に復帰する処置がとられた。それは三月末いらい、沖縄作戦支援のため続けられてきたB29による九州方面飛行場攻撃を米軍が打ち切り、本州方面に対する空襲を大々的に再開したのとほぼ一致していた。

鹿屋基地で作成された昭和二十年四月二十三日から五月十二日に至る「雷電部隊戦闘詳報」によると、この間の戦果はB29撃墜四機、同ほぼ確実四機、撃破四十六機にのぼり、「雷電」の損害は空中および地上で喪失したもの十七機、戦死者二名、重軽傷三名となっている。例によって敵に与えた損害を多少割り引いて考えても、かずかずの悪条件下で難敵のB29に対してこれだけ戦った龍巻部隊の健闘をたたえたい。

Ｂ29邀撃専門の龍巻部隊が引き揚げたあと、鹿屋から国分（こくぶ）を経（へ）て長崎県大村に基地を移した第三四三航空隊「紫電改」の活躍もしだいに先細りになったが、それは圧倒的な物量の優位とともに、つねに日本側の先を行く米軍の戦術転換の速さによるものだった。

四月初旬に始まった特攻を主とする菊水作戦に対応して、米軍は特攻機の発進基地となっていた南九州の飛行場群を叩くため、それまで都市や飛行機工場の爆撃に使われていたＢ29爆撃機の大半を転用する作戦に切りかえた。そして約一ヵ月後の五月上旬、その目的をほぼ達成したと見ると、いち早く作戦を元に戻した。

戦争で守勢にまわって主導権を失った側の悲しさとはいえ、日本軍が「菊水十号作戦」をもって実質的に沖縄戦を打ち切ったのは、それから一ヵ月以上もたった六月二十二日のことだった。

米軍はＢ29を本来の任務に戻したが、それは単なる再開ではなかった。Ｂ29が別の任務に服していた約一ヵ月の間に、マリアナ基地にはインドおよび米本国からの二個飛行団が増強されたことにより、五百機以上のＢ29を同時に発進させ、日本本土に対して、より強力なパンチを加えることができるようになっていた。

大々的な都市爆撃再開の最初の出撃は、四月七日の三菱エンジン工場爆撃いらいの四十日ぶりの五月十四日に、名古屋市街北部に対して行なわれた。

サイパン、テニアン、グアムなどの各基地を飛び立ったＢ29の数はほぼ全力の五百機以上で、うち四百七十二機が主目標の城北地区から東の地域に対して、二千七百トンのＭ69焼夷弾を投下した。

昼間、しかも以前とは異なる低空爆撃とあってＢ29十一機喪失、五十四機被弾というこれまでにない損害を出したが、大量の焼夷弾によって名古屋の東、北区一帯に大火災が発生し、八平方キロ以上が灰になってしまった。

東京に次いで重要な都市攻撃目標だった名古屋に対する米軍の破壊の意志は強烈で、三日置いた五月十七日、ふたたび四百機以上をくり出して今度は市街の南部を襲ったが、この地域には三菱の主力航空機工場や部品をつくる多くの下請け工場群が含まれていた。

「用事があって外出したが、警戒警報が出て工場に帰れず、遠くから空襲を見ることになった。銀翼に輝くＢ29爆撃機の百二十機までは数えられたが、わき上がる黄塵のため、快晴だった空の太陽が黄色い丸に見えるようになり、やがて名古屋全市が煙に包まれてしまったので、後からやってきた飛行機は爆音を聞くだけで、機数も数えられなくなった」

名古屋発動機製作所工作設計課辻猛三が市外から見た猛烈な空爆の様子だが、航空機製作所人事課佐宗貞夫は、『往時茫茫』の中で、次のように回想している。

「すさまじい焼夷弾の波状攻撃だった。本館（現三菱自動車名古屋製作所）東側の舗道や記念館北側の池の附近に、かなりの焼夷弾が落ちて火を噴いているのを、本館から飛び出して行って何本も消し止めた。四階に防空のため駐屯していた兵士たちは、本館内へ逃げ込んだまま積極的に消そうともしない。その頼りなさに腹がたった。

しばらくすると、本館南側の第一工作部本部の事務所が火煙に包まれた。本館三階の破れた窓から、煙と熱にまかれながら最後まで注水し続けたが役に立たず、ついに全焼してしまった」

この空襲で工場本館は焼失をまぬかれたものの、工場は八十パーセントが焼け落ち、生産機能がほとんど失われた。

戦後、アメリカ爆撃調査団は空襲の効果について調査レポートを発表しているが、日本第三の都市である名古屋爆撃の効果がいかに大きかったかについて、次のように述べている。

「アメリカ空軍は、太平洋戦争の最後の九ヵ月間に、名古屋の工場および市街地域の空襲で一万四千五十四トンの爆弾を投下した。この主目的は、軍需品とくに航空機や兵器の供給を窒息させることであり、二次的には市民の戦争意欲をくじくことであった。調査によれば、これら二つの目的の達成に大きな成功をおさめた。

日本の主要都市のうちで、首都である東京を除けば、名古屋ほど繰り返し攻撃を受けた都市はない。すなわち一九四四年（昭和十九年）十二月十三日から一九四五年（昭和二十年）七月二十四日までの期間に二十一回の攻撃を受け、このうち十五回は目標爆撃であり、六回は地域爆撃であった」

目標爆撃は、名古屋市一帯に散在している航空機工業および兵器工業の主な工場の生産力に深刻な打撃を与えたが、目標になった十三の大きな工場のうち、発動機第四、第十、第十二、第二十二、航空機大江（海軍および陸軍）、道徳（同前）と、八工場までが三菱のものだった。

レポートはさらに続く。

「焼夷弾による目標爆撃は、生産に直接大きな損害を与えたばかりでなく、間接の影響も少なくなかった。たとえば、名古屋が一九四四年十二月に最初の目標爆撃を受けたあと、航空機工場の疎開を始めた主な原因は、目標爆撃による被害と、それに対する恐怖だった。

工場の疎開計画も、その実施は容易ではなかった。そして、疎開先での生産の再開は見るべきものがなく、莫大(ばくだい)な生産の損失は、ついに回復するに至らなかった。さらに、直接攻撃を受けた工場だけでなく、その近くの工場の能率低下や職場放棄をもたらした。

地域爆撃は、組み立て部品を製造する下請け工場での生産をひどく減少させ、それによって最終製品の製造にストップをかけることに成功した」

ここでいう最終製品とは、三菱でいえば飛行機の機体およびエンジンで、とくにエンジンの生産遅延は致命的だった。

昭和十九年十二月十三日の初爆撃から翌二十年四月七日までの間に、三菱の各エンジン工場は八回も目標爆撃の標的にされ、とくに四月七日の空襲では、最大のエンジン工場である第四製作所がほとんど壊滅してしまった。

こうした爆撃の被害によって、期待がかけられた「雷電」三三型（J2M5）用の「火星」二六型甲エンジンの生産が大幅に遅れ、先行量産第一号機（三菱第七十五号）が海軍に領収されたのは、昭和二十年二月末となった。このあと、「J2M4の生産を中止し、全面的にJ2M5に移行すること」という正式命令が軍需省から出されたのは、四月十日だった。

一方、最初の爆撃で多数の死傷者を出した航空機工場の方は、いち早く疎開を決め、

「雷電」や零戦の生産は伊勢湾西岸の鈴鹿地区に移っていたので、たび重なる名古屋地区空襲の圏外にあった。

第三製作所とよばれた海軍機体部門は、桑名、四日市および津にあった紡績工場を買収して、それぞれ機械工場、部品工場、主翼組立工場に、海軍から貸与(たいよ)された鈴鹿の第二航空廠を胴体および最終組立工場にあてていた。

鈴鹿の最終組立工場は長さ百メートル、幅三十メートルの木造建物で、鈴鹿地区では目立った存在だったから、敵小型機の絶好の目標となって何回か銃撃を受けたことはあったが、B29の攻撃からは除外されていた。

この地区でつくられていた「雷電」や零戦にとってはさいわいだったが、その僥倖(ぎょうこう)もついに破られるときがきた。

「昭和二十年六月十八日の夜、私は疎開先の桑名でうなるような空襲警報と、ごうごうたる飛行機の爆音と爆弾の炸裂音で目を覚した。雨戸をあけて見ると、南の四日市(よっかいち)方面の空が真っ赤に燃えていた。夜の明けるのを待って桑名工場にかけつけ、自転車を借りて四日市工場に向かった。心の中で四日市工場の無事を祈りつつ――。しかし、着いたとき私の希望は無残に打ち砕かれ、全焼全壊した工場の姿を目の前にして呆然とした。四日市工場は川をはさんで南北の工場に分かれていたが、その両方ともあわれな姿をさらしていた。

工場はもと紡績工場だったので、レンガづくりの外壁は残っていたが、内部はすべて焼きつくされていた。外壁に窓のない建物の構造が、被害をさらに大きくしたようだ。

〈こんな状態で、これからどうやって生産が続けられるか〉と自問自答したが、生産に与えた影響は甚大で、私自身まったく茫然自失のありさまだった」

設計の堀越二郎と大学同期の第三製作所工務部長由比直一の述懐だが、四日市工場の被害につづいて七月十六日夜、四日市の北約十キロにある桑名が焼夷弾の集中攻撃を受け、三菱第三製作所の桑名工場も全焼してしまった。

四日市工場と同じ窓なしのレンガづくりの外壁だったため、ちょうど炉の中で燃やすのと同じ結果となり、工作機械がすべて焼けただれて使いものにならなくなってしまった。

これは三菱の航空機工場を狙ったわけではなく、東京、大阪をはじめとする日本の六大都市をほぼ壊滅させた米軍が、次の重点攻撃目標を製油施設に変え、その最初の目標として四日市が選ばれたとばっちりを受けたのだった。

これで鈴鹿地区も安全ではないということになり、機械工場は地下に移し、組み立ておよび整備工場は飛行場周辺に数機が入る壕に分散するなどの処置が急いでとられたが、こうなっては、とてもまともな生産などできるはずがなく、三菱での「雷電」の生産は事実上、ストップしてしまった。

そんな折りも折り、「雷電」に期待してその生産をふやせという声があがったのだから、世の中皮肉というほかはない。

太平洋戦線では、フィリピンに次ぐ沖縄戦の敗北、本土空襲の激化、ヨーロッパ戦線では、二年前にイタリアが降伏したあと、唯一の同盟国だったドイツの無条件降伏と、昭和二十年に入ってからは、日本にとって内外ともにひどく悲観的な状況となった。

かつて威容を誇った「大和（やまと）」「武蔵（むさし）」以下の連合艦隊の勇姿はすでに失われ、燃料がなくて動けなくなった軍艦の大半は、軍港の防空や、予想される敵の本土上陸にそなえて砲台にあてられることになった。

唯一の反撃戦力となった飛行機も、本土決戦にそなえて温存策がとられ、B29にも小型機にも反撃を禁じられた。

そんな中にあって、海軍の全般作戦の立案指導にあたっていた連合艦隊参謀長草鹿（くさか）

龍之介中将は、五月に海軍総隊参謀長兼務に任ぜられて間もない六月二十五日、軍令部出仕となった。

軍令部出仕というのは決められた仕事のない閑職で、「長い間ごくろうだった。しばらく休め」といった意味あいだったが、その休暇も長くは続かなかった。

草鹿が久しぶりのわが家にくつろいで、四、五日すると、軍令部次長の大西瀧治郎中将から呼び出しを受けた。

大西とは海軍兵学校同期のよしみであり、さっそく軍令部に出向いてみると、「せっかく休んでいるところをすまないが、きさまにぜひ頼みたいことがある」といって、意外なことを切り出した。

「毎日のようにB29がやってきて、味方の戦闘機や対空砲火が応戦しているが、さっぱり歯がたたない。新聞やラジオ放送がきょうは何機落としたとかいっているが、あんなものではなんともいたしかたない。そこで、なんとかしてB29を束にして落とす方法を、きさまに考えてほしいのだが」

フィリピンおよび沖縄戦での特攻作戦の生みの親といわれた大西は、その実施にあたっての決断や多くの搭乗員を死地におもむかせた苦悩をかくして、草鹿にそう訴えた。

いったんは辞退したものの、たっての大西の頼みとあって引き受けることにした草鹿は、さっそく行動に移った。

4

「B29を大量撃墜する方法を考えてくれ」

軍令部次長大西瀧治郎中将からそう頼まれた草鹿龍之介中将は、さすがに元連合艦隊参謀長だけあって着眼がよく、東京をめざしてやってくるB29をいち早くキャッチするため、小笠原、八丈島その他に装備されているレーダー（電探と略して呼ばれていた）の精度向上と、とりあつかい関係者の技術力向上を真っ先に督励してまわった。

さらに神奈川県辻堂海岸で研究実験中だった戦闘機誘導装置を、できるだけ早く実用に移すよう努力をうながすなど、B29邀撃のために有効な情報および誘導システムの整備に力を入れたが、同時にやらなければならないことは、この防空システムの駒として活躍する優秀な戦闘機を数多くそろえることだった。

このことについて、草鹿は自著『連合艦隊の栄光と終焉（しゅうえん）』（行政通信社）の中にこう書いている。

「当時、零戦の威力はすでに衰(おとろ)えていたが、局地防空戦闘機として『雷電』ができていた。この戦闘機はその本質上、戦闘機同士の格闘戦には不適当だったため、あまり重要視されなかった。したがって、その製造にもあまり重点がおかれなかった。

ところが、仔細に記録を調べてみると、生産数は少ないながらもB29撃墜数はこの『雷電』がもっとも多い。当時厚木航空隊ほかに、わずかな数の『雷電』隊がいた。さしあたって急ぎの手段として『雷電』の生産に重点をおき、『雷電』隊の充実増加と訓練をうながした」

元連合艦隊参謀長に注目されたのは「雷電」にとって名誉なことだったが、草鹿はこのあとさらに、次のように続けている。

「しかし、この『雷電』でもB29に対してはなお不十分だった。ときあたかも、『烈風』戦闘機の試作機が数機できていたが、零戦にくらべて攻撃力も絶大で、B29邀撃にはうってつけだった。そこでこの『烈風』の生産を促進させようとしたが、さしあたり百二十機ぐらいが精いっぱいとのことだった」

草鹿のえがいた筋書(すじが)きを要約すると、B29の出発時から機数、時間についての正確な情報をとらえ、あとは本土に近づく間の行動をずっと追跡し、戦闘機誘導装置の活用により「雷電」を、そしてできることなら百機以上の「烈風」を有利な体勢でB29

編隊にぶっつけ、もっとも有効な攻撃によって大量撃墜を果たそうというものだ。

ごく常識的なプランだが、もしこれらのことが一つ一つ確実に実施されていれば、大西の希望はある程度かなえられたに違いないが、現実はそのいずれもが中途半端で、B29を束にして落とすなど夢のまた夢に終わった。それにしてもさしあたり「雷電」を、次の段階で「烈風」をB29邀撃の主力にという草鹿の選択は、海軍部内でとかくやっかい者扱いされたこの両機種を設計し生産した三菱の人たちが知ったら、さぞなぐさめとなったことだろう。

なお「烈風」(A7M1)は、エンジンの性能不足が原因で次期艦上戦闘機として失格と判定されたあと、三菱がエンジンをのせかえて自主的に開発をつづけたA7M2の好性能が認められて制式採用になったのが昭和二十年六月だから、草鹿が「烈風」に大きな期待をかけたのは当然だが、それまでに失われた時間はあまりにも大きかった。

「烈風」の生産は、鈴鹿地区に移された零戦や「雷電」とは別に、一式陸上攻撃機などと同じく空襲で破壊された名古屋大江工場で行なわれていたが、たび重なる名古屋地区の空襲でエンジンをはじめとする部品類が集まらず、生産ライン上には途中工程の機体が十数機並んでいたに過ぎず、結局量産機は一機も完成しないまま終戦になってしまった。

　試作機は七機つくられたが、二号機は青森県三沢基地に空輸の途中、不時着して大破、続いて空輸された三号機は三沢で爆撃を受けて失われ、鈴鹿地区に残った第一、五、六、七号機も七月二十六日の艦載機による攻撃で損傷を受けるという、これまたさんざんなありさまだった。しかもこうした「烈風」のもたつきをよそに、アメリカ側はすでに零戦では歯が立たなくなったグラマンF6F「ヘルキャット」よりさらに強力な新型機、グラマンF8F「ベアキャット」の実戦部隊への配備を開始していたのだ。

「ベアキャット」は二千四百馬力の強力なエンジンを持ち、高度五千二百六十メートルで時速七百三十三キロの高速を出した。測定条件のちがいなどから、そのままの数値が性能差とはならないが、ほぼ同高度での「烈風」の最高時速は六百二十八キロだから、「ベアキャット」は百キロ以上も速いことになり、モデルチェンジ競争での日本側の完全な立ち遅れを示している。

第十四章──最後の死闘

1

たび重なる空襲で生産部門が大きな被害にあっていたとき、工場と違って身軽(みがる)な研究・設計・試作などの技術部門は、空襲の早い時期に疎開を始めた。

それは昭和十九年十二月十八日、名古屋航空機製作所大江工場が最初に被爆した直後に決定され、学生・生徒が工場に動員されて空き家になっていた名古屋市内の学校に、設計課ごとに分かれて疎開が行なわれた。

「雷電」「烈風」および零戦の主担当部門である第二設計課は、とりあえず市内の名古屋女学院（現名古屋女子大）に疎開したが、それは作業能率のひどい低下をもたらした。

　生徒の姿が消えた校内にはふだんの女子校のはなやかさなどなく、男子用トイレがない不便さとともに、住みなれた大江工場内の設計室からすると、ひどく落ちつかなかった。もともと研究とか設計といった仕事はメンタルな要素に左右されるところが多く、しかも密接な関係があった工場を離れたことにより、現場から受ける緊迫感が失われたのも痛かった。それに、とにかく寒いので暖まる必要があり、木製ロッカーなどをこわしてはストーブにほうり込み、その前で雑談をかわす時間がふえた。

　しかも、飽食時代の今からは想像もつかないだろうが、食糧事情の悪化が人びとの心をトゲトゲしいものにし、はたらく意欲を低下させた。

　最初のうちは昼食に米の御飯（ごはん）が出た。飛行機をつくる重要産業ということで優遇されていたのだが、御飯の盛り方の多い少ないで感情的ないざこざがしばしば起きた。ふしぎなもので、慢性的な飢餓（きが）状態になると、わずかな御飯の盛りの差も一瞥（いちべつ）してわかり、ほかのが自分のより多いと腹が立つのだ。

　こんなことではいけないと、課長代行の曽根の指示で、計算係長兼胴体係長の小林貞夫技師が昼食をパン食に変えたいと技術部長に申し出た。パンだって、ふくらみ具合で多少の大きさの違いは出るが、御飯の盛りの多少よりはがまんできるだろうとの配慮からで、そんなことにまで気をつかわなければならないほどに、食糧不足は人びとの気持をすさんだものにしていた。

「この申し出は、パン屋にパンの余裕がないからという理由で一蹴された。そこで雪の中をパン屋へ出かけて調べてみると、パンのあることが分かり、これに切りかえた。そうしてパン食になると、今度はパンにつけるものがないと不平が出たので、大江工場に行ってペースト（魚肉や野菜などをつぶしてのり状にしたもので、バターの代用品につかわれた）をもらい、自転車につんで帰ったのを覚えている」（小林）

そんなゴタゴタも一段落して、何とか仕事が手につきはじめたころ、長野県松本市への再疎開が決定された。工場だけでなく、名古屋市街区域にも爆弾が落ちるようになって危険と判断されたからだが、これによってまたしても設計作業は停滞を余儀なくされた。

昭和二十年はじめ、技術部は試作工場とともに第一製作所となったが、信州方面への疎開は三月下旬から始まった。設計では一緒に疎開した家族も少なくなかったが、夫とともに信州に移った夫人たちが一番こたえたのは寒さだった。

「松本では、家の前を流れている川の水で洗濯をしたり茶碗を洗ったりしていました。

三月末ごろの疎開でしたから、寒さもかなりゆるんでいたはずですが、それでも朝など子供が残したゴハンつぶがお箸(はし)に凍りつきました」

たまたま疎開と夫の鈴鹿出張が重なったため、乳呑児を背負い、ヨチヨチ歩きの子供の手を引いて松本に移った曽根夫人の回想だが、艤装係長畠中福泉技師夫人も、

「川の水で洗濯して干すとつるつるに凍り、バケツを持つと手にくっつきました。名古屋もかなり寒いけれども、南国土佐生まれの私たち夫婦にとって長野の寒さは格別で、とくに乳呑児がいたので、あの寒さはこたえました」と、当時の苦労を語っている。

しかし、早春の寒さの季節を過ぎた信州は、その苦労をおぎなって余りあるゆたかな自然のめぐみを与えてくれた。

「松本付近の自然は、美しかった。休日を利用して、松本から入山辺(いりやまべ)という温泉のある村を通り、美ヶ原(うつくしがはら)にも二度ほど登った。そこには牛や馬が放牧してあり、六月頃になるとあちこちにつつじが咲き乱れ、尾根伝いに浅間(あさま)温泉に降りてこられた。沿道には自生のあやめや鈴蘭も多く、一方に日本アルプスが見え、反対側に上田盆地が開けていた。その上をB29が悠悠と飛んでゆく姿は、戦時中の感じではなかった。

仕事がすめば、宿に帰って透明な温泉に疲れをいやすことができた。せんのきの湯

という、農閑期などに農家の人たちが自炊で湯治に集まる貸席式の温泉宿か浅間温泉の一番上にあり、日に三度もお湯に入ったりした。食糧の足りないぶんを温泉でおぎなったかたちだった」

陸軍機設計の第五設計課長久保富夫技師の思い出だが、松本二中に疎開した第二設計課の小林技師には好ましくない体験の記憶がある。

小林は浅間温泉の「桐の湯」の空いた部屋に間借りしていたが、あるとき体中がかゆくなったので、第一製作所本部になっていた片倉製糸の診療所で診てもらった。病院でも原因がわからないので、とりあえずかゆみ止めのカルシューム注射を打たれ、塗り薬をもらって帰った。その後、小林が中学校で当直の夜中、首のあたりがむずむずするので手をやったところ、何やら小さい虫がつかまったので、塗り薬のカンに入れてあくる朝、設計の仲間に見せたら〝観音様〟だといわれ、やっとかゆさの原因が分かった。

観音様というのは、戦時中から戦後にかけて蚤や南京虫とともに大発生して多くの日本人を悩ませた虱のことで、空腹とかゆみのダブルパンチは、設計の能率をおおいに妨げた。

こうしていろいろあったものの、しばらくすると落ちつき、都会と違った信州の自然は、むしろすぐれた仕事の環境に変わった。

「仕事の方は『烈風』の性能向上型、次期戦闘機の計画などを張り切ってやっていた」と小林は語るが、設計が松本に移って間もないある日、曽根は思いもかけない三名の若い陸軍技術将校の訪問を受けた。

いぶかしく思った曽根が用向きをたずねると、「烈風について調査したい」という。

当時、日本の陸海軍は試作機について、それぞれ別個に秘密裏に進めていたので、曽根が重ねて来訪の真意を問いただすと、かれらは真剣な顔つきでいった。

「すでに今の情勢は大和魂（やまとだましい）や特攻精神だけでは、戦局をくつがえすことができないのはあきらかです。そこで、われわれ若手（わかて）技術将校の決起（けっき）によって技術の向上をはかり、難局を突破しなければならないと考える。

上官の許可はないけれども、われわれは恥（はじ）も外聞（がいぶん）も捨てて『烈風』の技術を教えていただき、陸軍でもすぐれた飛行機をつくりたいと思って、こうして来たのです」

もとより曽根の裁量でやれることではないので、丁重に応待して帰ってもらったが、その熱意あふれる言葉と、そこまで「烈風」を評価してくれたことに対して、曽根はいたく感動したという。

なおこのころ松本には「烈風」の実物はまだ一機もなく、性能向上型Ａ７Ｍ３の実大模型が、八月十六日（たまたま終戦の翌日にあたる）の審査を目標に工事を急いでいた。

2

松本にはB29邀撃の切り札と期待されたロケット戦闘機「秋水」の設計部隊も来ていたが、高橋己治郎技師をチーフとしたその開発作業は難航していた。とくに、比較的順調に進んだ機体にくらべてロケット・エンジンには手を焼いていたが、一番たいへんだったのは「秋水」の燃料となる薬液ロケットの実験だった。

このロケット燃料は、九十九度以上の純度をもつ過酸化水素（甲液）と、水化ヒドラジンとメタノールに水をまぜた混合液（乙液）とからなっていて、この二液をタービンポンプで別々に圧送し、燃焼室のノズルで一緒に噴射燃焼させて推力を発生させるもので、薬液は甲・乙それぞれ一トンずつ搭載する。

その甲液と乙液は、それぞれが一緒になると爆発的燃焼をする。このことから実験は危険そのもので、燃料がわずかでも外に洩れた場合を想定して、運転台周辺はつねに水で洗い流すようにしていた。

甲液一トン、乙液一トン、合わせて二トンの爆弾をかかえたような実験で、実験担当者は分厚いコンクリート壁で隔離され、見学者は防空壕に近い孔の中から首だけ出して見るようになっていた。

それでも燃焼室もろとも爆発飛散した初期の事故で、松本では陸軍指導官の上甲昌平技術中尉がやけどを負い、神奈川県山北の海軍実験場では技術士官一名の死亡を含む多数の死傷者を出した。

「私は『秋水』に搭載する第一号原動機の領収運転では、始めから終わりまで燃焼室のすぐそばに立って、燃焼室からの薬液の洩れがないかどうかを点検した。今から思えば無謀に近い危険なことだったが、当時の状況からすれば実験責任者として当然のことで、まさに命がけの実験だった」

名古屋発動機研究所から「秋水」ロケット・エンジンのプロジェクトに加わった小栗正哉技師の述懐だが、こんな危険な作業に平然とついたのも、戦時下ならではのことであった。

松本で試作されたのは陸軍用第一号エンジンで、ほぼ同時に完成した山北の海軍用第一号エンジンとともに六月下旬、海軍第一技術廠と名称が変わった航空技術廠に送られて、先に完成していた機体に装備された。

最初の試験飛行は七日に追浜飛行場で行なわれたが、上昇途中で燃料供給が途切れてエンジンが停止し、不時着した機体が大破して、テストパイロットが死亡するという事故が起きた。

さっそく、機体とエンジンの改修が行なわれたが、第二回の試験飛行を実施する前に終戦となり、「秋水」ロケット戦闘機はついに完成しないままに終わった。

先の草鹿中将によるB29大量撃墜方策の研究の中で、「雷電」と「烈風」に続いて「秋水」の名があがらなかったのは、早い時期に実用化の見込みはないとする客観的な判断にもとづいたものと考えられるが、焦っていた軍は、「秋水」の完成後にそなえてパイロットを養成するため、機体の設計スタートとほとんど同時に部隊編成を始めた。そして軍需省も、まだロケット・エンジンの見通しさえはっきりしない昭和二十年二月、三菱、日本飛行機、富士飛行機、日産飛行機の四社で、この年の九月までに千二百機をつくるという無謀な計画を立てていた。

この計画はその後、試作の進みぐあいから減らされたが、もともと実現不可能な数字であり、これにくらべれば、草鹿案はきわめて堅い計画だったといえる。しかし、その草鹿中将ですら約四十日の休養のあと、特攻機を主体とする第五航空艦隊司令長官に任命されたのだから、とてもまともな戦法が受け入れられる状況ではなくなって

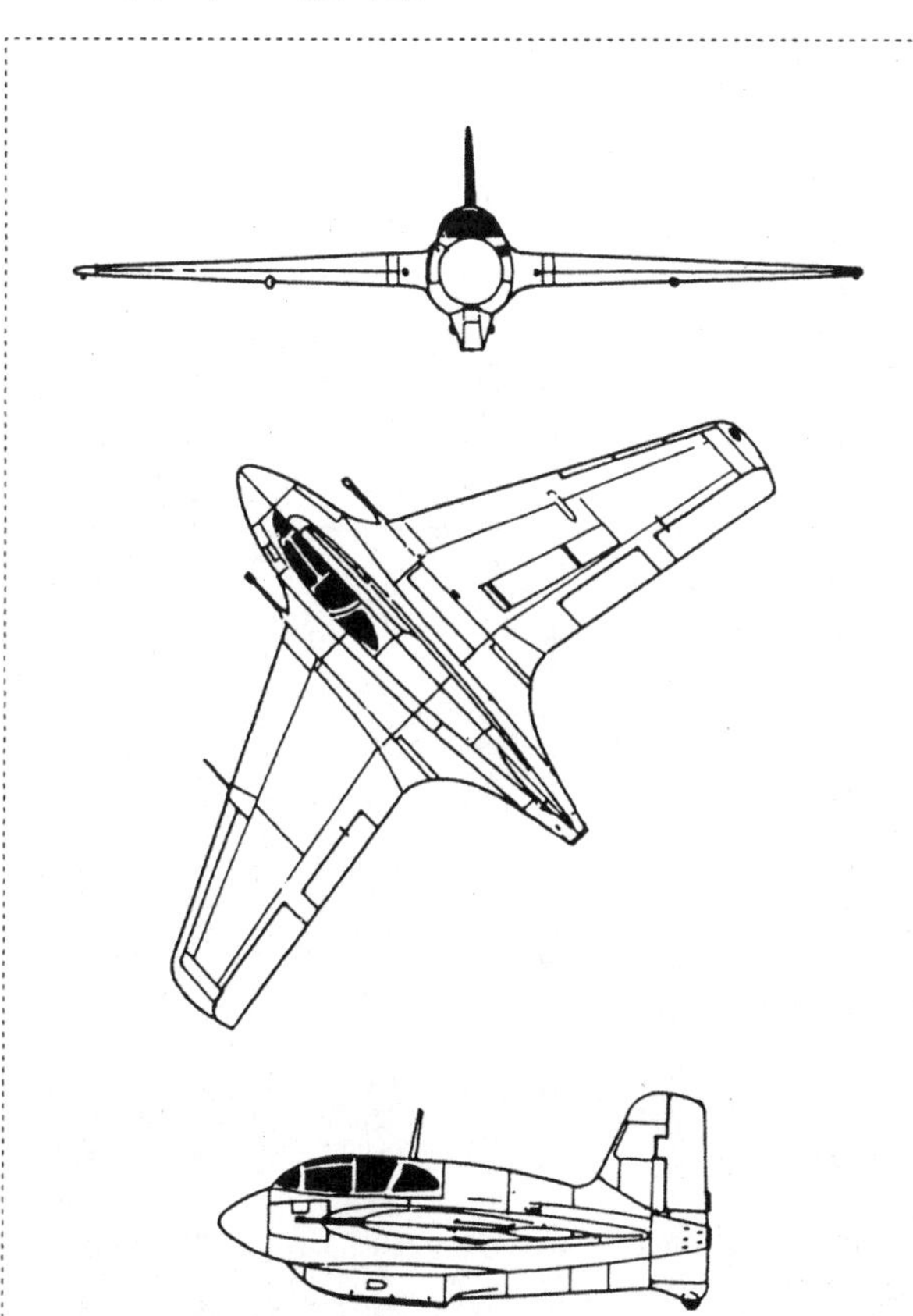

試製ロケット戦闘機「秋水」
全長：6.05m　全幅：9.5m　全備重量：3900kg　最大速度：900km/h
武装：30mm機銃×2

作図・小川利彦

いたのだ。

この時期、第二設計課の手を離れた零戦と「雷電」のうち、零戦は第三設計課佐野栄太郎課長、主務者の高橋技師を「秋水」に取られた「雷電」は、同課第二係長櫛部四郎技師担当で改修設計が細々と続けられ、零戦はエンジンを「金星」につみかえた五四型丙（A6M8c）、「雷電」は三三型（J2M5）の武装改善と、これにともなう主翼の補強をほどこした三三型甲（J2M5）や、三一型（J2M6）に同じような改良を加えた三一型甲（J2M6a）などが生まれたが、時期が遅く、生産機が出ないうちに戦争が終わってしまった。

飛行機にも運・不運があるように、設計者にも同じようなところがある。第一設計課長だった高橋己治郎技師などはまさに不運のきわみで、苦労を一身に背負ったかのようであった。

「雷電」は視界問題とともにエンジンやプロペラ系統が原因の振動問題で、対策に長い時間がかかって実用化が遅れたが、このことについて堀越は、次のように述べている。

「設計の後半から試験飛行および改造は高橋技師らにまかされたが、時勢が悪く、これらの人々の努力の成果があまり現われなかったのは残念だった」（前出『零戦』）

堀越がいうように高橋は、一番たいへんな時期に「雷電」にかかわったあと、特急作業の「秋水」主担当となった。そこでも無理に無理を重ねて、やっと試作一号機の試験飛行にこぎつけたが、不幸にも不時着大破してテストパイロットの犬塚豊彦大尉が殉職、その責任を感じて心身ともに疲れ果てた。

高橋は曽根より二年先輩の東大航空学科出身で、前途を期待された優秀な航空技術者だったが、戦時中の無理がたたったか、戦後間もなく亡くなった。

3

設計を中心とした第一製作所のスタッフの多くは、浅間温泉や入山辺温泉の温泉宿の一室住まいで、共同生活しながら松本の片倉製糸の本社や疎開先の作業場で働くという、空襲のない比較的平穏な生活を送っていたが、生産部門である鈴鹿地区には切迫した空気がみなぎっていた。

六月十八日夜四日市、七月十六日夜桑名と、B29による地方都市攻撃作戦のとばっちりで再疎開することになり、予定された地区の学校や寺院の接収がはじまったが、生産の中枢（ちゅうすう）となる鈴鹿工作部はいぜん鈴鹿の海軍飛行場を中心として、分散疎開のまま生産をつづけることになった。

鈴鹿には三菱で生産された一式陸上攻撃機、零戦、「雷電」などの引き取りに、第一線部隊の搭乗員たちがひんぱんに出入りしていたので、大本営発表とはちがう悲観的な戦局の実体がほぼわかっていた。それによって、敗戦の日がそう遠くないことは誰もがうすうす感じていた。そんなある日、第三製作所工作部長の由比直一技師は、軍当局からの正式情報として、すでに敵の本土上陸が迫っており、その予想地区の一つとして伊勢湾南部の松阪市から津市、鈴鹿市にわたる海岸があげられていると聞かされた。

「このとき監督官は、『貴殿と私は最後までこの地にとどまって生産を続けなければならないだろう』といわれた。私はその時期が到来したとき、一体何が起きるのだろうか、生と死を分かつということがどんな形でくるのか、悲痛な思いが心の中をよぎった。その一方では、飛行機をつくらなければならない、戦争には負けられないという使命感が頭の中で交錯した」

忘れることのできない由比の思い出だが、七月になると事態はさらに悪くなった。

本土決戦にそなえて兵力温存をはかった日本軍の作戦を見すかしたかのように、日本近海に近づいた米艦隊は、艦載機による攻撃ばかりか、沿岸各地を砲撃してまわった。さすがに伊勢湾の奥深くに位置する鈴鹿地区への艦砲射撃はなかったが、七月二十九日には艦載機の大群に襲われ、鈴鹿飛行場にあった虎の子の「烈風」試作機四機に損傷を受けてしまった。

このうち、比較的被害の少なかった第六、第七号機を松本の疎開工場に移して修理し、飛行試験を行なおうとしたが、機体が破損して飛べないので、分解して貨車輸送を計画した。ところが、あいつぐB29や艦載機の攻撃による鉄道の被害でそれもままならず、何とか松本に到着したのは、終戦当日の八月十五日という不運なめぐり合わせとなった。

鈴鹿が艦載機による空襲で「烈風」試作機などに被害を出した翌日の七月三十日、今度は厚木が空襲を受けた。この日午前、いったん出た空襲警報が解除となり、「雷電」をつくっていた高座海軍工廠の夜勤者たちが工場を出た直後にふたたび空襲警報が出て、寮に帰る途中の台湾少年たちが突然襲ってきた敵機の銃撃にあい、六人が死亡した。

「寮に行ってみると、入口のコンクリートの床に、六人の遺体が並べてありました。無残でした。頭が割れている者、腸がはみ出している者、全部即死でした。むごたらしい遺体に夏の陽が容赦（ようしゃ）なく照りつけ、蠅（はえ）が群（むら）がっていました。

つい先ほどまで、解散の命令を待ち切れずに一目散に飛んで行った、あの元気な少年たちがこんな姿になってしまった。悲しみも怒りもわかず、ただ呆然（ぼうぜん）と立ちすくんでいました。

木工場の少年が棺桶をつくり始めた。夕刻近く、寮のうしろの松林の中から、遺体を焼く煙が上がっているを見ました」

機械工場の早川金次技手は著書『流星』にそう書いているが、厚木はそれから四日後に今度はＰ51の攻撃を受けた。基地の第三〇二航空隊は大本営の兵力温存策にしたがって積極的な邀撃を行なわなかったが、それでも相模湾に落ちたＰ51のパイロットを救助にきたＢ24爆撃機二機と掩護のＰ51戦闘機に対して零戦四機で攻撃を加え、さらにＰ51一機を撃墜した。

八月に入ると、終局に向けて事態はさらに急展開を見せた。

まず六日、広島に世界ではじめての原子爆弾が投下された。続いて九日長崎。そして同じ九日ソ連（旧ソビエト連邦）参戦と大きな衝撃があいついだのち、十一日に日本政府はポツダム宣言を受け入れて降伏することを連合国に通告した。

この降伏については、陸海軍将兵はもとより一般国民にも知らされなかったが、横須賀海軍通信隊初声分遣隊が傍受したアメリカ海外放送で、海軍上級指揮官の一部の知るところとなった。

厚木基地の第三〇二航空隊司令小園安名大佐もその一人で、八月十三日には科長以上を集めて徹底抗戦の意志を伝え、賛同を求めた。

この日の午後、関東各地は米海軍艦載機の攻撃を受けた。米軍側も攻撃、攻撃中止、最初の予定どおり攻撃と、日本が本当に降伏するかどうかに疑念をはさみながらの迷いによる命令変更があったようだが、すでに抗戦継続の意志を固めていた小園司令は全力出動を命じ、久しぶりに「雷電」隊も少数機ではあったが可動全機が発進して、相模湾上空でグラマンF6Fと交戦した。

戦果のたしかなところは不明だが、翌十四日午前、大本営は次のように発表している。

「わが航空部隊は八月十三日午後鹿島灘東方二十五カイリにおいて、航空母艦四隻を基幹とする敵機動部隊の一部を捕捉攻撃し、航空母艦および巡洋艦各一隻を大破炎上せしめたり」

機動部隊を攻撃したのは「雷電」隊ではなく、「彗星」「銀河」などの夜間戦闘機隊だったが、敵戦闘機の目をかすめるための夕暮れどきの攻撃だったのに加え、天候不良によって無事、厚木基地に帰った飛行機はなく、他の基地に降りたり行方不明になったりの惨憺たる結末で、発表にある戦果など大本営のでっち上げに過ぎなかった。なお、この日の発表を最後に、昭和十六年十二月八日午前六時の日米開戦を告げる第一号から、八百四十六回にわたった「大本営発表」は終わりを告げた。

十三日の攻撃失敗で、今度は千葉県茂原基地から出る特攻機の直掩として残りわずかな「雷電」隊が使われることになり、翌十四日、待機を命じられたが敵の来襲はなく、今度こそ最後の出撃と覚悟を決めた隊員たちの寿命は一日延びた。この夜、久しぶりにくつろいだ気分で副長や軍医長らとブリッジをやっていたとき、副長から無条件降伏の事実を知らされた「雷電」隊分隊長寺村大尉は憤慨して荒れた。

そのあと自室に戻った寺村は、口惜し涙とともに酒を呷（あお）ったあげく酔いつぶれて寝てしまった。

十五日になった。朝方、従兵が何度も起こしに来たのを夢うつつで聞いた。

「分隊長、グラマンの空襲です！」

従兵の声はあきらかにそういっていたが、昨夜の件もあって寺村は否定した。

「笑わせるなよ。今日は日本が降伏しようというのに何が空襲だ。ほっとけ、ほっとけ」

ふたたび眠りに入ろうとする寺村を、今度は絶叫に近い声で従兵がゆすった。

「分隊長、『雷電』発進です！」

「なに！　発進だと。ふざけるな、日本は負けたんだ」

ふてくされて毛布にもぐり込み、ふたたび眠りに落ちようとした寺村だったが、士官室の上から聞こえてきた爆音を聞いてとび起きた。その独特の金属音は、まぎれもない「雷電」の爆音だったからだ。

〈しまった！〉

ほぞを噛む思いの寺村が大急ぎで飛行服を身につけ、自転車で指揮所に急行したが、ときすでに遅く、「雷電」四機、零戦八機が第一飛行隊長森岡寛大尉の指揮で発進を終わったあとだった。

「今日は最後の戦いだ。絶対に生きては帰ってこない」

寺村より海軍兵学校二期後輩の蔵元善兼中尉は、そういって奪うようにして「雷電」に乗って行ったという。

「早く『雷電』に乗せてください。そして分隊長の列機にして下さいよ。決して分隊長を先に殺させるようなことはしませんから」

つねづねに寺村にそういっていた先任下士官の武田一喜上等飛行兵曹が、蔵元中尉の列機だった。

これまでどんなに可動機が少ない日でも、かならず一番機として出動してきた。それが選(よ)りに選(よ)って最後の戦いに乗りおくれるとは何たることだ。後悔と無念が交錯し、寺村はぐったりと指揮所の椅子に沈んだ。

4

どのくらいの時間がたっただろうか。放心したように椅子に身をゆだねていた寺村は、やがて聞こえてきた爆音にわれにかえった。急いで指揮所の外に出てみると、今日の指揮官森岡第一飛行隊長以下がバラバラに帰ってきた。しかし、四機出た「雷電」は二機しか帰らなかった。蔵元善兼中尉と、列機として一緒に出た先任下士官の武田一喜上等飛行兵曹の「雷電」で、蔵元中尉にとってはまったくの初陣(ういじん)、武田上等飛行兵曹もまた「雷電」では初の戦闘だった。

『ニミッツの太平洋海戦史』(恒文社)には、「八月十五日、航空母艦一隻ぶんの攻撃隊が東京上空にあり、さらにもう一隻ぶんが発進しようとしたとき、第三艦隊は〝戦闘を中止せよ〟という命令を受け取った」と書かれている。

このあと正午に、終戦を告げる天皇のお言葉——「玉音放送」があり、日本はあらゆる戦闘行為を停止することになったが、降伏に反対する第三〇二航空隊司令小園安名大佐が、徹底抗戦をとなえて決起をはかった、いわゆる〝厚木航空隊反乱事件〟が起きた。

この厚木の動きに応じて、他の海軍部隊や陸軍の一部にも呼応する動きがあり、一時はどうなるかと心配されたが、航空部隊だけで戦争ができるものでもなく、敗戦に直面した興奮がさめるにつれ、一週間後には完全に収拾した。

厚木に次いで「雷電」をたくさん持っていた兵庫県鳴尾基地の第三三二航空隊でも、戦争の終わりを告げる「玉音放送」に納得しない司令八木勝利中佐が、全員特攻となって戦うよう檄（げき）をとばし、翌十六日夜の敵機動部隊が四国沖に出現したという情報で攻撃待機に入ったが、翌朝の索敵でどうやら誤報とわかると、隊員たちの戦意も急速に萎（な）え、暴発をまぬかれたのはさいわいだった。

八月十五日の早朝、厚木の第三〇二航空隊の「雷電」と零戦が、機動部隊から発進したグラマンF6F「ヘルキャット」の大群を相手に最後の死闘を展開していたころ、西に三百キロ離れた三重県鈴鹿の三菱第三製作所では、工作部長の由比直一技師が多忙な一日のスタートを切ろうとしていた。

由比はこの日、鈴鹿海軍航空隊から数百メートル離れた小高い丘の畑地に分散疎開している整備工場を視察し、パイロットや整備員たちと会ってその労をねぎらい、同時に、あたらしく動員された学徒たちに訓示することになっていた。

自転車で鈴鹿工場本部を出るさい（当時は自動車を使うことなどほとんどなく、自転車は上等なアシだった）、今日の正午に天皇陛下の重大放送があるから聞くようにとの注意を受けたが、無条件降伏などとは夢にも思っていなかった由比は、それが何を意味するのか理解できなかった。

「予定の視察と懇談を終わって動員学徒三、四十名を集めて訓示した。そのとき、何を話したかはっきり記憶にないが、たぶん『航空機をどんどん第一線に送るように努力してもらいたい』といった意味のことだったと思う。それがすんでちょうど予定の陛下の放送時刻となったので、みんなと一緒に気を付けの姿勢で拝聴した。

暑い夏の晴天の日、正午過ぎとあって、丘の畠の中は草いきれでむっとしていた。陛下の玉音はよく聞きとれなかったが、今日をもって戦争を終結するということだけは分かった。

一時にからだの血が下がって、心身ともにからっぽになったような気がした。自転車で丘を降りて帰路についたが、あれこれ万感胸にせまってペダルをこぐ足も思うように運ばず、くらくらする頭で、長い時間かかって鈴鹿工場本部に帰りついた。終戦だ敗戦だと、今までのことがみんな無になったような気持だった」（由比『往時茫茫』）

由比の帰着を待って、第三製作所八島俊一所長はすべての生産をすぐ停止し、あとの指示を待つよう配下と各疎開工場に通知することを命じた。

いわれた作業をあわただしく終えた由比は、翌日ふたたび八島所長から緊急の呼び出しを受けた。

「昨日のご指示はすべて伝えましたが……」

という由比の言葉をさえぎって、八島がいった。

「今、鈴鹿海軍航空隊の隊員数名がやってきて、飛行機の生産をつづけて完成機をすみやかに引き渡せといってきた。その剣幕があまりにも荒々しいので、これをそっ気なくことわったりするとひと騒動起きるかも知れないから、完成に近い機体を二、三機、引き渡してくれないか」

由比はすぐ最終組立工場に行き、完成まぢかにあった「雷電」と零戦の数機に手を加えて、航空隊に引き渡すように指示した。

終戦を不満とする鈴鹿航空隊の一部隊員が、厚木の第三〇二航空隊からの決起の呼びかけに応じての行動だったが、徹底抗戦の本拠となった厚木でも、航空隊に隣接する高座海軍工廠にたいして同じような飛行機引き渡し要求があり、騒動が鎮まるまでの約一週間は徹夜作業が続いたという。

「雷電」の振動問題では、その矢面に立って解決に奮闘した名古屋発動機研究所の曽我部正幸技師は、「玉音放送」を疎開先の琵琶湖の名勝「瀬田の唐橋」に近い瀬田町の工業学校の教室で聞いた。

　今日は重大放送があるということで正午、ラジオの前に集まったが、雑音がひどくて「玉音放送」の内容はよく聞きとれず、「まだ頑張るのだ」と聞こえたり、「堪え難きを堪え、忍び難きを忍び」というところでは、どうやら敗戦らしいと思えたりで、それがはっきり確認できたのは、あとになって新聞の活字を見てからだった。

「茫然自失。張りつめていた気力がいっぺんに抜けるとともに、もう敵機にも、夜が暗い灯火管制にも悩まされなくてすむという安心感とが交錯した。そして、すぐ隣にあった死が遠のいたと思った」

　という二十九歳の曽我部の思いは多くの国民の、とくに兵役の機会が身ぢかだった若者たちに共通したものだった。

機体設計や試作部分をふくむ第一製作所が疎開した松本では、各設計課ごとに借りていた校舎で「玉音放送」を聞いたが、第五設計課長の久保によれば、「山の中の城下町である松本は、比較的平穏だった」という。

「松本市に移転してから、わずか半年足らずのときだった。B29の編隊が昼となく夜となく日本の空を飛び、国内の町が次から次に爆撃されて焼失していくのを見聞し、ついに広島に、つづいて長崎に原子爆弾が投下されたニュースを聞くに及び、日本の敗戦はわれわれの目にも明らかになりつつあったので、終戦の詔勅を聞いてもそれほど驚くことはなかった」（久保『往時茫茫』）

ただ、日本は今後どうなってゆくだろうかという、漠然とした不安が誰にもあったが、不安が一人のものであるときと違って、大勢に共通する場合は、それほど大きくならないものだ。

曽根以下の第二設計課が放送を聞いたのは、仕事場になっていた松本第二中学校で、トレーサーの女性をふくむ約五十人ほどの課員たちは、ほかの職場と同様にラジオの雑音にさまたげられて、半分ほどしか聞きとれなかったが、終戦を告げるお言葉であることは、ほぼ理解できたようだ。

「いろいろ情報が入って、終戦になるらしいということは数日前からうすうす感じていた。だから放送が不明瞭でも、これで戦争が終わったのだと思った」

曽根はそう語るが、昼食は松本郊外に間借りしていた家に帰ってとるようにしていた部長の堀越は、家主夫妻といっしょに放送を聞き、胸のうちに万感がこみあげ、涙をけんめいにこらえようとした、とその著書『零戦』(光文社)に書いている。

「今後どうなるか想像もつかなかったが、みんな割合冷静で会社の指示を待った」

脚設計係長森武芳技師の回想だが、それでも終戦前後の精神的な動揺や、業務上の混乱はかなりあったはずで、第二設計課長になっていた曽根の作業日誌は、七月二十七日の軍需省の司会で開かれた「試製烈風空戦フラップ研究会」のメモのあと、二十日ほど空白になっている。そして、終戦の二日後に再開された日誌には、戦後の後始末と、早くも将来の事業についての展望が書かれているが、さしあたって、これまで蓄積された膨大な設計図面や資料、松本飛行場に運ばれていた試作機の処理が問題となった。

松本には飛行実験中の陸軍双発遠距離戦闘機キ83の試作機が一機と、鈴鹿から貨車で送られてきて格納庫内で再組み立てを待つ「烈風」の試作第六号機および七号機があったが、その処置をめぐって廃棄を主張する軍需省と、現状のまま保管して、進駐してくる米軍に公開したらよいとする海軍航空本部との意見の対立があった。

　このほかにも、こういう時期にありがちないろいろなデマや憶測が飛んで、設計課内も混乱しかけたが、「会社として別途指示あるまでは現状維持のまま」という河野文彦所長の冷静な通達があって、ことなきを得た。もっとも、滋賀県瀬田に疎開していた発動機研究所では、いち早く図面や資料の焼却をはじめ、燃えにくい分厚くとじた資料などは燃料として学校の風呂をわかし、戦時中の垢(あか)をサッパリと洗い落とした者もいたらしい。

　河野が示した処置は正しかった。十月になると、進駐してきた米軍の命令でキ83と「烈風」を引き渡すことになり、十一月はじめに完全に整備されたキ83と「烈風」それぞれ一機が、米軍機の監視つきで横須賀に空輸された。引き渡したあとの消息はわかっていない。

　こうして松本には、一機を完全に修復するため、部品をはぎ取られたもう一機の「烈風」が残ったが、松本のように飛行機の数が二、三機程度であれば、保管するにしても、処分するにしてもらくだ。これが工場や部隊となると、数が多いだけに大仕事になった。

航空隊と三菱の第三製作所があった鈴鹿では、第一、第二飛行場に「雷電」七十機、零戦八十五機をはじめ、いろいろな機種を合わせると三百機以上の飛行機があった。

一ヵ月くらいした頃、工場長から三菱の飛行機はすべて移動できないよう壊せとの指示が出され、残っていた三十人ほどで、その作業を行なうことになった。

作業には、防空壕をつくるときに使ったつるはしが使われ、胴体、翼、燃料タンク、エンジンなどに片っ端から穴があけられ、プロペラや車輪は取り外されて、見る影もない姿になった。

「飛行場には完成して空輪待ちのもの、格納庫には一ヵ月ほど前までは一生懸命に汗を流してつくった飛行機がたくさんあり、それを壊すなど、馬鹿馬鹿しくて仕事もはかどらず、敗戦のみじめさをつくづく味わった」

鈴鹿整備工場で、完成した機体の試験飛行を担当していた亀山英のうれしくない思い出だが、この破壊作業中に本社から人が来て、「米軍に渡すため、『雷電』を二機、至急整備するよう」指示して帰った。飛行機を壊してばかりしているのにうんざりしていた亀山たちは、よろこんでさっそく「雷電」の修復作業にかかった。

まだ壊してなかった機体や損傷の少ないものを探し出し、四、五日かかって二機の完成機が用意された。生き返った「雷電」は、B29邀撃に発進するときのような精悍った。

な表情を取り戻したが、機体の日の丸の代わりに描かれた青白い星のマークが悲しかった。

それから二、三日して、日本人の操縦する二機の「雷電」は、米軍戦闘機二機の監視つきで東に向け飛び去った。

「そのとき、日本の飛行機の整備をするのも、飛ぶのを見るのもこれが最後と思い、うるんだ瞼で機影が見えなくなるまで、手を振って別れを惜しんだことが忘れられない」（亀山）

なお、鈴鹿には空襲による破壊をまぬかれた「烈風」試作四号機も残っていたが、こちらはかたちが残らないようにとのことで、エンジンその他の大物部品、脚などを機体から外し、穴を掘ってほうり込んだあと、ガソリンをかけて燃やしてから、土をかけて埋めた。鈴鹿から送られてきた二機の「烈風」損傷機から一機をまとめ上げ、米軍に渡した松本と対照的な処置だった。

5

終戦の日から数えてちょうど一週間たった八月二十二日の真昼どき、強烈な夏の太陽が照りつけ、飛行場の芝生も滑走路もむせかえるほどに焼けていた。ここ海軍航空隊厚木基地の格納庫前エプロンには、第三〇二海軍航空隊の全機が列線をとり、きれいに並べられていた。

「雷電」八十機、零戦三十八機を主に総数百六十五機。つい昨日までは、作戦のとき以外は飛行場周辺の松林の中につくられた引込線の中に、空襲の被害を少なくするため、草や松の枝などでカムフラージュし、かくしていた飛行機だった。

もちろん、すぐに飛べる飛行機だけでなく、整備や修理を必要とし、エンジンを交換しなければならない飛行機も多数ふくまれていたが、整備員たちがそれらの飛行機のプロペラを一機一機取りはずして歩いた。燃料や弾丸もおろし、そのうえタイヤの空気まで抜いた。

それは武装解除であると同時に、生きている飛行機が、一機ずつ殺されてゆくむごい光景だが、三日後と予定された米軍先遣隊の厚木進駐にそなえてのことだった。

「雷電」隊第一分隊長の寺村大尉は、無人となった指揮所の屋上に上がった。つらいことではあったが、愛機たちの最後を、高いところから見とどけてやりたかったからだ。

眼下のエプロンには「雷電」、零戦、「彗星」「月光」などがずらりと並んでいた。

それらを目で追いながら、寺村はいつしか回想の世界におちいった。

〈愛機だった「雷電」は、おそろしい飛行機だった。訓練の間に多くの者が死んだ。

「厚木では烏の鳴かない日はあっても、飛行機事故のない日はないといっとりますから、あなた方も死なないように注意しなさいよ」

厚木に赴任のさい、本部の主計中尉があわれむようにそういった。馬鹿野郎、何いうか、とそのときは思ったが、それはまさに事実に近く、現に寺村と一緒に「雷電」乗りになった六人のうち、二人が事故で死んだ。

口さがない連中から〝殺人機〟とよばれた「雷電」だったが、毎日乗っているうちに、その「雷電」がかわいいと思うようになっていった。そして、人のいやがる「雷電」の搭乗員であることを、むしろ誇りとする気持に変わり、あのずんぐりした姿が、むしろスマートに感じるようになった。そして、日本機中随一を誇る上昇力や、その重武装を自慢した。

搭乗員たちは敵機を一機おとすたびに、自分の飛行機に桜のマークを書き込み、整備員たちは自分の受け持ちの飛行機の前に小さな神棚をつくり、機の武運長久を祈ってくれた。座席の前の計器板には、あちこちから送られてきた小さな人形をぶら下げ、空襲のたびに、そのマスコットといっしょに飛び立った。

それは戦果の少なく、犠牲の多い戦いだった。あとからあとから押し寄せるおびただしい数の敵機、そして優秀なその性能は、とてもまともに戦える相手ではなかった。だから人間的な感情を棄て、戦う機械になり切ろうとつとめた。

「われわれは将棋（しょうぎ）の歩（ふ）だよ」

ある友は笑ってそういいつつ、将棋の「歩」にあまんじて、指されるところに飛んでいった。そして、力の限り戦い、数多くの戦友が死んだ。

にもかかわらず、われわれの任務であった敵の空襲から守るべき東京や横浜は、その大部分が焦土となってしまった。われわれがB29を一機や二機落としたとよろこんでいたとき、その真下では住宅や工場が焼かれ、多数の死傷者が出ていたのだ。それは紅蓮（ぐれん）の火の海でひろげられた惨劇だったが、われわれは戦えるだけ戦ったのであり、この上、何ができただろう。そんな中で、よもや自分が生き残ろうとは思いもしなかった。まして、そのあげくに、こんな戦いの結末を見ようとは想像さえしなかったのに……〉

ここまで思い至ったとき、寺村は強い風にはためく屋上の吹き流しの音でわれに返った。下では、いぜんとして飛行機の武装解除作業が続けられていた。つぎつぎにプロペラを外されてゆく「雷電」を見つめる寺村の頰を、ひとすじの涙が伝って落ちた。

エピローグ

長かった戦争が終わった。

日本は敗れたものの、陸海軍を合わせると、まだかなりの数の飛行機が残っていた。終戦直後、進駐してきた連合軍総司令部の命令で、昭和二十年九月一日現在の保有機種およびその数の調査が行なわれたが、海軍省軍務局が作成した海軍機の総数は、外地のものも含めて約七千八百機に達する。このうち「雷電」は二百七機で、零戦千百五十七機の約五分の一、あとから開発された川西航空機の「紫電」(「紫電改」をふくむ)の三百七十六機にくらべてもかなり少ない。

戦後の残存日本機の数といっても、この中で戦闘に使える実際の可動機は半分か、それ以下がふつうだったから、あまり数をうんぬんしてもはじまらないが、「雷電」

についていえば、厚木の第三〇二航空隊八十機が最多で、次が三重県鈴鹿の七十機、以下兵庫県鳴尾基地の第三三二航空隊二十三機、長崎県大村基地の第三五二航空隊十四機の順で、あとは一機か二機というところが多い。

厚木と鈴鹿が圧倒的に多いのは、どちらにも「雷電」の生産および整備工場があり、部隊配備のほかに、そちらのぶんも含まれているからではないか。

思うに「雷電」は不運な飛行機だった。早くから期待され、一時は日本海軍の主力戦闘機として、零戦に代わって大量生産が計画されながら、振動問題で開発が長引き、さらにものになりそうになったとき、今度は以前にすんだはずだった視界問題がむし返された。この間に生産計画も二転三転して、戦争が終わってみれば、その生産総数は五百五十八機（海軍省調べ）で、一万機以上も生産された零戦の十八分の一という少数にとどまった。

にもかかわらず、これまでにたびたび触れたように、B29の邀撃にさいして、もっとも戦果をあげたのは「雷電」であり、少数の熟達したパイロットたちの愛惜の言葉とともに、この飛行機が日本海軍の意図した対大型機戦闘の専用機として成功した機体であったことは間違いない。

それは決してひとりよがりの身びいきではなく、日本に空襲にやってきたB29の搭乗員たちの、「ジャック（JACK＝米軍が「雷電」につけたコードネーム）はおそるべき攻撃兵器（formidable attacker）だった」とする証言によっても明らかだし、米軍の公式の評価も「大型爆撃機に対してすべての日本軍戦闘機の中で最強」としている。

この「雷電」が、日本で一般国民の前にそのベールを脱いだのは昭和二十年に入ってからで、厚木の「雷電」隊の出撃の様子がニュース映画で紹介されたりして、よく知られるようになった。しかし筆者は、陸軍の作業庁に勤務していた関係で、南にわずか二十五キロしか離れていない海軍の厚木基地に最大の「雷電」隊がいたにもかかわらず、戦時中その姿を見たことは一度もなかった。

忘れもしない終戦のその日、筆者は「玉音放送」を富山県高岡市にあった呉羽航空機の本社事務所前の広場で聞いた。木製の特攻機をつくるというこの工場で設計図を書くため、陸軍から派遣されてきていたからだ。

その翌日、私は混乱で殺気立つ列車で、十人ほどの部下とともに、原隊である立川の第一陸軍航空技術研究所に帰ったが、そこには厳正を誇った軍の規律はすでになく、壊れた塀からいろいろな物品をもちだす情けない敗戦国民の姿があった。

それから数日の間、残務整理ですごしたが、たしか帰った翌日か、その次の日あたりだったと思う。庁舎のすぐうしろの、格納庫の屋根すれすれに舞い降りてきた一機の戦闘機があった。

太い胴体にサイレンをまじえたような独特な爆音と、ずんぐりとした機体の形状から、それは明らかに海軍の「雷電」と知れた。もう二度と日本の飛行機を空に見ることはあるまいと思っていた筆者が、名残り惜しい思いで見上げていると、「雷電」の飛び去った空に多くの白い小さな紙片が舞っていた。

あとで誰かが拾ってきたそれは粗末な紙にガリ版刷りのビラで、「戦いはまだ終わっていない。われわれとともに最後まで戦おうではないか」といった内容の激しい文句が読みとれた。

筆者はそれを見て、正直いって救われたような気がした。高価な研究所の設備を壊れた塀からもちだす情けない様子に、いささか憤り(いきどお)を覚えていたときだったから、敗戦を認めず、なおも戦おうという勢力があることに、喝采(かっさい)を送りたいような気分だった。

それは小園大佐を中心とする第三〇二海軍航空隊の決起、いわゆる厚木航空隊反乱事件のひとコマであったのだが、「雷電」が落としていったビラは、終戦直後の非常に不安定な気持にゆれていたわれわれの間に、さまざまな波紋を投げた。「さすが海軍だなあ」という肯定派から、「今さらそんなことをして、かえって結果を悪くするばかりじゃないか」という否定派に至るまで、意見はさまざまに割れた。

強硬に抗戦を主張する厚木航空隊に対し、各地の陸海軍部隊のなかに呼応する動きもあるらしいというウワサは、すでに陸軍部内にもかなりひろまっていたが、大事に至らないうちにしずまった。

厚木基地の復員が開始され、残された五百人ほどの工作隊の手によって後始末の作業に入ったのが八月二十二日で、寺村大尉が指揮所の屋上から見た「雷電」をはじめとする残存飛行機のプロペラはずし作業は、工作隊による〝後始末〟の一環であった。

「雷電」ぐらい、設計担当がよく代わった飛行機もめずらしい。最初は九試単座戦闘機いらいの堀越二郎、曽根嘉年のコンビでスタートしたが、製作図面がまだ出揃わないうちに、二人が相次いで過労でたおれたため、高橋己治郎技師が代わって主務となって初飛行にこぎつけた。

この間に堀越より早く復帰した曽根が実質的に開発を推進したが、曽根が「烈風」に専念するようになると、第一設計課胴体係長杉野茂技師に代わった。しかし、空中分解事故の対応など杉野には荷が重いことから、第一設計課長の高橋がふたたび主務となったが、その高橋があたらしいロケット戦闘機「秋水」の主務者となったので作業を第三設計課に移し、同課第二係長櫛部四郎技師の担当になった。

試作期間もふくめて設計の主担当がこうも変わっては、いかに組織で仕事をするとはいっても、飛行機がかわいそうで、新機種の開発に主力を振り向けたため、戦力としてもっとも頼りにしなければならないはずの「雷電」が、いささか粗略に扱われた感じは否定できない。

しかし、日本機離れしたその外形の、基本設計がすぐれていたことは専門家のひとしく認めるところで、戦後にわかった米軍側の高い性能評価とともに、とかくめぐまれなかった「雷電」とその関係者たちにとって、わずかな救いであった。

雷鳴は遙か彼方に消え去り、あれから日本は半世紀を超える戦争のない時代を送っている。

文庫版のあとがき

「雷電」国を亡ぼす、国敗れて「銀河」あり。

かつて戦闘機のテストパイロットとして、多くの日本海軍戦闘機の審査を手がけたことのある元海軍中佐の小福田晧文氏の著書「零戦開発物語」（光人社）の中に、当時こんなことがささやかれていたと書かれているが、筆者はこの事をとても悲しく思う。もとより小福田さんもあとで否定しておられるように、まるで「雷電」がたちの悪い不出来な飛行機であったかのように誤解されそうなこの言葉は、当を射ていない。

「雷電」は日本海軍としてはじめて大型機の迎撃を主任務として企画され、その要求に沿って零戦の実績を持つ三菱の堀越二郎技師以下の優秀なスタッフが心血を注いでつくりあげたもので、本文でもお分かりのように零戦のような何でもこなす万能戦闘機とちがって、すぐれた上昇力と二十ミリ機銃四梃の重武装を持った「局地戦闘機」だった。ところがこの種の迎撃戦闘機の経験に乏しい日本海軍の審査担当者たちは、視界が悪いとか空戦性能が零戦より劣るとかいって設計陣を困らせた。悪いことに、これらに加えてプロペラの振動問題が「雷電」の不評を増幅した。

この辺のことは本文に詳しいから省くけれども、そんなことがあって「雷電」の制式化は大幅に遅れた。振動問題も何とか解決して部隊に配備されると、折りから来襲しはじめた強敵ボーイングB29の迎撃に本来の力を発揮したが、もろもろの問題解決に失われた時間は余りにも大きく、総生産機数五百機そこそこでは決定的な打撃を与えるには至らなかった。

不運だった「雷電」と対照的だったのが飛行艇の川西航空機がつくった戦闘機「紫電改」だ。商売上手にも川西は水上戦闘機の「強風」をベースにした陸上戦闘機案を海軍に認めさせ、この結果生まれた「紫電」は多くの欠陥がありながら、本命の「雷電」のトラブルの間隙をぬって一千機もつくられ、次の「紫電改」を生み出すもとにもなった。

「強風」を足場に三段跳びのような改良を経て生まれた「紫電改」はさすがに優秀で、

「雷電」にかわって急速大量生産が決定され、部隊も精鋭パイロットを集めた第三四三航空隊一本に絞って機材を集中的に送り込んだ。このため、総生産機数約四百機、活躍期間も約半年というみじかい期間にもかかわらず、司令源田実大佐ひきいる「剣部隊」の名声とともに「紫電改」の評価を大いに高めた。

筆者もこれまで「紫電改」については三度も本を出しているが、なぜかよく売れていずれも版を重ねている。「雷電」はかつての日本の戦闘機の中では、陸海軍を通じて筆者の最も好きな機体であり、それだけに「紫電改」と同じかあるいはそれ以上の思いを込めてかいたつもりだが、「紫電改」ほど人気が出ないことが残念でならない。

しばしば筆者が書くことだが、飛行機にも人間と同じように運不運があり、その意味で「紫電改」は幸運な、対照的に「雷電」は不運な戦闘機だったといえよう。今度この「雷電」が文庫として刊行されるのを機会に、一人でも多く「雷電」ファンが増えることを望んでやまない。今、筆者の書斎には、読者から贈られたアクリルケース入りの精巧な「雷電」のプラモがひっそりと翼を休めている。

平成十一年十二月八日

筆者

解説

野原　茂

局地戦闘機とは？

明治四十五（一九一〇）年の軍航空創草以来、昭和十二（一九三七）年に日中戦争（支那事変）が勃発するまでの二七年間、日本海軍の戦闘機といえば、航空母艦で運用する艦上戦闘機のみしか存在しなかった。

しかし、海軍航空にとっての主たる活動舞台と考えた洋上決戦とは場違いの、広大なる中国大陸が主戦場となった日中戦争では、従来までの航空戦備では対応しきれないことを思い知らされた。

そして、その日中戦争の戦訓に基づき、新たに海軍のカテゴリーに加えられたのが「局地戦闘機」だった。局地とは海軍用語で軍港や諸施設などが存在する重要地区を意味し、それらを敵機の空襲から守るための陸上戦闘機、現代風に言えば「インターセプター」のことである。

この局地戦に求められたのは、何よりも来襲した敵機に素早く接敵できる優れた上昇力と高速、それに一撃で致命傷を与えられる強力な射撃兵装だった。それまでの艦上戦闘機が軽快、かつ俊敏な運動性、すなわち敵戦闘機に勝る空戦性能と、良好な操縦性、安定した離着艦能力を優先して求められたのとは対照的である。

発動機選択肢の狭さ

優れた上昇力と高速を実現するために必要なのは、何にもまして高出力の発動機（エンジン）である。昭和十四年九月、「十四試局地戦闘機」の名称で三菱重工に試作が内示されたとき、海軍機用発動機のなかで、最高出力を示していたのは、三菱の発動機部門が実用化したばかりの空冷星型複列十四気筒「火星（かせい）」（離昇出力一四三〇馬力）だった。

この頃、実用化を進めていた三菱十二試艦上戦闘機（のちの零戦）の搭載発動機が、離昇出力九四〇馬力の中島「栄（さかえ）」一二型だったから、局戦用発動機としては相応の出力だったといえる。

ただ、火星は双発以上の大型機用として設計されていたため、直径が「栄」の一一五〇ミリに比べて一九〇ミリも大きい一三四〇ミリもあった。直径が大きければ、発動機を包む機首まわり、それに続く胴体も太くなって空気抵抗が増加し、速度性能上のロスもそのぶん大きくなる。

欧米列強国では、戦闘機用発動機には、正面空気抵抗が空冷に比べて小さい液冷を選択するのが標準だった。日本でも、当時陸海軍がドイツのダイムラーベンツ社製DB601Aのライセンス生産権を個別に取得し、陸軍ではそれを搭載する単発戦闘機の開発を企図していた（のちに三式戦「飛燕」として具現）。

もっとも、DB601Aの離昇出力は一一七〇馬力にすぎず、十四試局戦に求められた高度六〇〇〇メートルまでの上昇時間五分三〇秒以内、同高度における最大速度三二五ノット（六〇一・九キロメートル／時）以上の性能を実現するのは到底不可能だった。

こうした背景もあり、堀越技師ら三菱の設計陣にとって火星を選択する以外に手立がなかったのが現実で、結果的にこの事が十四試局戦の運命を大きく左右することになった。

実用化までの苦難

初めての機種ということもあって、十四試局戦の試作は難航し、原型機が初飛行したのはすでに太平洋戦争が勃発して三ヵ月余後の昭和十七（一九四二）年三月のことだった。

しかし、テストの結果、上昇力、速度ともに要求値を下回ったため、発動機を火星二三甲型（離昇出力一八二〇馬力）に換装した十四試局戦改がつくられ、ようやく要求値に近い性能を示し、三菱に量産準備が下命される。

ところが実用テストの初期段階で思ってもみなかった振動問題が表面化し、三菱設計陣はその防止対策に振り回され、雲行きが怪しくなってしまう。

振動の原因は発動機内部のマスターロッド、プロペラの延長軸、それにプロペラ自体が共振して発生するもので、火星に限らず二〇〇〇馬力前後の高出力発動機にはつきものの現象だった。

アメリカの代表的な二〇〇〇馬力級発動機P＆W R－2800などは、前、後列シリンダーのマスターロッドを対向位置から隣合わせに配置し、クランク・シャフトの両端に平衡重錘（マス・バランス）を追加し、発動機の機体への取付架、プロペラ自体も振動に対処した工夫をするなどして克服していた。

残念ながら、日本の発動機メーカー、指導する立場の陸海軍当局にもそうしたノウハウはなく、三菱の発動機部門も手探りの状態であれやこれやと改修を繰り返すばかり。根本的な解決策を見出せなかった。

結局、発動機取付架の防振ゴムの改良、減速比の変更、プロペラ・ブレードの厚みを増すなど、いわば小手先の処方箋でいくばくかの改善を図るということで妥協するしかなかった。

軍用に限ったことではなく、こうした基本的な技術の蓄積が備わっていなかったところが、当時の日本工業界全体の弱点でもあった訳で、十四試局戦改の振動問題も、とどのつまりはそれに起因していた。

B－29の出現が雷電の復活を促す

振動問題は生産計画にも大きな狂いを生じさせ、新たに「試製雷電改」［J2M3］と命名された本機を装備する部隊として十八（一九四三）年十、十一月に新編制された第三八一、三〇一両航空隊は、機材供給が捗らず、結局は零戦に装備変更されてしまう。

試作発注時の要求性能値を実現していたとはいえ、すでに設計着手から四年近くになろうとしていた十九（一九四四）年はじめ頃には、本機の性能は少なからず色褪せていたのも事実。

こうした現状に鑑み、十九年度に本機を三六九五も量産する計画だった海軍は、一気に月産三〇機にまで規模を縮小。代わりに川西の局戦紫電／紫雷改を重点生産することにした。そのままいけば、試製雷電改の生産打ち切りは必至の情勢だった。

ところが、十九年六月五日深夜、中国大陸奥地を発進した、アメリカ陸軍航空軍の四発重爆撃機ボーイングB－29が北九州の八幡地区を爆撃戦争の結着をつけるべく本格的な日本本土空襲を開始したことで試製雷電改への扱いが一変する。

性能的に色褪せたとはいえ、生産中のJ2M3の高度六〇〇〇メートルまで五分五〇秒の上昇力、同高度での最大速度六一一キロメートル時は紫電／紫電改を凌いでおり、その飛行特性も含めて、B－29迎撃に有効な海軍戦闘機は他に存在しなかった。

海軍当局は掌（てのひら）を返すように、三菱に対し試製雷電改の増産を命じたが、いちど縮小してしまった生産現場の状態を元に戻すのは容易ではなく、当のB－29による空襲の影響もあり、敗戦までに約五〇〇機、それに海軍高座工廠での転換生産分一二八機を合わせても、合計六三〇機程度つくられたのみで、防空兵力の中核を担うほどの機数は揃えられずに終わった。

海軍が局地戦闘機「雷電」の名称で正式に兵器採用の手続きをしたのは、戦争が末期段階に入った昭和十九年十一月のことであり、このあたりにも本機に対する取扱いのスタンスが色濃く出ている。

空気抵抗減少を狙い、堀越技師らが敢えて採用した太い紡錘形の胴体は、操縦席からの前下方視野を狭くし、零戦に乗り馴れた搭乗員からはまったく異なる操縦性も敬遠されるなど、雷電に対する現場の評価はあまり芳しいものではなかった。

とはいえ、帝都防空を担った第三〇二航空隊が、雷電を主力装備機にして、敗戦までに防空部隊中最多のB－29撃墜を記録した事実は、総じて恵まれない生涯を送った本機にとって唯一の誇りと言えまいか。

【参考・引用文献】「戦中作業日誌」曽根嘉年（昭和十六年七月〜二十年八月）＊「J2M1ノ試作ニツイテ」三菱重工・名古屋航空機製作所第二工作部試作工場（昭和十七年六月）＊「J2M3仮取扱説明書」三菱重工・名古屋航空機製作所（昭和十九年七月）＊「往時茫茫」（全三巻）三菱重工・菱光会編（昭和四十五年〜四十六年・非売品）＊「曽我部正幸回想記」＊「日本海軍航空史(3)制度・技術編」日本海軍航空史編纂委員会編（時事通信社・昭和四十四年十月）＊「日本海軍航空史(4)戦史編」同右（時事通信社・昭和四十四年十一月）＊「戦史叢書19・本土防空作戦」「同85・本土方面海軍作戦」「同87・陸軍航空兵器の開発・生産・補給」「同95・海軍航空概史」防衛庁戦史室編（朝雲新聞社）＊「航空技術の全貌」（上・下）岡村純編（原書房・昭和五十一年）＊「海鷲の航跡」海空会編（原書房・昭和五十七年）＊「海軍航空年表」同右（原書房・昭和五十七年）＊「青空」今中安直編（旧海軍航空技術廠科学部青空会・平成八年二月・非売品）＊「航空情報別冊・日本海軍機」航空情報編（酣燈社・昭和四十七年一月）＊「丸メカニック9・雷電」（潮書房・昭和五十二年十一月）＊「世界の傑作機7・雷電」（文林堂・昭和四十三年四月）＊「零戦」堀越二郎・奥宮正武共著（日本出版協同社・昭和二十八年九月）＊「局地戦闘機雷電」渡辺洋二著（朝日ソノラマ・平成四年九月）＊「みつびし飛行機物語」松岡久光著（アテネ書房・平成五年八月）＊「みつびし航空エンジン物語」同右（アテネ書房・平成八年一月）＊「零戦開発物語」小福田晧文著（光人社・昭和六十年十一月）＊「三島由紀夫集」（筑摩書房、昭和五十年十二月）＊「ニミッツの太平洋海戦史」ニミッツ・ポッター共著／実松譲・冨永謙吾共訳（恒文社・昭和三十七年十二月）＊「連合艦隊の栄光と終焉」草鹿龍之介著（行政通信社・昭和四十七年四月）＊「大本営発表の真相史」冨永謙吾著（自由国民社・昭和四十五年七月）＊「第二次世界大戦ブックス4・B29」カール・バーガー著／中野五郎・加登川幸太郎共訳（サンケイ新聞社出版局・昭和四十六年三月）＊「流星・高座工廠と台湾少年の思い出」早川金次編（そうぶん社・昭和六十二年五月）＊「海軍戦闘機隊史」零戦搭乗員会著（原書房・昭和六十二年）＊「日本海軍戦闘機隊」秦郁彦・伊沢保穂・航空情報編集部編著（酣燈社・昭和五十年十月）＊「東京空戦記」寺村純郎（今日の話題社　昭和四十二年十二月）＊「新兵器実戦記」羽切松雄著（今日の話題社　昭和二十六年）＊「連合艦隊海空戦戦闘詳報10・基地航空隊戦闘詳報I」および「11・同II」（アテネ書房・平成八年二月）

新装版　平成十八年二月　光人社刊

NF文庫

迎撃戦闘機「雷電」 新装解説版

二〇二三年十二月十九日 第一刷発行

著 者 碇 義朗

発行者 赤堀正卓

発行所 株式会社 潮書房光人新社

〒100-8077 東京都千代田区大手町一-七-二

電話／〇三-六二八一-九八九一(代)

印刷・製本 中央精版印刷株式会社

定価はカバーに表示してあります

乱丁・落丁のものはお取りかえ致します。本文は中性紙を使用

ISBN978-4-7698-3339-0 C0195

http://www.kojinsha.co.jp

NF文庫

刊行のことば

第二次世界大戦の戦火が熄んで五〇年——その間、小社は夥しい数の戦争の記録を渉猟し、発掘し、常に公正なる立場を貫いて書誌とし、大方の絶讃を博して今日に及ぶが、その源は、散華された世代への熱き思い入れであり、同時に、その記録を誌して平和の礎とし、後世に伝えんとするにある。

　小社の出版物は、戦記、伝記、文学、エッセイ、写真集、その他、すでに一、〇〇〇点を越え、加えて戦後五〇年になんなんとするを契機として、「光人社NF（ノンフィクション）文庫」を創刊して、読者諸賢の熱烈要望におこたえする次第である。人生のバイブルとして、心弱きときの活性の糧として、散華の世代からの感動の肉声に、あなたもぜひ、耳を傾けて下さい。